计算机专业职业教育实训系列教材

Office 2007 办公软件实训教程

主　编　杨继波

副主编　李玉霞

参　编　王小平　包忠永

许吉荣　赵淑玲

机 械 工 业 出 版 社

Office 2007 是微软 Office 产品史上最具创新与革命性的一个版本。它具有全新设计的用户界面，稳定安全的文件格式、无缝高效的沟通协作。

本书从初学者实际出发，对 Word 2007 文字处理、Excel 2007 电子表格、PowerPoint 2007 演示文稿分别进行了讲解。本书以用户实际需要为基础，以应用为目的，对初、中级用户在使用软件的过程中随时进行贴心的技术指导，使他们在学习过程中能有机地将理论与实践相结合，有效提高学习效率，迅速将“新手”打造成为“高手”。

本书适合职业学校计算机相关专业学生，及广大计算机初、中级用户。

本书还配有电子教案，读者可到机械工业出版社网站 www.cmpedu.com 上以教师身份免费注册下载，或联系编辑（010-88379194）索取。

图书在版编目(CIP)数据

Office2007 办公软件实训教程/杨继波主编．—北京：机械工业出版社，2011.3(2019.7 重印)
计算机专业职业教育实训系列教材
ISBN 978-7-111-33275-6

Ⅰ.①O… Ⅱ.①杨… Ⅲ.①办公室—自动化—应用软件，Office 2007—职业教育—教材 Ⅳ.①TP317.1

中国版本图书馆 CIP 数据核字(2011)第 017576 号

机械工业出版社(北京市百万庄大街 22 号 邮政编码 100037)
策划编辑：梁 伟 责任编辑：蔡 岩 责任校对：陈立辉
封面设计：鞠 杨 责任印制：李 昂
北京机工印刷厂印刷
2019 年 7 月第 1 版第 5 次印刷
184mm×260mm · 13.75 印张 · 335 千字
8 501—9 000 册
标准书号：ISBN 978-7-111-33275-6
定价：29.00 元

凡购本书，如有缺页、倒页、脱页，由本社发行部调换

电话服务
服务咨询热线：(010)88361066
读者购书热线：(010)88379833
(010)69326294

网络服务
机 工 官 网：www.cmpbook.com
机 工 官 博：weibo.com/cmp1952
金 书 网：www.golden-book.com
教育服务网：www.cmpedu.com

前言

21 世纪是数字化网络的世纪，以微电子技术、通信技术、计算机技术、网络技术以及多媒体技术为核心的信息技术的发展，引发了数字时代的到来，电子化办公成为主流。普及电子化办公，不但提高了工作效率，而且还有利于节约成本和环保。通过对该书的学习，使学生掌握一定的计算机办公软件知识和具有一定的实践操作能力，提高学生的综合素养，同时也为踏入社会打好扎实的基础。

本书从学生的实际出发，重实际应用，强调理论适度。为了便于教学与自学，自始至终以实例进行讲解，一步一图，打破了传统的以“知识点”为线索的编写形式，改用以“任务”为线索编写，一个任务对应一个实例。语言上力求通俗易懂；内容上注重实用性，精选基础的知识、介绍实用的操作技巧和典型的应用案例；方法上注重“活学活用”，采用任务驱动教学，以用户实际使用需要为基础，以应用为目的。本书在讲解过程中提供了 “试一试”、“拓展知识”等栏目，对初、中级用户在使用计算机办公的过程中随时进行贴心的技术指导，同时也使学生在学习过程中能有机地将理论与实践相结合，有效地提高学习效率，迅速将“新手”打造成为“高手”。本书还配备电子教案、教材使用建议，方便老师备课与制定教学计划。

本书共 4 章，分为 18 个任务，具体内容如下。

第 1 章　认识 Office 2007，主要讲解如何安装和修复 Office 2007。

第 2 章　Word 2007 文字处理，包括任务 1～任务 6，主要讲解使用 Office 2007 Word 制作图文并茂的文档。

第 3 章　Excel 2007 电子表格，包括任务 1～任务 7，主要讲解使用 Office 2007 Excel 进行电子表格的制作和管理。

第 4 章　PowerPoint 2007 演示文稿，包括任务 1～任务 4，主要讲解使用 Office 2007 PowerPoint 制作演示文稿。

本书图文并茂、条理清晰、通俗易懂，针对不同的学习层次，提供“拓展知识”模块。

本书在每章的开头提出任务目标，以利于学生明确学习目标，然后进行任务分析，明确学习思路。结尾对任务进行了小结，帮助学生掌握学习的重点和难点，并通过任务巩固，完成精心安排的课后练习和上机实验，把课堂教学和上机实验有机结合，加强了对知识点的掌握和应用。

教材使用建议

本教材的课时分配建议如下：

章　名	任　务	理论课时	上机课时
第 1 章	初识 Office 2007	1	1
第 2 章	1. 创建 Word 文档	1	1
	2. Word 2007 的基本操作	2	2
	3. Word 2007 的初级编辑	2	2
	4. Word 2007 的图文混排	2	2

（续）

章　名	任　务	理论课时	上机课时
第 2 章	5．Word 2007 的表格处理	2	2
	6．Word 2007 的高级应用	2	2
第 3 章	1．初识 Excel 2007	1	1
	2．Excel 2007 的基本编辑	2	2
	3．Excel 2007 格式化	2	2
	4．公式和函数	2	2
	5．数据管理	2	2
	6．数据分析	2	2
	7．打印工作表	1	1
第 4 章	1．初识 PowerPoint 2007	2	2
	2．幻灯片的编辑和外观设置	2	2
	3．幻灯片动画和音效设置	2	2
	4．放映及输出演示文稿	2	2
	合　计	32	32

本书由杨继波担任主编，李玉霞担任副主编。其中杨继波编写了第 4 章；李玉霞老师编写了第 1 章和第 2 章；包忠永编写了第 3 章。参加编写的人员还有赵淑玲、王小平、许吉荣。由于编者水平有限，书中难免有疏漏和不足之处，恳请广大读者批评指正。

编　者

目　录

前言

第 1 章　认识 Office 2007 1

任务　初识 Office 2007 2

第 2 章　Word 2007 文字处理 9

任务 1　输入散文“荷塘月色”—— 创建 Word 文档 10

任务 2　修改“荷塘月色”的文字——Word 2007 的基本操作 23

任务 3　“荷塘月色”的排版与修饰——Word 2007 的初级编辑 38

任务 4　制作“生日贺卡”——Word 2007 的图文混排 57

任务 5　制作“成绩表”——Word 2007 的表格处理 70

任务 6　制作“常用数学公式小手册”——Word 2007 的高级应用 88

第 3 章　Excel 2007 电子表格 103

任务 1　创建一个简单的“商品销售记录”—— 初识 Excel 2007 104

任务 2　修改“商品销售记录”——Excel 2007 的基本编辑 111

任务 3　美化“商品销售记录”——Excel 2007 格式化 122

任务 4　统计“商品销售记录”—— 公式和函数 136

任务 5　数据管理 142

任务 6　分析“商品销售记录”—— 数据分析 149

任务 7　打印“商品销售记录”—— 打印工作表 154

第 4 章　PowerPoint 2007 演示文稿 163

任务 1　创建演示文稿“宠物连连看”画册封面——初识 PowerPoint 2007 164

任务 2　完善和美化“宠物连连看”画册——幻灯片的编辑和外观设置 176

任务 3　给“宠物连连看”画册添加动画和音效——幻灯片动画和音效设置 192

任务 4　设置“宠物连连看”画册的放映效果并发布——放映及输出演示文稿 201

第 1 章　认识 Office 2007

Microsoft Office 2007 是微软 Office 产品史上最具创新与革命性的一个版本。它具有全新设计的用户界面、稳定安全的文件格式、无缝高效的沟通协作。

Microsoft Office 2007 窗口界面比前面的版本界面更美观大方，且该版本的设计比早期版本更完善、更能提高工作效率，界面也给人以赏心悦目的感觉。下面我们就共同去体验 Office 2007 给我们带来的全新感受吧。

任务　初识 Office 2007

任务目标

在本任务中，我们将了解Microsoft Office 2007各组件的功能及安装Microsoft Office 2007对计算机的要求，掌握Microsoft Office 2007的自定义安装及修复方法。

任务分析

日常生活中我们经常用计算机对图书、报纸、公文进行排版，制作统计报表、分析图表和演示文稿等。这些工作都是计算机技术应用的一个重要方面，要用计算机制作完成这些工作需要使用相应的软件，而Microsoft Office 2007办公组合软件就包含了以上提到的各项工作的所有相关软件，是一款非常适合办公使用的软件组合，它是在经历几代更新后产生的。在本任务中我们首先要了解Microsoft Office 2007办公组合软件中常用的几款组件的基本功能，并学会它们的安装及修复方法。本任务建议安排课时为2课时。

相关知识

Microsoft Office 2007主要包括Word、Excel、PowerPoint、Access、Infopath、Outlook、Publisher、Visio Viewer等几个组成软件及其相关的工具，其中在办公中最常用的有Word文字处理、Excel电子表格、PowerPoint演示文稿等3种软件，在接下来的内容中将会对Office 2007中这3种常用软件的功能进行简要介绍，同时向大家介绍Office 2007的自定义安装及修复方法。

任务实施

1. Office 2007 各组件简介

Word 2007是一款针对文字处理的软件，文字处理主要包括文字的输入、文字的编辑（内容的增删修改等）、插入图片、制作表格、美化排版、预览打印及对长篇文字内容进行审阅、修订、添加注释、生成目录等，它可以简单快捷地处理与文字有关的内容，提高工作效率。

Excel 2007是一款制作电子表格的软件，利用Excel 2007制作的表格可以轻松地实现对表格中各种数据的计算、统计和分类汇总，同时也可以生成相应的图表，进行数据分析，很方便地进行数据管理。

PowerPoint 2007是一款制作演示文稿的软件，利用PowerPoint 2007可以将用来演示的图片、文字、表格等材料，制作成连续播放的、动态的、有声的、可随时

作标记的内容，便于在各种需要展示的场所中随时灵活地应用。

2．Office 2007 的安装

（1）安装 Office 2007 对计算机的硬件和操作系统的要求

操作系统：Microsoft Windows XP Service Pack (SP) 2 以上版本。

硬件要求：CPU 至少为 500 MHz 或更高，内存最小要求 256 MB，装有 DVD 光驱。

硬盘空间：必须要有 2 GB 用于安装。如果你选择安装文件不保存在硬盘中的话，安装完成后一部分空间将被释放。

显示卡及显示器：分辨率要求 800×600 像素，1024×768 像素或更高。

网络：宽带连接速度最低 128kbit/s 或更快，用于下载产品和激活下载的产品。

（2）自定义安装 Office 2007

第一步：将准备好的 Office 2007 安装光盘放入光驱中进行自动运行安装，首先进入准备安装界面，如图 1-1 所示。

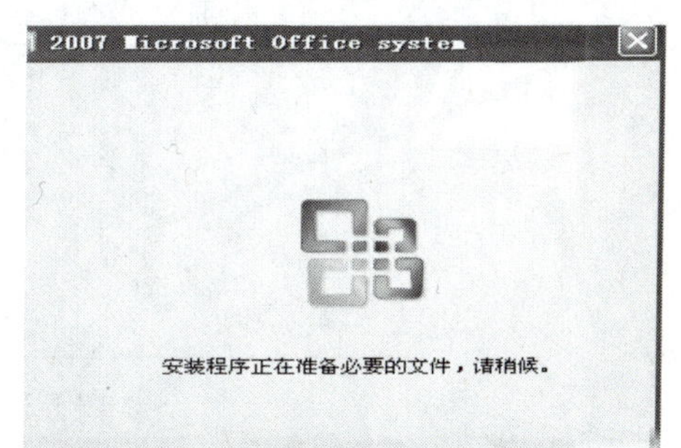

图 1-1　光盘自动运行安装的初始界面

> **小百科**
>
> 当安装的光盘不能自动运行时，打开光驱驱动盘，找到安装文件“setup.exe”，双击打开该文件进入安装过程。有些程序的安装文件名为“install*.exe（其中通配符“*”表示程序名中的其他内容），如“Install Flash Player 6.exe”。

第二步：阅读 Microsoft 软件许可证条款，并在“我接受此协议的条款”前的复选框中单击，选中此项后右下角的“继续”按钮变为可用状态，再单击“继续”按钮进入下一步，如图 1-2 所示。

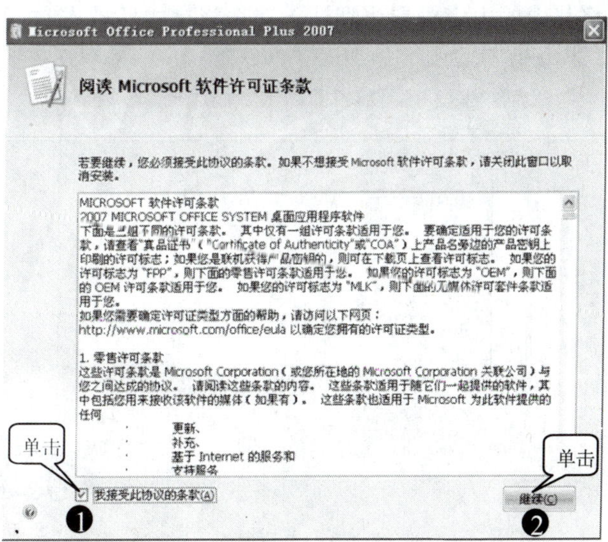

图 1-2　接受 Microsoft 软件许可证条款

第三步：进入“选择所需的安装”界面，单击“自定义安装”按钮，进入自定义安装界面，如图 1-3 所示。

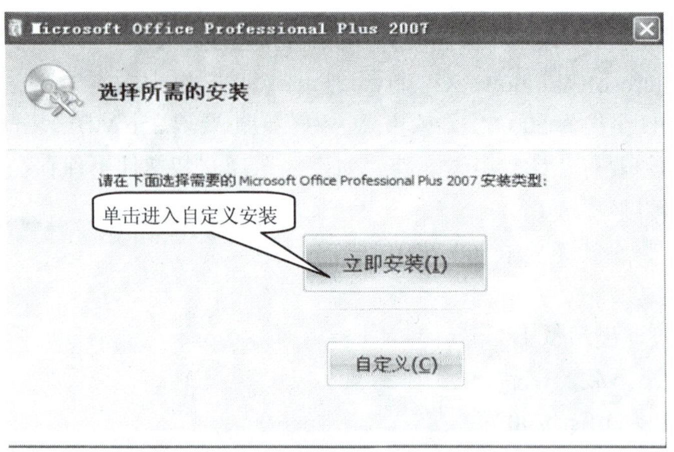

图 1-3　选择所需的安装

拓展知识

立即安装：当单击此按钮后，将会按照计算机默认的方式安装。这种方式将所有的组件及工具都安装在系统默认的“C:\Program Files\Microsoft Office”中，用户信息默认为：全名“微软用户”，缩写“微软中国”。关于“文件位置”和“用户信息”的内容参考如图 1-4b 和图 1-4c 所示。

第四步：在如图 1-4a 所示的“安装选项”卡中，单击 Microsoft Office Access 前面的［▾］，在打开的列表中单击“从本机运行(*R*)”选项，进行选择安装，用同样的方法选择安装 Microsoft Office PowerPoint、Microsoft Office Word 及 Office 工具等；单击“文件位置”选项卡和“用户信息”选项卡，并将其中的内容设置为默认，在选择完成后单击右下角的“立即安装”按钮，如图 1-4a、1-4b、1-4c 所示。

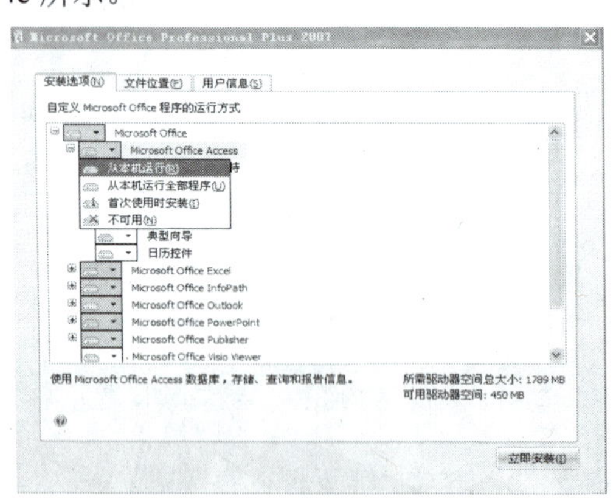

a)

图 1-4　安装界面

a）安装选项卡

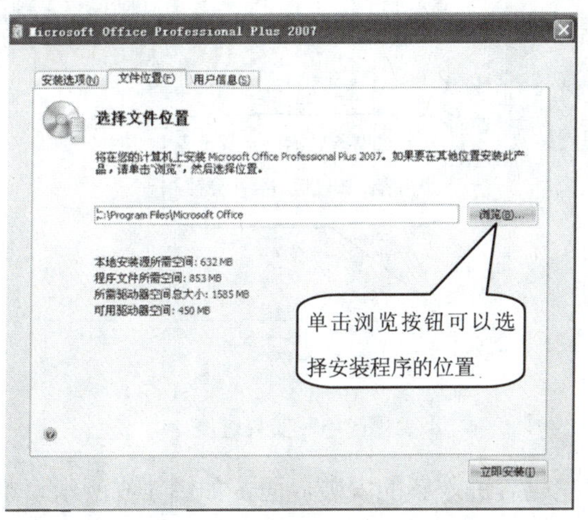

b）

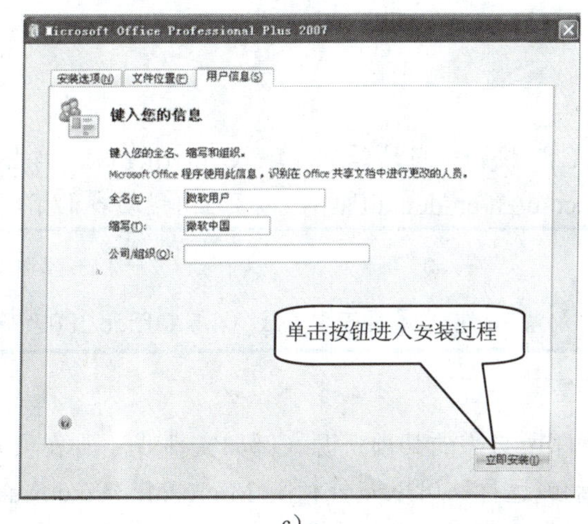

c）

图 1-4　安装界面（续）

b）文件位置选项卡　c）用户信息选项卡

拓展知识

在“安装选项”卡中只选择需要安装的组件，以节省磁盘空间。单击三角标记，会出现 4 个选项，分别是“从本机运行”、“从本机运行全部程序”、“首次使用时安装”和“不安装”。

“从本机运行”：是指当前选择的该组件在单击“立即安装”按钮后会安装在计算机中。

“首次使用时安装”：是指暂时不安装，而在用户需要时提示安装，该功能不仅可以节省磁盘空间，也可避免组件缺失带来的不便。

在“文件位置”选项卡中用户根据自己的需要选择 Microsoft Office 2007 的安装位置。

在“用户信息”选项卡中用户根据自己的情况填写信息，该信息会在用户编辑的文件属性中或者鼠标悬停在文件图标上时显示。

第五步：进入安装过程后，需要等待几分钟再进行安装，如图 1-5 所示。

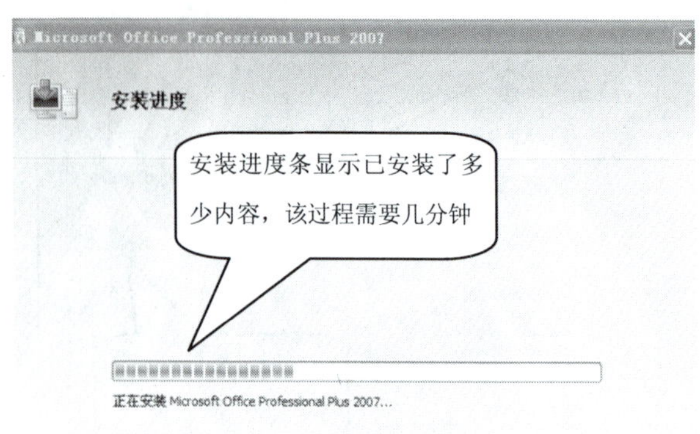

图 1-5 安装进度

第六步：安装进度完成后进入新的安装界面，如图 1-6 所示。单击“关闭”按钮，完成 Microsoft Office 2007 的整个安装过程。

拓展知识

“转到 office online (G)” 按钮：当计算机在联入 Internet 时，单击该按钮后，会自动联接到“http://office.microsoft.com/zh-cn/default.aspx”网页上，帮助我们了解 Microsoft Office 2007。

试一试

安装“搜狗拼音输入法”，注意观察安装的过程与 Office 2007 安装过程有什么不同？

3. Office 2007 的修复

如果启动 Office 程序所必需的某项资源（例如文件或注册表项）丢失，致使 Office 组件中的程序不能正常启动或运行，可以充分利用 Microsoft Windows Installer 提供的修复功能，检测丢失的资源并修复该程序。具体步骤如下：

第一步：单击任务栏上的 开始，打开“开始”菜单，指向“设置”选项中的“控制面板”，如图 1-7 所示。

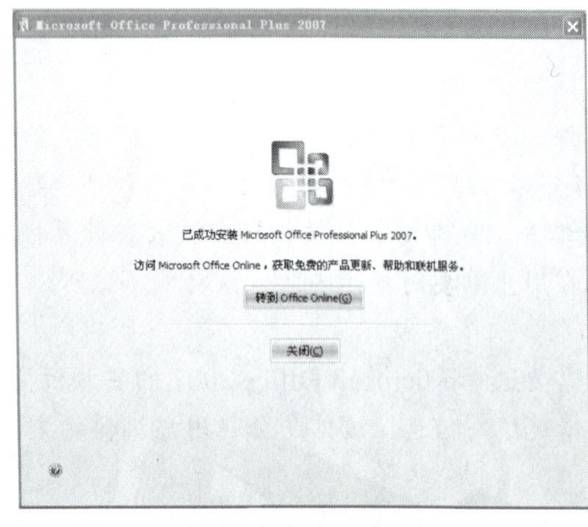

图 1-6 已成功安装 Microsoft Office 2007

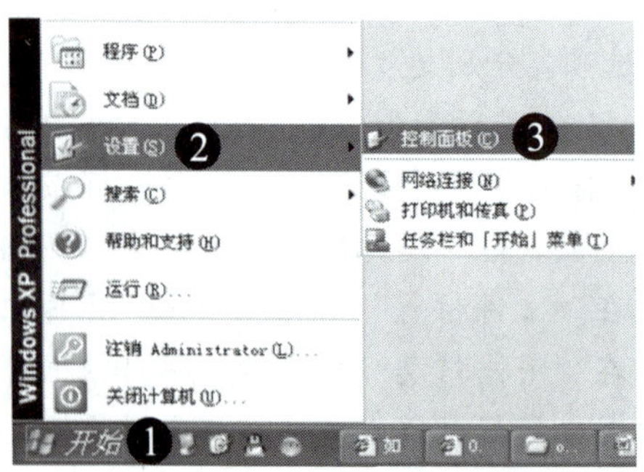

图 1-7 选择控制面板

第二步： 在“控制面板”界面中双击“更改或删除程序”图标，打开“更改或删除程序”窗口，单击选择 Microsoft Office Edition 2007，然后单击“更改”按钮（请注意：此处 Edition 表示计算机上安装的 Microsoft Office 版本，图 1-8 中的 Microsoft Office 版本是 Professional Plus）。

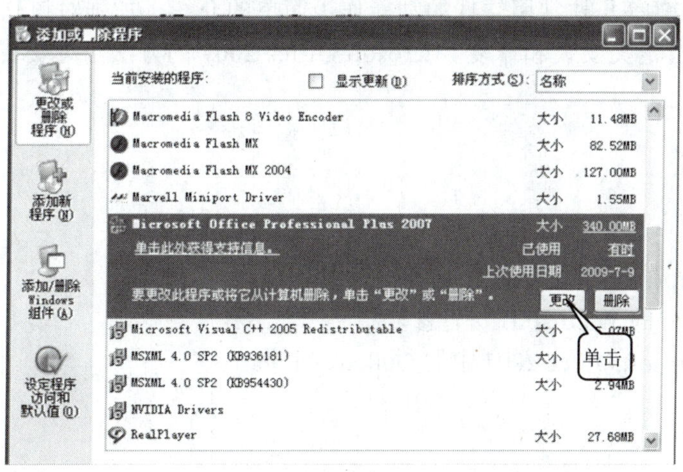

图 1-8 “添加或删除程序”界面

第三步： 单击选择“修复”选项，再单击“继续”按钮，进入修复过程（与 Office 2007 安装过程的第五步、第六步相同），如图 1-9 所示。

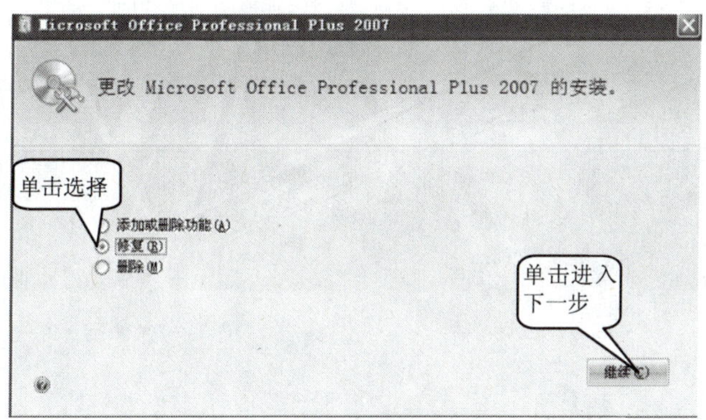

图 1-9 修复选择界面

拓展知识

“添加或删除”选项：通过此选项可以添加 Microsoft Office 2007 中没有安装的组件及工具，也可以删除其中已安装的组件及工具。

“删除”选项：通过此选项可以卸载已安装的所有 Microsoft Office 2007 的组件。

小百科

其实需要安装的许多应用程序的安装方法与 Office 2007 的安装方法基本相同，打开安装文件（*.exe），按照安装向导一步一步进行，完成安装过程就可以了。

任务小结

本任务主要介绍了 Microsoft Office 2007 中所包括的组件，并对 Word 2007、Excel 2007 和 PowerPoint 2007 等几款常用软件的功能作了简单的介绍，加强对该软件组合的了解。之后详细介绍了自定义安装和修复 Microsoft Office 2007 的方法，对安装过程也作了详细的图解说明。

任务巩固

1．简述 Microsoft Office2007 包括哪些组件。
2．对计算机中的 Word 2007 进行修复。
3．安装 Microsoft Office 2007 中的 Outlook 组件。

第 2 章　Word 2007 文字处理

Word 是全球通用的文字处理软件，适用于制作各种文件，如信函、传真、公文、报刊、书刊和简历等，是世界上应用最广泛的文字处理软件之一。Word 2007 是基于 Word XP 和 Word 2003 的更新改进产品。

本章通过完成 6 个任务，使读者能够熟悉 Word 2007 软件，掌握对包含文字、符号、图片、表格、公式等内容文档的处理方法，掌握编辑文字、制作表格、图文混排及打印文档的技巧。

任务 1　输入散文“荷塘月色”——创建 Word 文档

任务目标

通过输入散文“荷塘月色”，使读者初步了解 Word 2007 的工作界面及环境，掌握 Word 2007 的启动和退出，学会创建 Word 文档，并在文档中输入文字、插入符号，保护、保存文档，关闭文件和退出程序等的方法。

任务分析

为了能顺利地完成输入散文“荷塘月色”的任务，首先要对 Word 2007 的基本操作和工作界面有所了解，其次要具备应用 Windows 操作系统的基本技能，通过输入内容，介绍插入拼音及特殊符号等的操作方法。建议安排课时为 2 课时。

相关知识

1. 启动 Word 2007

单击任务栏上的 开始 按钮，选择并单击“程序”→“Microsoft Office”→“Microsoft Office Word 2007”，启动 Word 2007，如图 2-1 所示。

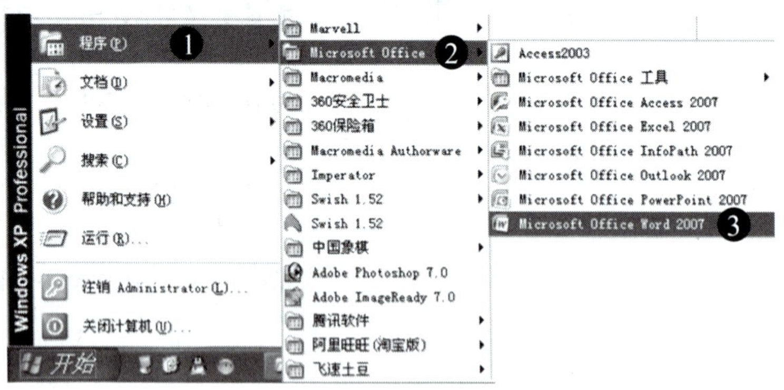

图 2-1　启动 Word 2007 图示

2. 认识 Word 2007 的界面

启动 Word 2007 后，桌面上会打开一个 Word 界面，如图 2-2 所示。

选项卡：横跨功能区顶部有 7 张基本选项卡，每张选项卡代表一个功能区域。

组：每个选项卡包含多个组，将相关的项目显示在一起。

命令：每个组中都有命令，命令是按钮、菜单或可以在其中输入信息的框。

对话框启动器▣：单击它可查看与该组相关的更多选项，显示这些选项的对话框或任务窗格。

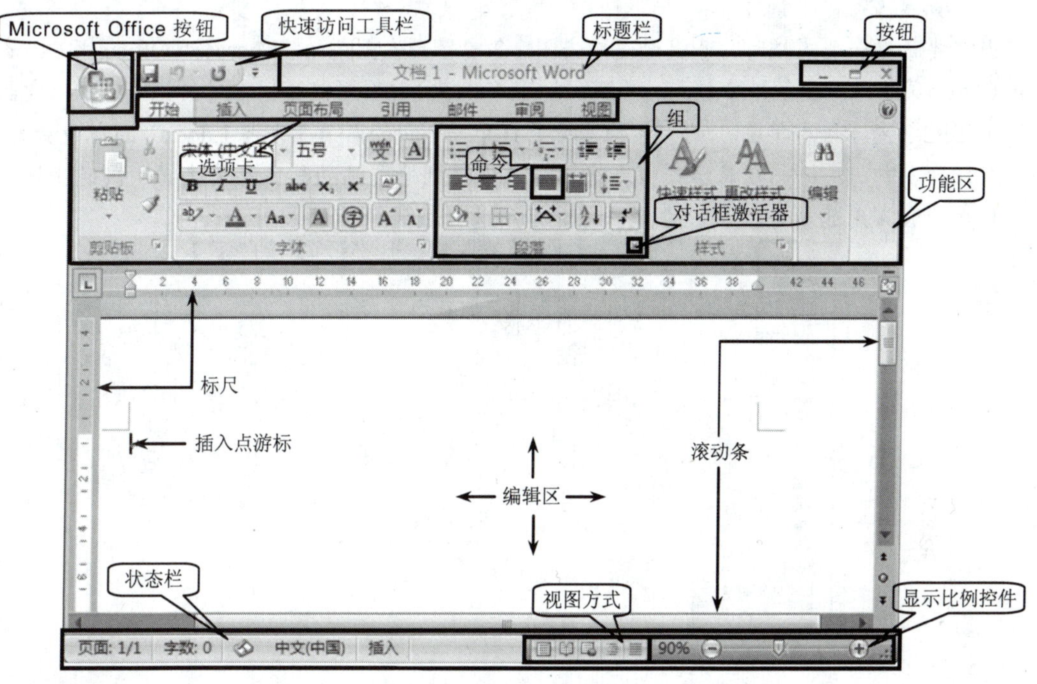

图 2-2　Word 工作界面

试一试

单击功能区中的 7 个选项卡，依次浏览每个选项卡中包括哪些组，各组中都有哪些命令，哪些组的右下角有“▣”，观察单击“对话框启动器”后有什么样的结果。

任务实施

请输入以下内容：

荷塘月色（节选）

曲曲折折的荷塘上面，弥望的是田田的叶子。叶子出水很高，像亭亭的舞女的裙。层层的叶子中间，零星地点缀着些白花，有袅（niǎo）娜地开着的，有羞涩地打着朵儿的；正如一粒粒的明珠，又如碧天里的星星，又如刚出浴的美人。微风过处，送来缕缕清香，仿佛远处高楼上渺茫的歌声似的。这时候叶子与花也有一丝的颤动，像闪电般，霎时传过荷塘的那边去了。叶子本是肩并肩密密地挨着，这便宛然有了一道凝碧的波痕。叶子底下是脉脉（mò）的流水，遮住了，不能见一些颜色；而叶子却更见风致了。

1. 启动 Word 2007 应用程序

单击任务栏上的 开始 按钮，选择并单击“程序”→“Microsoft Office”→“Microsoft

Office Word 2007”，打开 Word 2007 应用程序，同时打开一个名为“文档 1.docx”的新文档。

拓展知识

当需要新建一个文档时，可以通过单击图 2-2 中界面左上角的“Microsoft Office 按钮”，打开 Office 菜单，单击菜单中的 新建(N) 项，打开“新建文档”对话框，在对话框中选择“空白文档”，如图 2-3 所示，再单击 创建 按钮，将会打开一个新的名为“文档 1.docx”的空白新文档。

在图 2-3 中，左侧一栏显示模板列表，可以根据创建文档的具体要求选择所需的模板，中间一栏显示最常用的新建模板，右侧一栏显示所选模板的预览效果图。

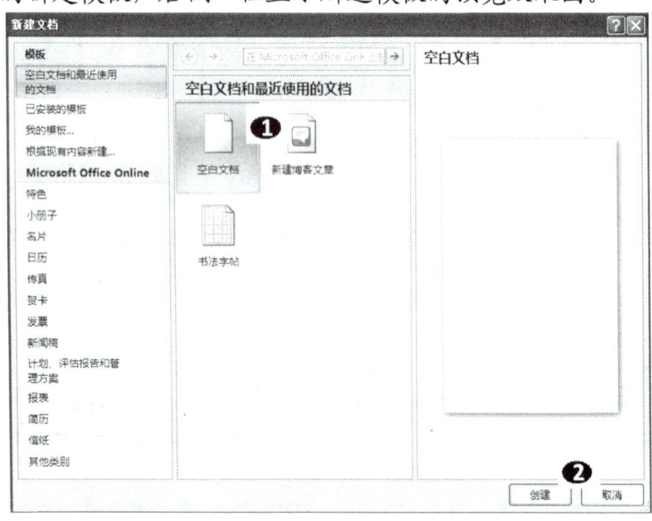

图 2-3　新建空白文档图示

2．输入文本及特殊符号

利用 Word 建立的文件又称文档。Word 启动后，会自动建立一个名为“文档 1.docx”的空白文档，插入点光标出现在编辑区的左上角，同时插入点光标变成一个“↵”符号，这个符号称为段落标记。这时可以在插入点光标处输入文字，也可以将鼠标指针移到编辑区中的任意位置双击鼠标左键，确定新的插入点光标位置。每敲一次回车键，段尾出现一个“↵”符号。如果要输入一个空行时直接敲回车键即可。

第一步：选择一种中文输入法，输入标题——荷塘月色（节选），同时输入空行，如图 2-4 所示。

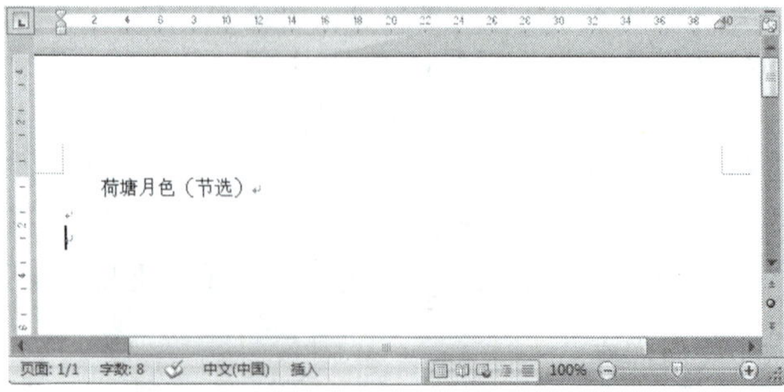

图 2-4　输入空行

第二步：接着输入文字内容，如图 2-5 所示。在文字录入过程中，对于输完不足一行的一段内容后，必需敲回车键才能进入下一行，而输入多于一行内容的段落时，输完一行内容后会自动换行进入下一行。

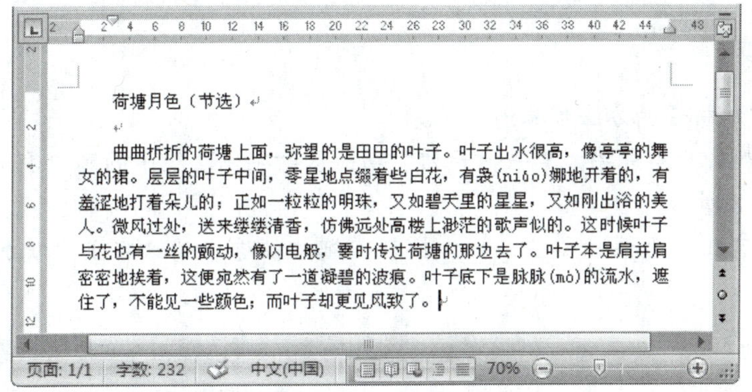

图 2-5　自动换行

第三步：输入加声调的拼音“袅（niǎo）”中的“ǎ”时，单击“插入”选项卡，切换到“插入”功能区，移动鼠标指针到“特殊符号”组中的“符号”命令选项 符号，如图 2-6 所示。

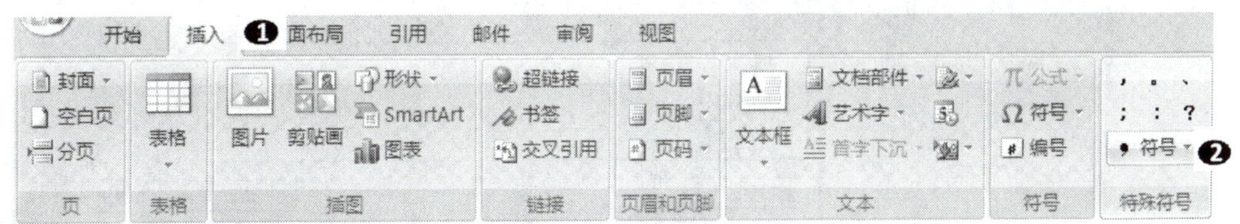

图 2-6　选择符号选项

第四步：单击 符号，打开“符号”选项菜单，再单击菜单中的 更多... 选项，打开“插入特殊符号”对话框，单击对话框中的“拼音”选项卡，在“拼音”选项卡中选择“ǎ”，对话框的右下角的预览窗口内显示被选择的拼音，如图 2-7 所示，单击 确定 按钮，“ǎ”就被插入到了光标所在位置处。

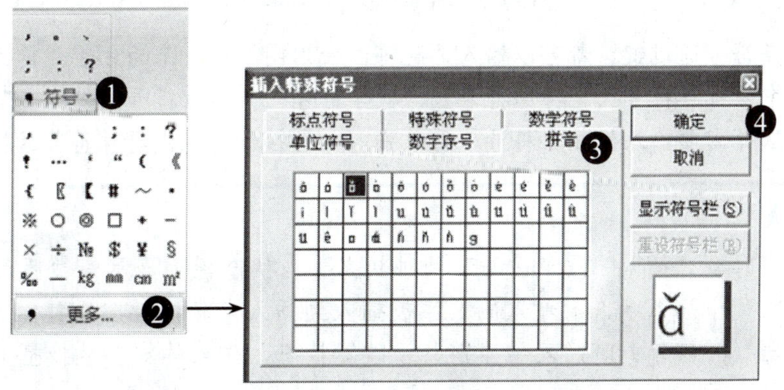

图 2-7　输入带音调的拼音

在文字输入过程中如果发现有错字，可以敲键盘上的 BackSpce 键，删除插入点光标之前的一个字符，敲键盘上的Delete键删除插入点光标之后的一个字符。如果发现丢失了字符，可以将插入点光标移到要插入字符的位置，输入丢失的字符即可。

拓展知识

给汉字上方加拼音的方法步骤：

1）选定需加拼音的文字，单击“开始”功能区“字体”组中的 wén 变，打开“拼音指南”对话框，如图 2-8 所示。

2）检查拼音正确无误，单击 确定 按钮，刚才被选中的汉字上方就加上了拼音，如图 2-9 所示。

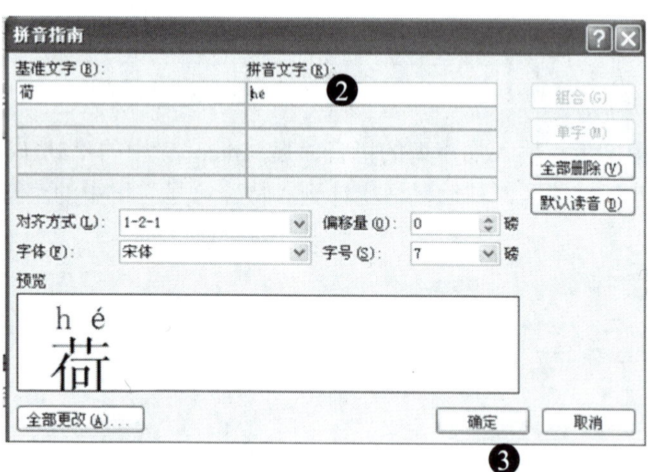

图 2-8 “拼音指南”对话框

荷塘月色（节选）　　hé 荷塘月色（节选）

图 2-9 加拼音前后的效果

常用的标点符号通过键盘都可以输入，也可以使用图 2-6 所示的方法，单击“插入特殊符号”对话框中“标点符号”、“特殊符号”、“数学符号”、“单位符号”、“拼音”或“数字序号”选项卡，选择需要输入的相应符号，再单击 确定 按钮，完成特殊符号的输入。

小百科

输入文字时有“插入”和“改写”两种状态。当状态栏上显示是“插入”（插入）时，表示当前处于插入状态，输入的文字被插入到插入点光标所在位置；当状态栏上显示是“改写”（改写）时，表示当前处于改写状态，输入的文字替换插入点光标之后的文字。

敲键盘上的Insert键可以在这两种状态间进行切换。

试一试

输入下面一段文字，输入完后，敲回车键切换到下一行。

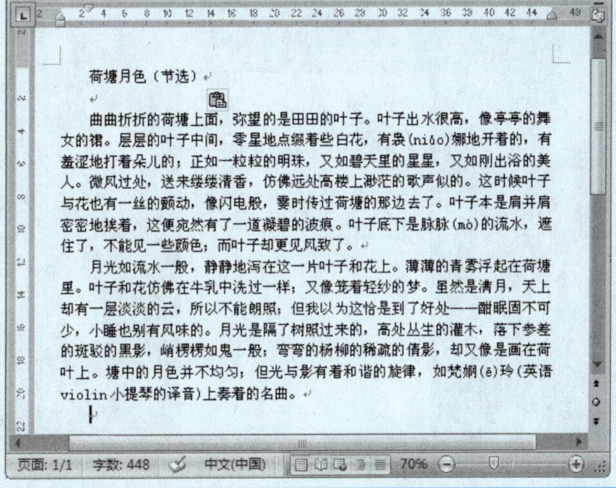

荷塘月色（节选）

曲曲折折的荷塘上面，弥望的是田田的叶子。叶子出水很高，像亭亭的舞女的裙。层层的叶子中间，零星地点缀着些白花，有袅(niǎo)娜地开着的，有羞涩地打着朵儿的；正如一粒粒的明珠，又如碧天里的星星，又如刚出浴的美人。微风过处，送来缕缕清香，仿佛远处高楼上渺茫的歌声似的。这时候叶子与花也有一丝的颤动，像闪电般，霎时传过荷塘的那边去了。叶子本是肩并肩密密地挨着，这便宛然有了一道凝碧的波痕。叶子底下是脉脉(mò)的流水，遮住了，不能见一些颜色；而叶子却更见风致了。

月光如流水一般，静静地泻在这一片叶子和花上。薄薄的青雾浮起在荷塘里。叶子和花仿佛在牛乳中洗过一样；又像笼着轻纱的梦。虽然是满月，天上却有一层淡淡的云，所以不能朗照；但我以为这恰是到了好处——酣眠固不可少，小睡也别有风味的。月光是隔了树照过来的，高处丛生的灌木，落下参差的斑驳的黑影，峭楞楞如鬼一般；弯弯的杨柳的稀疏的倩影，却又像是画在荷叶上。塘中的月色并不均匀；但光与影有着和谐的旋律，如梵婀(ē)玲(英语violin小提琴的译音)上奏着的名曲。

小百科

在文档中输入内容时，Word 2007 会自动对输入的内容进行拼写和语法检查，如果 Word 2007 认为语法不合适，会在相应的文字下显示绿色波浪线；如果不认可文字内容的拼写，会在相应的文字下显示红色波浪线；如果认为使用的单词根据上下文不合适，会在相应的内容下显示蓝色波浪线。

用鼠标右键单击带波浪线的文字内容，会弹出一个快捷菜单，可以单击“语法”进行更正，也可单击“忽略”，这时文字内容下面的波浪线就没有了。

3. 浏览和控制文档

我们已经输入了两段文字，若要看看输入内容的整体效果，可单击“视图”选项卡，切换到“视图”功能区，单击“文档视图”组中的“页面视图”按钮，使文档以页面的方式显示，再单击“显示比例”组中的 单页 ，查看整个页面，如图 2-10 所示。

拓展知识

视图方式包括5种分别是页面视图、阅读版式视图、Web版式视图、大纲视图和普通视图；显示比例有单页、双页、页宽、百分比等显示方式。我们还可以通过单击状态栏上的视图按钮，通过拖动显示比例控件 90% 上的滑杆或单击⊖、⊕按钮，快速改变文档的视图方式和显示比例的大小。

在“视图”功能区中，通过选择或取消“显示/隐藏”组中的“标尺”、“网格线”等复选选项，可以实现标尺、网格线等内容的显示或隐藏。

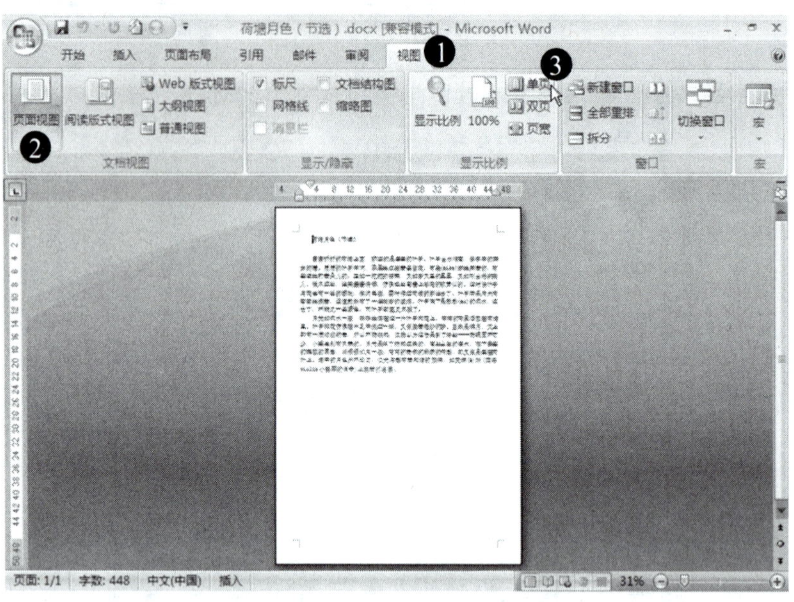

图 2-10　文档视图及显示比例

试一试

设置“荷塘月色（节选）”文档以 80%的比例显示，视图方式设置为“Web 版式视图”，观察与页面视图有什么区别。

4．保存文档

通过前面的工作，我们已完成了几段文字内容的录入，要及时将录入的内容保存下来，否则出现断电或系统死机，输入的内容将会全部丢失，所以大家要养成及时保存文档的好习惯。

第一步：单击快速访问工具栏中的“保存”按钮，打开“另存为”对话框。

第二步：单击“保存位置”框右端的，在弹出的文件夹列表中选择要保存文档的文件夹，建议大家把文档保存在自己的文件夹中。我们把文档保存在桌面上的“第 2 章”文件夹中，如图 2-11 所示。

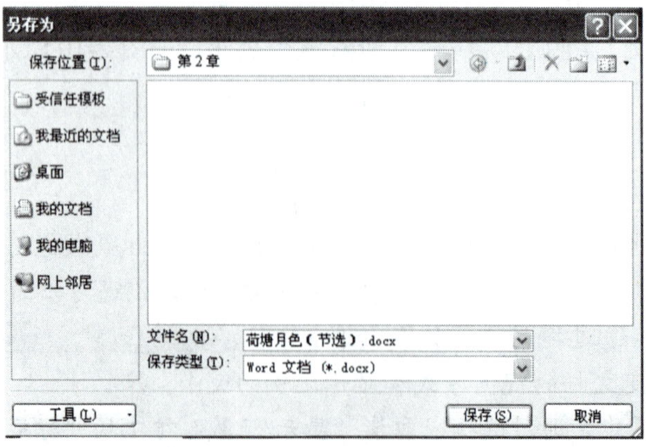

图 2-11　保存文档

第三步：对于新文档，Word 会自动用文档开头的第一句话作为文件名，并显示在对话框下方的“文件名”框中。如果要更改文件名，将插入点光标定位在“文件名”框，删除默认的文件名后，输入新的文件名，当前我们就用默认的“荷塘月色（节选）.docx”作为文件名进行保存。

第四步：默认的保存类型是“Word 文档（*.docx）”，其扩展名为.docx，是以 Word 2007 版本保存的文档格式，也可以单击“保存类型”框右端的 ，在弹出的文件类型列表中选择要保存文档的类型。

第五步：单击 保存(S) 按钮，完成文档保存。文档成功保存后，界面标题栏上的文件名就变成了当前保存的文件名，即“荷塘月色（节选）.docx”。

小百科

文档只有在第一次保存时会弹出“另存为”对话框，对已保存过的文档进行修改后，单击“快速访问工具栏”中的 时，不会再弹出“另存为”对话框，而是直接将修改后的结果保存下来。

拓展知识

为避免死机或突然停电等意外故障给工作造成不必要的损失，可以设置“自动保存”功能，设置步骤如下：

1）单击 Word 工作界面中的“Microsoft Office 按钮”，打开“Office 菜单”，再单击菜单右下角的 Word 选项(I)，打开“Word 选项”对话框。

2）单击“Word 选项”对话框中左侧列表中的 保存(S) 选项，切换选项内容到“自定义文档保存方式”，选择“保存自动恢复信息时间间隔”，设置时间为 10 分钟，如图 2-12 所示。

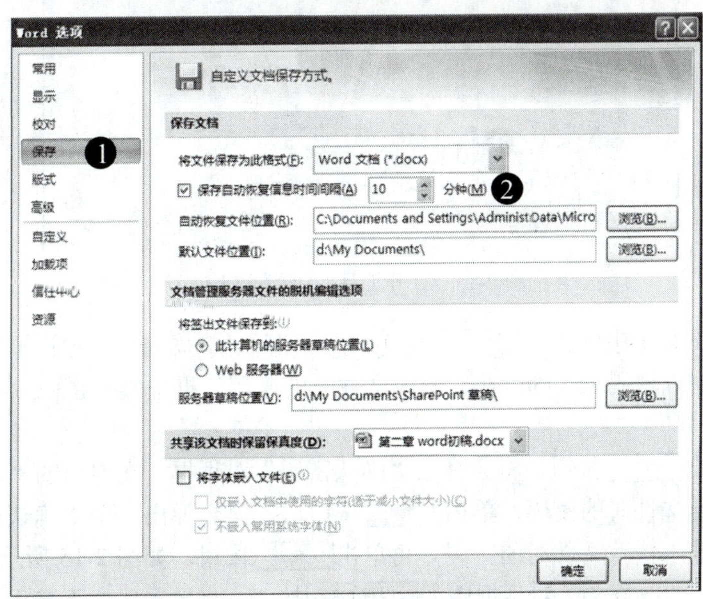

图 2-12　自动保存设置

3）单击“确定”按钮，完成“自动保存”功能的设置。

上述过程设置完后，在输入或编辑文档时，每隔 10 分钟计算机就会自动把正在处理的文档保存一次，即使出现死机或断电等意外情况时，最多也只是损失 10 分钟的工作量。

> **试一试**
>
> 将“荷塘月色（节选）”内容以“Word 97-2003 文档（*.doc）”类型保存在自己的文件夹中（文档名为“荷塘月色（节选）.doc”）。
>
> 【操作提示】
>
> 单击“快速访问”工具栏上的“保存”按钮，打开“另存为”对话框。
>
> 在保存类型框列表中选择“Word 97-2003 文档（*.doc）”。

5. 给文档加密

为了避免文档被别人修改，可以给文档加上密码进行保护。加上密码的文档，无论谁要打开都要求输入正确的密码。

第一步：打开 Office 菜单，再单击菜单中的“另存为(A)”打开“另存为”对话框，单击对话框左下角的“工具(L)”按钮，打开工具菜单列表，如图 2-13 所示。

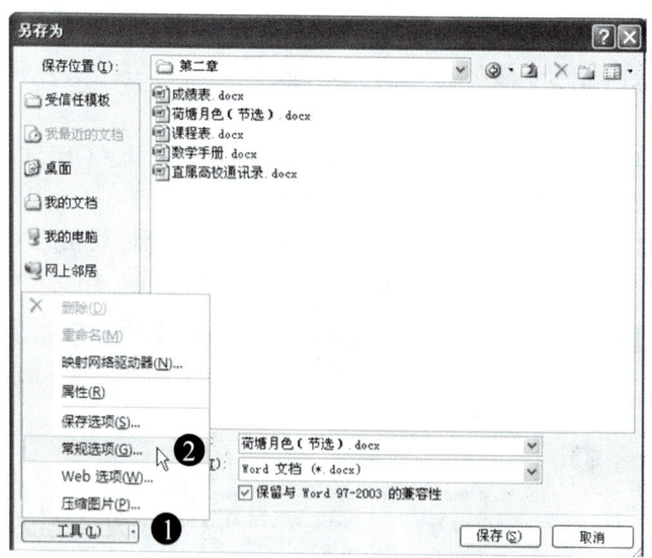

图 2-13　打开工具按钮菜单列表

第二步：单击菜单中的“常规选项（G）…”，打开“常规选项”对话框，在“打开文件时的密码”框中输入密码 123456，在“修改文件时的密码”框中输入密码 654321，如图 2-14 所示。

第三步：单击“确定”按钮，将会弹出“确认密码”对话框，在弹出的“确认密码”对话框中重复输入打开文件时的密码，单击“确定”按钮后，又会弹出一个“确认密码”对话框，在对话框中重复输入修改文件时的密码，再单击“确定”按钮，如图 2-15 所示。

第四步：单击“另存为”对话框中的“保存(S)”按钮，将设置保存下来。当我们再次打开时就要求输入设置的密码了。

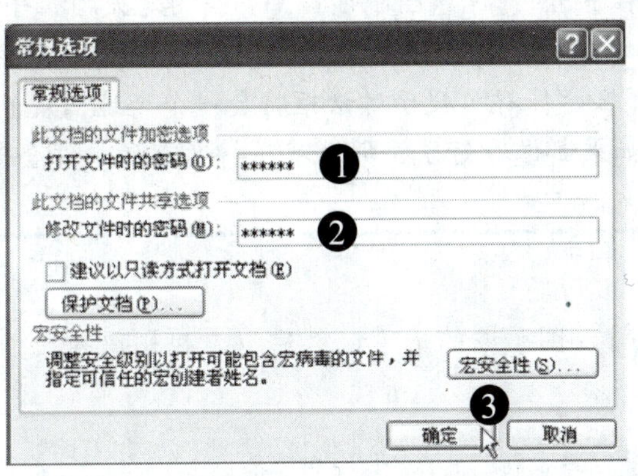

图 2-14　输入密码

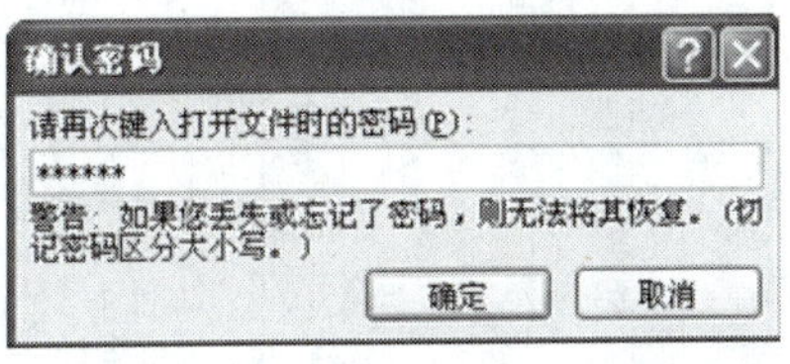

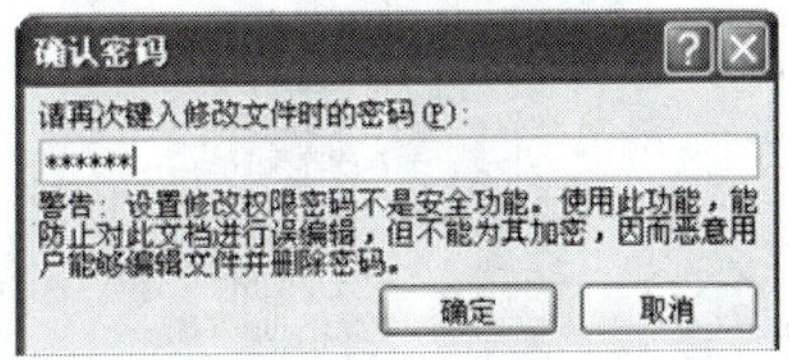

图 2-15　确认密码

小百科

“打开文件时的密码”和“修改文件时的密码”的设置，可以联合使用也可以独立使用，在不同的情况下，可以根据需要设置这两种密码。

6．关闭文档并退出 Word

当打算结束文档的输入或修改工作，并且已将文档保存好时，就可以关闭文档并退出 Word 了。

单击“标题栏”右边的“关闭”按钮 ×，就可以关闭文档并退出 Word 程序了。

如果在关闭前没有对修改过的文档进行保存，会弹出如图 2-16 所示的“保存”提示对话框，询问是否保存后再退出。单击 是(Y) 按钮，则保存后退出；单击 否(N) 按钮，则放弃保存直接退出；单击 取消 按钮，则返回原操作窗口。

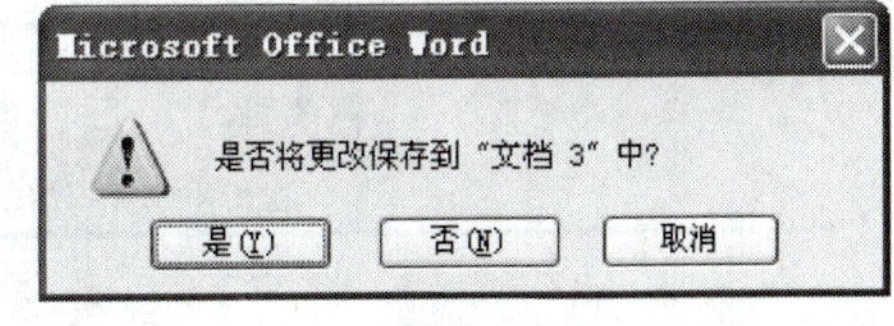

图 2-16　“保存”提示对话框

试一试

给“荷塘月色（节选）.docx”设置打开文件时的密码为 000，修改文件时的密码为 111。

拓展知识

关闭文档也可以通过在 Office 菜单中单击列表中的 关闭(C) 按钮，其结果与单击 × 按钮后的结果一致。

单击 Office 菜单中右下角的 退出 Word(X)，指的是关闭程序界面，结束程序的运行。如果没有保存当前编辑的文档，则同样会出现“保存”提示对话框，如果还有正在编辑的 Word 文档没有保存，那么“保存”提示对话框将会一个个地出现直到所有打开的未保存的文档全都询问完为止，如果都保存好了，那么程序将所有的文件全部关闭，同时退出 Word 应用程序，关闭界面。

试一试

启动 Word 2007 输入图示中的内容，然后以“再别康桥”为名保存在自己的文件夹中。

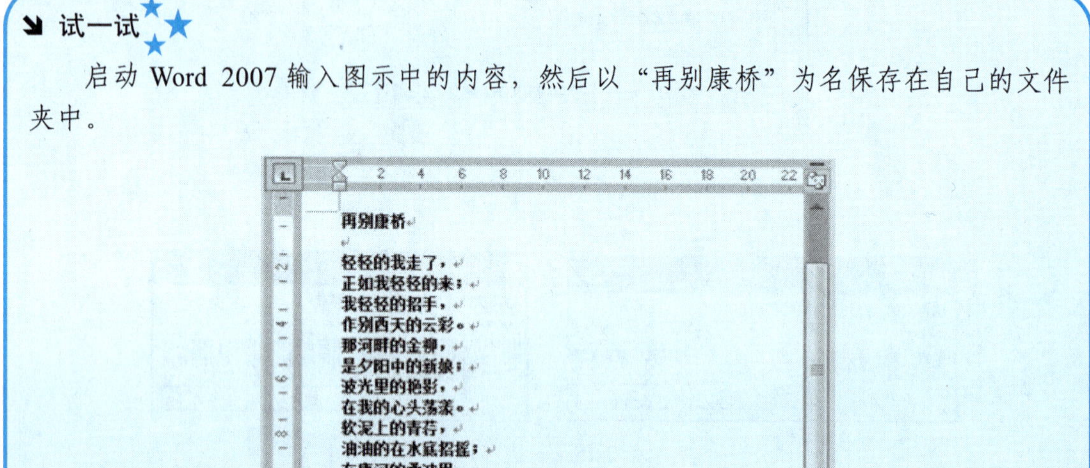

任务小结

通过完成本任务，读者应掌握 Word 2007 的启动和退出方法，了解 Word 2007 的工作界面，明确工作界面上的每一个组成部分的名称和作用；学会新建、输入文字内容、保存及设置密码保护文件的方法，学会在不同的视图方式下浏览和控制文档。重点掌握各种文本字符的录入方法，文件的新建、保存等的操作。

任务巩固

1．简述 Word 2007 工作界面组成的各部分名称。

2．输入下面的内容，以“荷塘月色”为名保存起来。

荷 塘 月 色

朱自清

这几天心里颇不宁静。今晚在院子里坐着乘凉，忽然想起日日走过的荷塘，在这满月的月光里，总该另有一番样子吧。月亮渐渐地升高了，墙外马路上孩子们的欢笑，已经听不见了；妻在屋里拍着闰儿，迷迷糊糊地哼着眠歌。我悄悄地披了大衫，带上门出去。

沿着荷塘，是一条曲折的小煤屑路。这是一条幽僻的路；白天也少人走，夜晚更加寂寞。荷塘四面，长着许多树，蓊蓊（wěng）郁郁的。路的一旁，是些杨柳，和一些不知道名字的树。没有月光的晚上，这路上阴森森的，有些怕人。今晚却很好，虽然月光也还是淡淡的。

路上只我一个人，背着手踱着。这一片天地好像是我的；我也像超出了平常的自己，到了另一世界里。我爱热闹，也爱冷静；爱群居，也爱独处。像今晚上，一个人在这苍茫的月下，什么都可以想，什么都可以不想，便觉是个自由的人。白天里一定要做的事，一定要说的话，现在都可不理。这是独处的妙处，我且受用这无边的荷香月色好了。

荷塘的四面，远远近近，高高低低都是树，而杨柳最多。这些树将一片荷塘重重围住；只在小路一旁，漏着几段空隙，像是特为月光留下的。树色一例是阴阴的，乍看像一团烟雾；但杨柳的丰姿，便在烟雾里也辨得出。树梢上隐隐约约的是一带远山，只有些大意罢了。树缝里也漏着一两点路灯光，没精打采的，是渴睡人的眼。这时候最热闹的，要数树上的蝉声与水里的蛙声；但热闹是他们的，我什么也没有。

忽然想起采莲的事情来了。采莲是江南的旧俗，似乎很早就有，而六朝时为盛；从诗歌里可以约略知道。采莲的是少年的女子，她们是荡着小船，唱着艳歌去的。采莲人不用说很多，还有看采莲的人。那是一个热闹的季节，也是一个风流的季节。梁元帝《采莲赋》里说得好:

于是妖童媛（yuán）女，荡舟心许；鹢（yì）首徐回，兼传羽杯；櫂（zhào）将移而藻挂，船欲动而萍开。尔其纤腰束素，迁延顾步；夏始春余，叶嫩花初，恐沾裳而浅笑，畏倾船而敛裾。

可见当时嬉游的光景了。这真是有趣的事，可惜我们现在早已无福消受了。

于是又记起《西洲曲》里的句子:

采莲南塘秋，莲花过人头；低头弄莲子，莲子清如水。

今晚若有采莲人，这儿的莲花也算得“过人头”了；只不见一些流水的影子，是不行的。这令我到底惦着江南了。

这样想着，猛一抬头，不觉已是自己的门前；轻轻地推门进去，什么声息也没有，妻已睡熟好久了。

3. 输入下面的内容，以“一片假树叶”为名保存起来。

一片假树叶

欧·亨利

在他的小说《最后一片树叶》里讲了一个故事，说：有个病人躺在病床上，绝望地看着窗外一棵被秋风扫过的萧瑟的树。他突然发现，在那树上，居然还有一片葱绿的树叶没有落。病人想，等这片树叶落了，我的生命也就结束了。于是，他终日望着那片树叶，等待它掉落，也悄然地等待自己生命的终结。但是，那树叶竟然一直未落，直到病人身体完全恢复了健康，那树叶依然碧如翡翠。

其实，那树上并没有树叶，树叶是一位画家画上去的，它不是真树叶，但它达到了真树叶生动真实的效果，给了那位病人一个坚强的信念：活着，只要那片树叶不落，我的生命就不会死。结果，他真的康复了，走出病房去那棵树下看个究竟。

他站在树下，被画家的用心感动了。

因为画家是唯一了解他内心秘密的人，画家知道他在等待树叶全部掉落之后，再悄然地终结自己的生命。于是，画家顺着病人的心思设计了这么一片假树叶。就是这片假树叶，给他不断地注入活下去的勇气。

真正有生命力的不是那片树叶，而是人的信念。

4. 输入下面的内容，完成后以“背影”为名保存。

背影

汪国真

背影

总是很简单

简单

是一种风景

背影

总是很年轻

年轻

是一种清明

背影

总是很含蓄

含蓄

是一种魅力

背影

总是很孤零

孤零

更让人记得清

任务2　修改“荷塘月色”的文字——Word 2007的基本操作

任务目标

本任务是基于完成任务1的前提下进行的，通过修改“荷塘月色”的内容，让我们学会打开已存在的文档和选定不同内容的方法，掌握复制、移动、删除文本以及查找、替换内容的方法，学会使用自动更正、拼写和语法检查等功能对文本进行改正和校对。

任务分析

Word文字处理软件最基本的功能就是输入文本并对文本进行编辑修饰，在Word中输入文本与在纸上书写文字一样简单，而编辑和修饰文本却比在纸上要方便快捷。在本任务中将打开“荷塘月色（节选）.docx”文档，对其内容进行复制、移动、删除等的操作。建议安排课时为4课时。

相关知识

1. 打开已存在的文档

第一步：启动Word 2007，打开Microsoft Office菜单，单击菜单中的 打开(O)，弹出“打开”对话框，如图2-17所示。

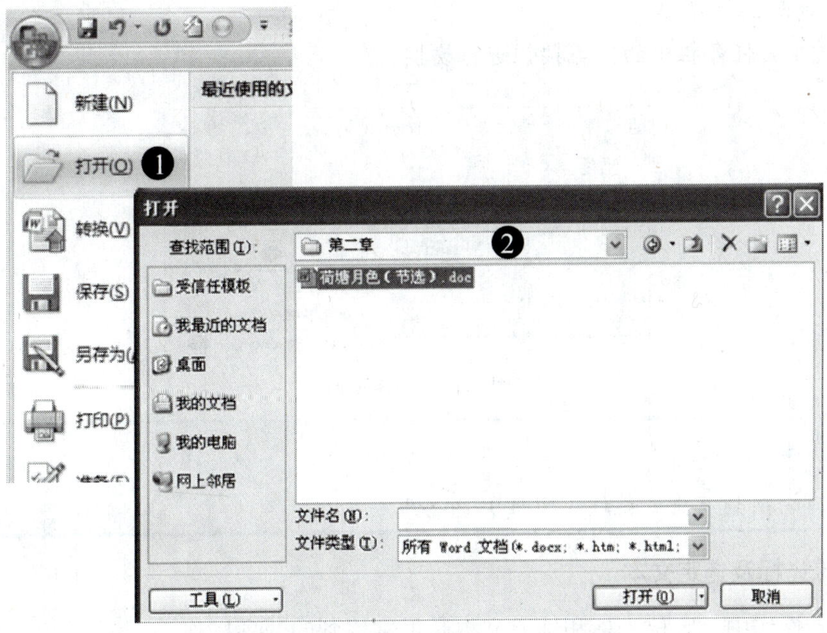

图2-17　“打开”对话框

第二步：单击“查找范围”框右侧的▾，在弹出的下拉列表中选择要打开文档的文件夹，在“查找范围”框中显示选定文件夹。

第三步：单击列表框中的要打开的文档，选择要打开的文档，再单击对话框右下角的 打开(O) ▾ 按钮，选定的文档被打开（如果设置了打开权限密码，则要先输入密码）。

小百科

在打开对话框中直接双击要打开的文件名或文件图标，如 荷塘月色（节选）.docx，同样可以打开相应的文档。

另外如果要打开的文档最近使用过，则单击“Microsoft Office”按钮，在最近使用的文档列表中找到要打开的文档，单击该文档，就会打开相应的文档。

试一试

在 Word 2007 应用程序中打开文档“一片假树叶.docx”。

拓展知识

当打开了多个文档窗口时，Word 窗口只显示一个当前文档，要在多个窗口间切换，可用以下两种方法。

1）单击“视图”功能区中“窗口”组中的“切换窗口”，在打开的下拉列表中选择要切换的文档，如图 2-18 所示。

2）通过单击任务栏中的任务按钮进行切换。

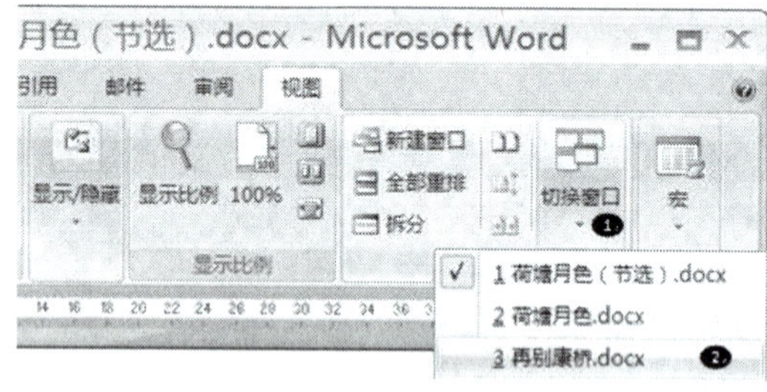

图 2-18　切换窗口

试一试

将窗口切换到“荷塘月色（节选）.docx”。

2. 定位光标及选定文本

在 Word 操作中，定位光标和选定文本是最常用到的两项操作。

（1）定位光标

1）在定位光标的位置处单击鼠标左键。

2）按键盘上的光标控制键←、→、↑、↓，将插入点光标移动到需要的位置。

（2）选定文本

对文章中的内容进行复制、移动、删除等操作时，首先要选定这些内容，“选定”操作是进行其他操作的前提，选定内容的方法很多，下面介绍几种常用的方法。

1）选择连续的字符。将鼠标指针确定在要选定字符之前，按住左键不放向右拖动，拖过要选定的所有字符，放开左键，拖过的区域中的字符被选定。

选定的字符内容以反白显示，当单击编辑区任意位置时，会取消选定，刚才选定的内容恢复正常显示。

试一试

选定“荷塘月色（节选）.docx”中的“酣眠固不可少，小睡也别有风味的”。

用拖动的方法可以选定一个字，一个词，一句话，一段内容甚至全篇内容，但当选定的内容较多，如若干页时，操作起来就不是很方便了，我们可以用其他方法选择。

2）选定一个词组。在要选择的词组前、后或是中间双击鼠标左键，要选择的词组就被选定了。

3）选定一句话。按住 Ctrl 键，然后在要选择的句子中的任意位置单击这句话就被选定了。

4）选择一段内容。在要选择的段落中的任意位置，三击鼠标左键，则该段内容被选定。

5）选定全文。单击“开始”功能区的“编辑”组，在弹出的菜单中单击 选择，打开如图 2-19 所示的界面，再单击 全选(A)，文档中的所有内容即被选定。

使用键盘也可以实现“全选”的操作，先按住 Ctrl 键再按住 A 键，再同时放开按键，文档中所有的内容即被选中。

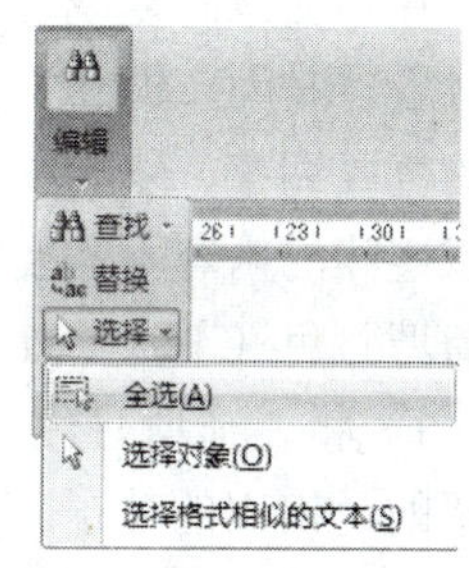

图 2-19 “全选”命令

拓展知识

编辑区左侧的空白区域称为选定栏，当鼠标指针指向该区域时鼠标指针变为“↗”形状时，单击鼠标左键可选定鼠标指针所指向的一行，双击鼠标左键可选定鼠标指针所指向的一段，三击鼠标左键可选定全文。在选定栏中按住鼠标左键拖动，可选定拖动鼠标时指针所对应的多行。

如果要选择不连续的字、词、句子、行、段落等内容时，可先选定其中的一项内容，再按住 Ctrl 键选择第二、第三项……直到完成选择，放开 Ctrl 键即可。

试一试

请选择“荷塘月色（节选）.docx”中的部分内容，如下图所示。

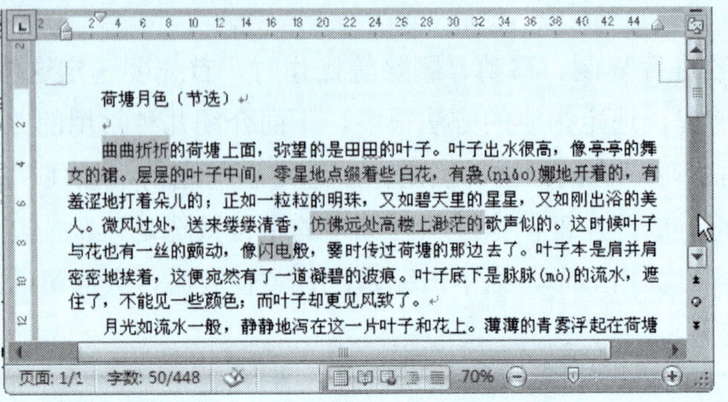

任务实施

1. 打开“荷塘月色（节选）.docx”文档

启动 Word 2007，打开 Microsoft Office 菜单，单击菜单中的 打开(O)，弹出“打开”对话框，找到文档“荷塘月色（节选）.docx”保存的位置，选中文档，单击 打开(O)，稍等片刻，“荷塘月色（节选）.docx”就被打开了。

2. 整段内容的复制、移动和删除

在写文章时复制、移动和删除的操作常会被用到，当出现大段重复的内容时，使用复制可以节省时间，提高工作效率；当发现需要调整内容的位置时，移动操作能很方便地实现内容的位置调整、复制和移动可以在同一文档中进行，也可以在不同文档中进行；如果有大段的或连续的内容不需要时，可以直接使用删除操作，将不需要的部分删除。下面我们以调整“荷塘月色（节选）.docx”文档中的内容为例进行操作。

1）将“荷塘月色（节选）.docx”文档中，第一段的第一句话“曲曲折折的荷塘上面，弥望的是田田的叶子。”，复制到第二段后的空白行中，步骤如下。

第一步：选定“荷塘月色（节选）.docx”文档中要复制的内容。

第二步：单击“开始”功能区中“剪贴板”组中的“复制”按钮，将选定的内容复制到“剪贴板”中，编辑区内没有变化。

第三步：将插入点光标定位在第二段后的空白行中。

第四步：单击“开始”功能区中“剪贴板”组中的“粘贴”按钮，“剪贴板”中复制的内容就粘贴到插入点光标所在的位置处了，如图 2-20 所示。

2）将“荷塘月色（节选）.docx”文档中，刚才复制到第二段后空白行中的内容移动到标题下的空白行中，步骤如下。

第一步：选定文档中刚才所复制的内容。

第二步：单击“开始”功能区中“剪贴板”组中的“剪切”按钮，选定的内容被剪贴到剪贴板中，如图 2-21 所示。

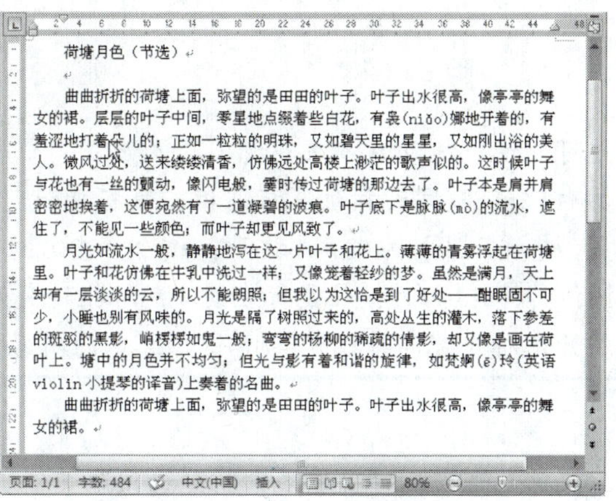

图 2-20 复制后的效果图

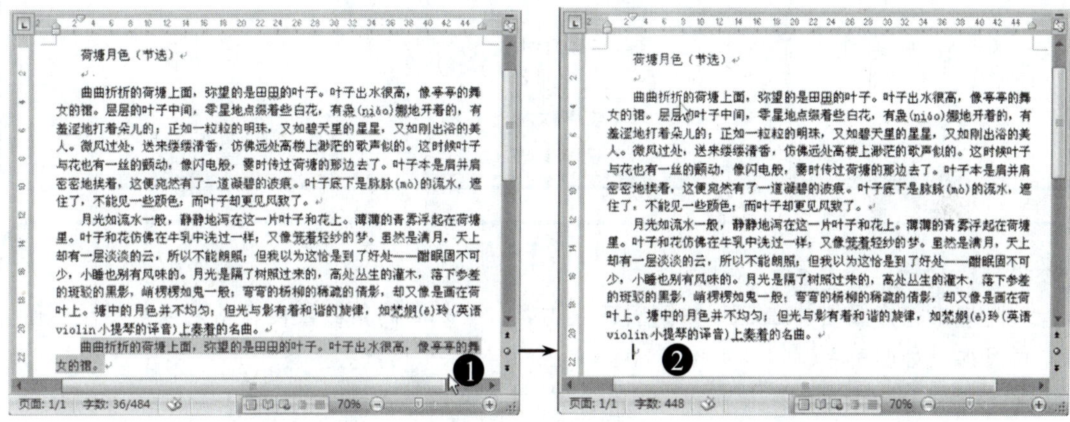

图 2-21 剪切前后的效果图

第三步：把插入点光标定位在标题下方的空白行中。

第四步：单击“开始”功能区中“剪贴板”组中的“粘贴”按钮，将剪贴板中的内容粘贴到插入点光标所在的位置，如图 2-22 所示。

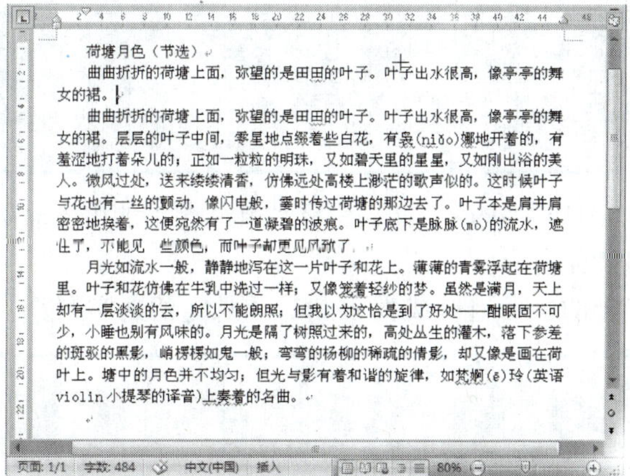

图 2-22 移动后的效果图示

拓展知识

复制和移动的操作也可以通过拖动的方法实现，具体如下。

复制：选定内容，按住 Ctrl 键同时按住鼠标左键，鼠标指针变为“ ”形状时，将选定的内容拖动到目标位置，先放开鼠标左键，再放开 Ctrl 键，选定的内容被复制到目标位置。

移动：选定内容，按住 Shift 键同时按住鼠标左键，鼠标指针变为“ ”状时，将选定的内容拖动到目标位置先放开鼠标左键，再放开 Shift 键，选定的内容被复制到目标位置。

小百科

执行粘贴操作后，在插入点光标处会出现“粘贴选项”按钮，单击此按钮，会弹出下拉列表，可以选择文本粘贴后所应用的格式。

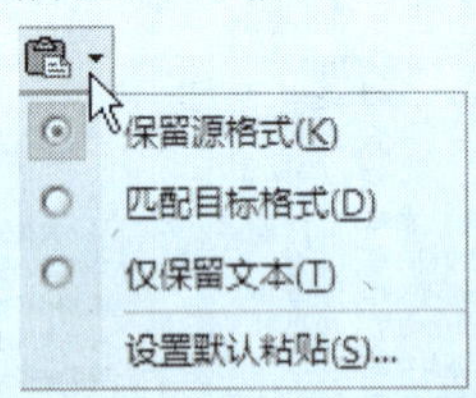

试一试

复制“一片假树叶.docx”中的第四段内容，将复制的第四段内容粘贴到第四段下面空白行内，如图所示。

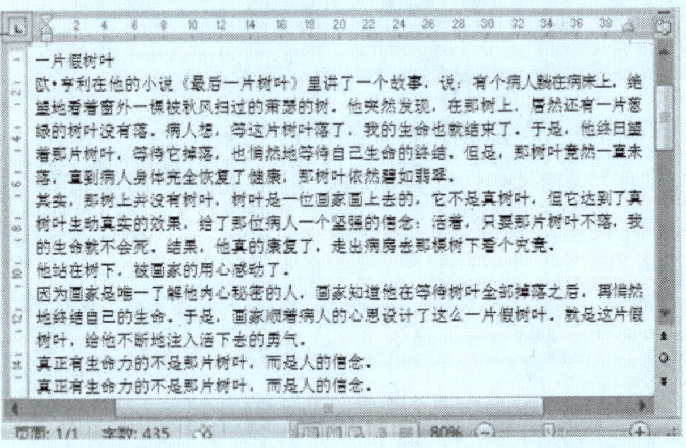

一片假树叶

欧·亨利在他的小说《最后一片树叶》里讲了一个故事，说：有个病人躺在病床上，绝望地看着窗外一棵被秋风扫过的萧瑟的树。他突然发现，在那树上，居然还有一片葱绿的树叶没有落。病人想，等这片树叶落了，我的生命也就结束了。于是，他终日望着那片树叶，等待它掉落，也悄然地等待自己生命的终结。但是，那树叶竟然一直未落，直到病人身体完全恢复了健康，那树叶依然碧如翡翠。

其实，那树上并没有树叶，树叶是一位画家画上去的，它不是真树叶，但它达到了真树叶生动真实的效果，给了那位病人一个坚强的信念：活着，只要那片树叶不落，我的生命就不会死。结果，他真的康复了，走出病房去那棵树下看个究竟。

他站在树下，被画家的用心感动了。

因为画家是唯一了解他内心秘密的人，画家知道他在等待树叶全部掉落之后，再悄然地终结自己的生命。于是，画家顺着病人的心思设计了这么一片假树叶，就是这片假树叶，给他不断地注入活下去的勇气。

真正有生命力的不是那片树叶，而是人的信念。

真正有生命力的不是那片树叶，而是人的信念。

3）将“荷塘月色（节选）.docx”文档中移动到标题下的内容删除，具体步骤如下。

第一步：选定要删除的内容。

第二步：单击键盘上的 Backspace 键或 Delete 键，将选定的内容删除，如图 2-23 所示。

试一试

删除“一片假树叶.docx”中的最后一行内容“真正有生命力的不是那片树叶，而是人的信念。”

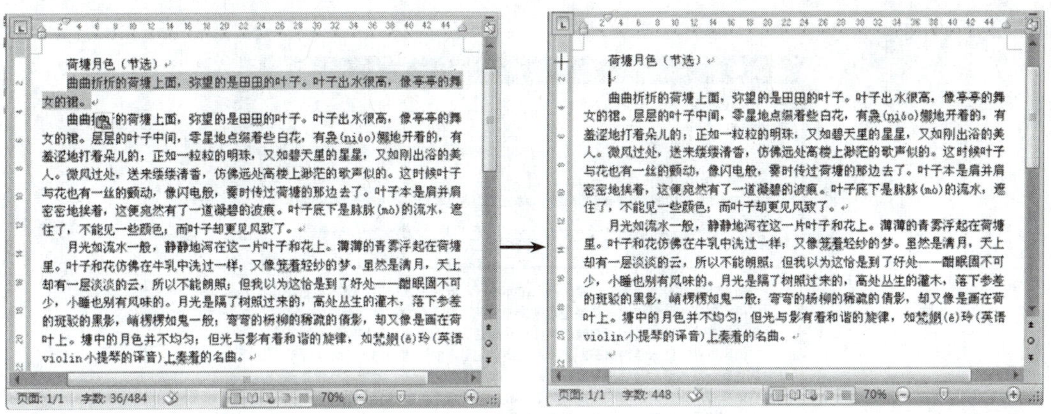

图 2-23　删除效果图

3．文本的查找和替换

利用 Word 提供的查找和替换功能，可以很方便地在文章中查找一个字、词、字符串或带格式的文字，还可以将查找到的内容用其他更合适的内容替换。

1）查找“荷塘月色（节选）.docx”文档中出现的所有“叶子”一词，并突出显示，具体步骤如下。

第一步：打开“荷塘月色（节选）.docx”文档，单击“开始”选项卡中的“编辑”按钮，打开编辑列表，如图 2-24 所示。

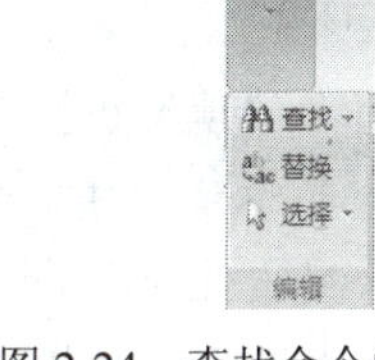

图 2-24　查找命令的调用图示

第二步：单击列表中的查找选项，打开“查找和替换”对话框，在查找内容框中输入“叶子”，如图 2-25 所示。

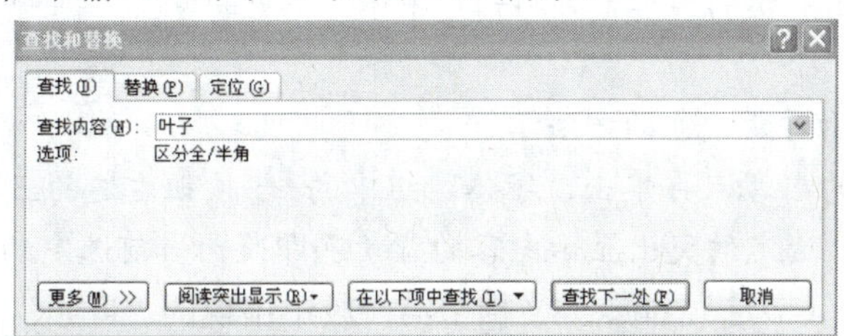

图 2-25　查找和替换对话框图示

第三步：单击“阅读突出显示(R)”按钮，在弹出的列表中单击“全部突出显示(H)”命令，如图 2-26 所示。

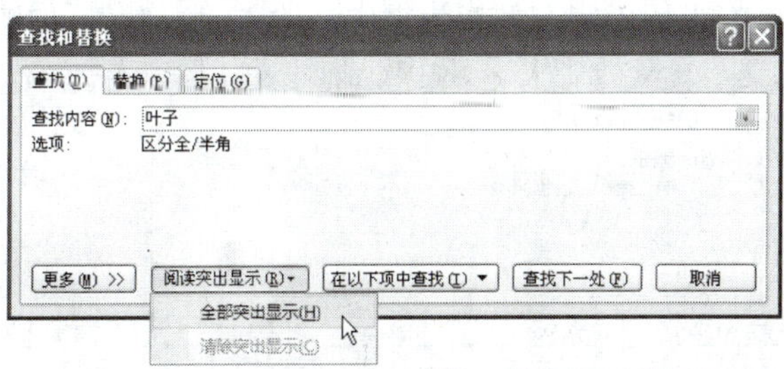

图 2-26　突出显示内容

第四步：查看文章中的“叶子”全部以黄色突出显示，再单击“关闭”按钮，完成操作，如图 2-27 所示。

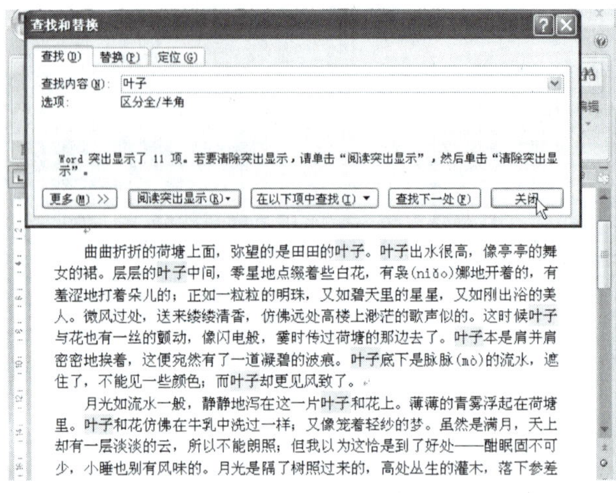

图 2-27　突出显示效果

拓展知识

(1) 取消“阅读突出显示”的方法

按照查找的方法单击 阅读突出显示(R)▾ 按钮后在弹出的列表中单击“清除突出显示”命令，再单击“关闭”按钮即可取消所做“阅读突出显示”的操作，如图 2-28 所示。

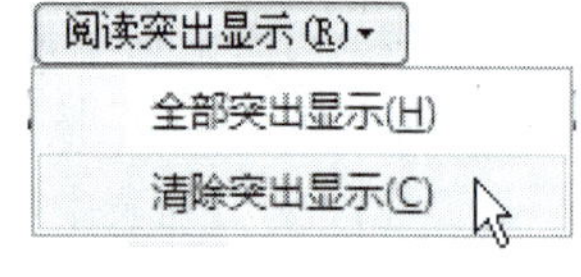

图 2-28　清除突出显示

也可以选定已突出显示的内容，再单击“字体”组中的 ab▾ 按钮清除突出显示。

(2) 改变突出显示时背景色的方法

选定已突出显示的内容，再单击“字体”组中的 ab▾ 按钮右边的三角标记，打开色板，单击所要选择的颜色，选定的突出显示内容的背景色即改为当前选定的颜色。

2）将“荷塘月色（节选）.docx”文档中第一段中出现的“叶子”，替换为“荷叶”，具体步骤如下。

第一步：将插入点光标移动到第一段段首，单击“开始”功能区中的“编辑”按钮，打开编辑列表，单击列表中的查找选项，打开“查找和替换”对话框，将光标确定在查找内容框中，输入“叶子”，再将光标确定在替换为框中，输入“荷叶”，如图 2-29 所示。

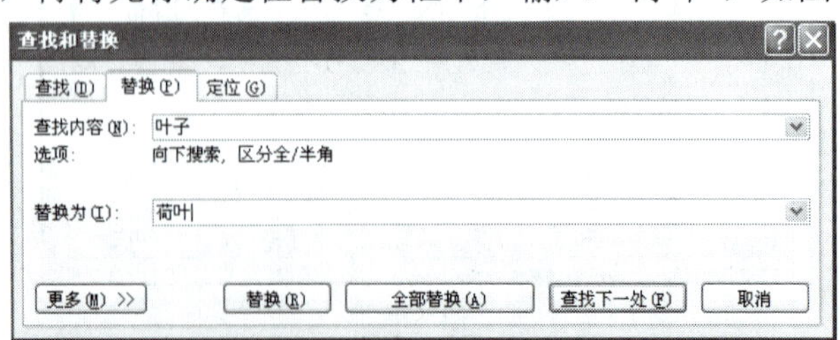

图 2-29　替换内容的输入

第二步：单击 查找下一处(F) 按钮，找到第一个“叶子”并反白显示，再单击 替换(R) 按钮，将“叶子”替换为“荷叶”，光标自动选择下一个“叶子”，接下来只需单击替换(R)按钮，直到完成第一段内容的替换，再单击“关闭”按钮，完成替换任务。

如果是将文章中“叶子”全部替换为“荷叶”，则只需直接单击全部替换(A)按钮，就可以一次性完成替换任务。

拓展知识

如果要查找或替换有特定格式的文本时，可单击“查找和替换”对话框中的更多(M) >>按钮，则会出现更多选项。单击格式(O)▾，弹出格式选项菜单，单击格式选项菜单中某一选项，将弹出相应的对话框，在对话框中可以设置要查找或替换的格式。

如果要查找或替换特殊字符或不可打印字符时，单击特殊格式(E)▾，将弹出特殊格式选项菜单，如图 2-30 所示，单击菜单中要查找或替换的特殊字符，该字符会自动填充到光标所在的框里。

单击<< 更少(L)按钮后，对话框又恢复为原样显示。

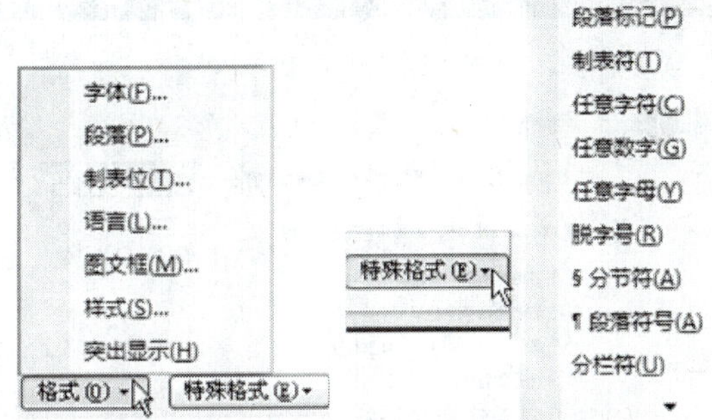

图 2-30　格式选项菜单与特殊格式选项菜单

4. 撤消和恢复操作

在操作过程中如果发现操作时出现了错误，我们可以使用 Word 中的“撤消”命令，撤消错误的操作。撤消操作时，可以一次撤消一步，也可以一次撤消多步。如果在撤消时，撤消了不该撤消的步骤，可以通过“恢复”命令，恢复撤消的操作。操作过程如下：

单击快速启动工具栏上的，撤消刚才完成的最后一步操作，再单击按钮恢复刚才撤消的操作。如果要撤消多步操作，则单击按钮右边的三角标记，在弹出的列表中选择需要撤消的步骤。

> **试一试**
>
> 撤消替换第一段中“荷叶”替换为“叶子”的操作，然后再恢复操作，观察操作过程中的变化。

5. “自动更正”的使用

“自动更正”是 Word 程序的一个非常自动化的功能。它能自动修正我们文档中的一些错误，按照规则来规范我们的格式等，用户可以根据实际需要设置自动更正选项，以便更好地使用自动更正功能。下面以输入一篇英文短文为例讲解设置自动更正选项的具体步骤。

输入以下英文短文，要求将句首字母更正为大写，将连续的两个大写字母进行更正。

The Mole and His Mother

A Mole, a creature blind from birth, once said to his Mother: “I am sure than I can see, Mother! ” in the desire to prove to him his mistake, his Mother placed before him a few grains of frankincense, and asked, “What is it? ” The young Mole said, “It is a pebble.” His Mother exclaimed: “My son, I am afraid that you are not only blind, but that you have lost your sense of smell.

第一步：单击 Word 界面左上角的按钮，打开“Microsoft office”菜单，单击菜单中的 Word 选项(I)按钮，在打开的“Word 选项”对话框中，切换到“校对”选项卡，将鼠标指针指向“校对”选项卡中“自动更正选项”区域中的 自动更正选项(A)... 按钮，如图 2-31 所示。

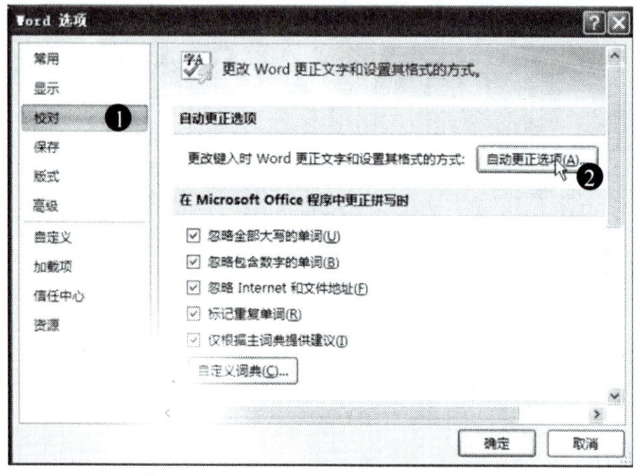

图 2-31　校对选项卡

第二步：单击“自动更正选项”按钮，打开“自动更正”对话框，如图 2-32 所示。

用户可以根据实际需要选择或取消相应选项的复选框，以启用或关闭相关选项，各选项的含义如下。

显示“自动更正选项”按钮：选中该选项，可以在执行自动更正操作时显示“自动更正选项”按钮。

更正前两个字母连续大写：选中该选项，可以自动更正前两个字母大写、其余字母小写的单词为首字母大写，其余字母小写的形式。

句首字母大写：选中该选项，可以自动更正句首的小写字母为大写字母。

表格单元格的首字母大写：选中该选项，自动将表格中每个单元格的小写字母更正为大写字母。

英文日期第一字母大写：选中该选项，自动将英文日期单词的第一个小写字母更正为大写字母。

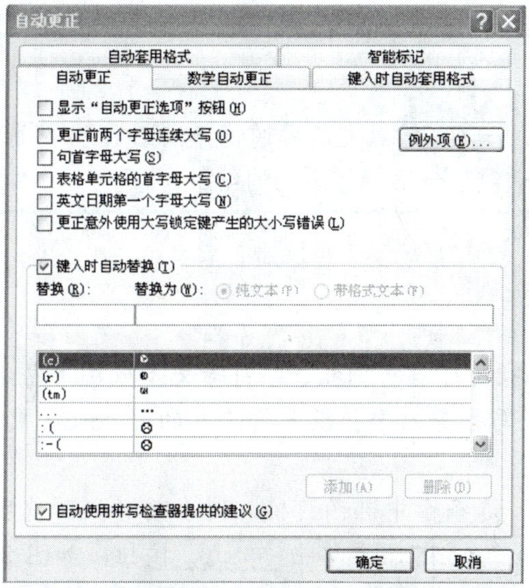

图 2-32 “自动更正”对话框

第三步：在“自动更正”选项卡中选中“显示‘自动更正选项’按钮”、“更正前两个字母连续大写”和“句首字母大写”选项，完成后单击“确定”按钮，如图 2-33 所示。

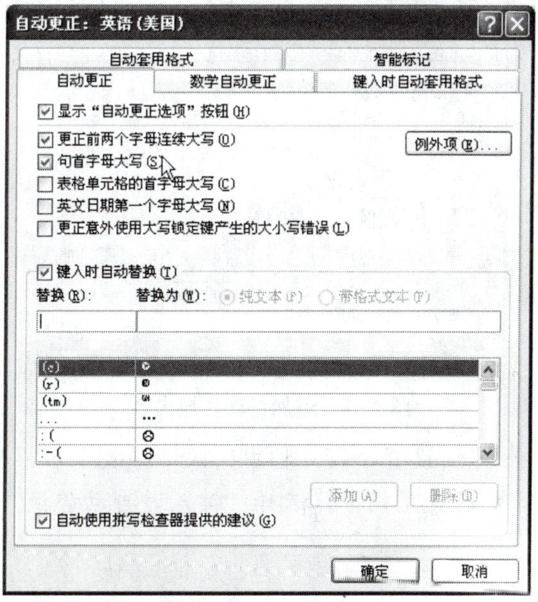

图 2-33 “自动更正”选项的设置

第四步：在打开的文档中以小写方式输入英语短文，输入内容后，句首字母自动更正为大写，将鼠标指针指向自动更正为大写的字母时，字母下方出现自动更正选项标记，单击自动更正选项标记右边的三角标记，会打开自动更正选项列表，通过选择不同的选项实现不同的操作，

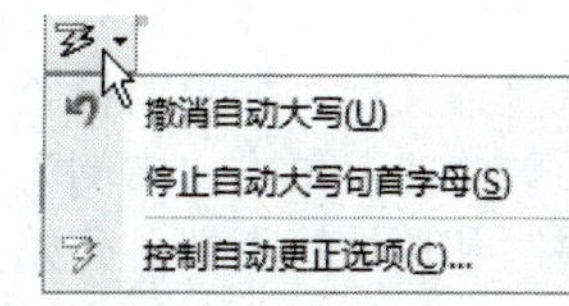

图 2-34 自动更正选项列表

如图 2-34 所示。

试一试

按以上要求自己输入一次，输入完成后通过标记，分别选择自动更正列表中的三个不同选项，输入时注意观察会出现什么样的结果。

拓展知识

使用“自动更正”功能还可以将词组、字符等文本或图形替换成特定的词组、字符或图形，从而提高输入和拼写检查效率。设置将输入的“word”更正为“work”，具体步骤如下。

1）选中“自动更正”选项卡中部的“键入时自动替换”选项，在替换和替换为输入框中分别输入“word”和“work”，再单击[添加(A)]按钮，如图 2-35 所示。

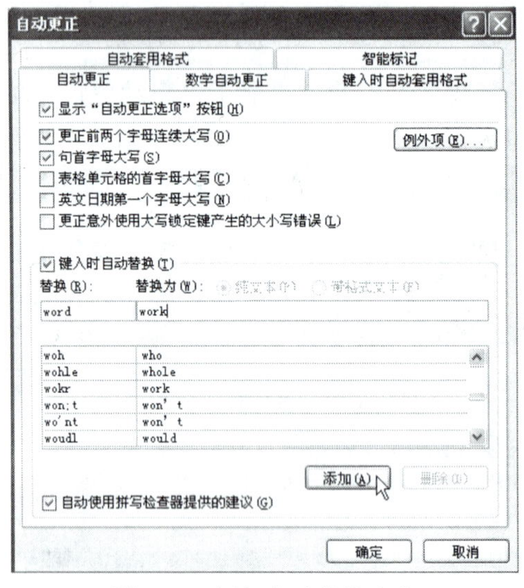

图 2-35　添加自动替换内容

2）依次单击确定按钮完成设置，在文档中输入“word”后，将自动更正为“work”。

同样也可以删除已添加的更正词条。选择“键入时自动替换”列表中要删除的词条，单击[删除(D)]按钮即可。

6. 拼写和语法检查

在“荷塘月色（节选）.docx”文档中，使用拼写和语法检查功能检查文档中的错误。

第一步：打开“荷塘月色（节选）.docx”文档，将插入点光标停在文档开头，从头开始检查整篇文档，如果要检查文档中的指定内容，先选定要检查的内容。

第二步：单击“审阅”选项卡，切换到“审阅”功能区，再单击“校对”组中的，启动拼写和语法检查器，开始拼写和语法检查。

Word 在进行检查时，如果发现有拼写错误或不认识的英文单词或中文词句时，便在文档中反色显示该词、句的内容，并弹出“拼写和语法”对话框，如图 2-36 所示。

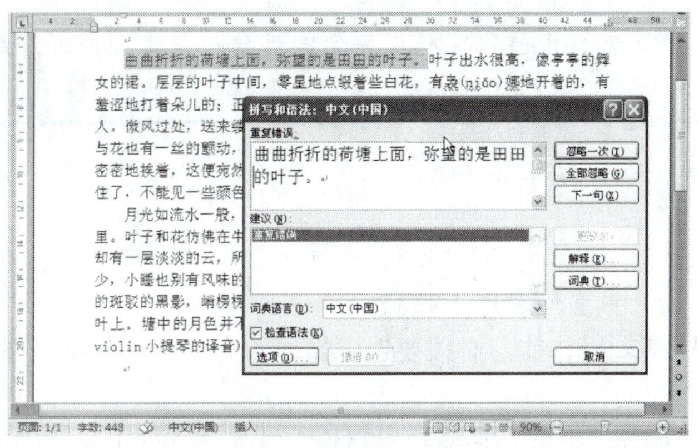

图 2-36 “拼写和语法”对话框

第三步：在“拼写和语法”对话框中，含有出错词语的句子出现在“重复错误”列表框中，出错的词用红色显示，在“建议”列表框中列出出错的原因，以供更改。可以直接在“重复错误”列表框中修改，也可直接在文档中修改。在当前文章中“田田”是一种特殊用法，不需要更改，那么单击 忽略一次(I) ，对当前内容不进行修改，继续寻找下一处有错误的内容。

当搜索到含有语法错误的句子时，Word 将在文档中反色显示该句，在“拼写和语法”对话框中列出有语法错误的句子，错误的关键词用绿色显示，在“建议”列表框中列出对关键词进行修改的建议。

在“拼写和语法”对话框中各按钮的功能如下。

忽略一次(I)：忽略本次拼写和语法错误的单词，并继续进行检查。

全部忽略(G)：忽略文档中该单词所有出现的地方。

下一句(X)：继续检查下一句话。

更改(C)：在“建议”中选择正确的词并单击“更改”按钮后，可以修正错误。

解释(E)...：打开帮助对话框，对该错误进行详细的说明。

词典(T)...：自定义微软拼音输入法 2007 的词库。

小百科

有时，检索到的内容并不是错误的，如中文内容中的特殊用法、英文中的缩写等内容在 Word 自带的词典中没有，拼写检查中就可能认为是错误的，如图 2-36 所示，在这种情况下，直接单击 忽略一次(I) 继续进行下一项错误的检查。

第四步：拼写和语法检查结束时，会弹出如图 2-37 的消息框，表明检查已完成，单击 确定 按钮，返回文档编辑窗口。

图 2-37 完成检查消息框

试一试

将“荷塘月色（节选）.docx”文档中剩余的部分按照上面的方法继续检查并更改有拼写和语法错误的内容。

任务小结

通过本任务的学习，读者应有以下收获。

1）在文档中进行某项操作前，必须要选中操作的对象，因此要掌握在 Word 2007 文档中选择不同内容的方法。

2）复制、移动、删除、查找、替换和拼写检查等都是 Word 操作中最基本的操作，也是进行文字录入时必须掌握的基本技能。这些基本技能，对加快文本的录入和校对是很有帮助的。

任务巩固

1．输入下面的短文，以“国庆畅想”为名保存下来，并对短文进行拼写和语法上的检查。

祖国啊，您是虬劲挺拔的青松
当春风轻拂您的身旁
我愿做传递春讯的喜鹊
祖国啊，您是奔腾千里的长江
我愿做江上辛勤的艄公
为您唱响那最美的渔歌
祖国啊，您是清香宜人的果园
当秋风送爽的时候
我愿是那最先红透的鲜果
祖国啊，您是原驰蜡象的圣景
当寒风凛冽的时刻
我愿是那红梅迎风傲雪
祖国啊，您就是我慈爱的妈妈
用甘甜的乳汁哺育了我
永远都忘不了您呐
哪怕走到天涯海角我都会这么说
我骄傲我生在中国
采下一块乌金
捧出一团圣火
我要让温暖伴随祖国强劲的脉搏

我自豪我根在中国
掬起一捧清泉
献上一丝甘冽
我要用血汗滋润祖国幸福的生活
五千年生生不息
中华儿女以神七飞天
向世人昭示中国人的胆魄
五千年的风风雨雨
塑造了龙的传人无比坚韧的品格
五千年的文化积淀
呈现给全人类的是璀璨的华夏文明
是长城的雄伟
是泰山的巍峨
祖国啊，您若是朝霞
我愿做展翅翱翔的白鸽
您若是晴朗的蓝天
我愿做轻盈秀美的云朵
为了您的不断壮大
我愿倾洒满腔热血
为了您的生机勃勃
我愿将自己的头颅
压在珠穆朗玛的底座
拼力托起您龙的额头
啊 我的祖国

2．输入下面内容，要求自动更正名句首字母为大写，自动检查拼写和语法错误，完成后以“名言警名”为名保存下来。

For man is man and master of his fate.
人就是人，是自己命运的主人。
The good seaman is known in bad weather.
惊涛骇浪，方显英雄本色。
Nothing seek, nothing find.
无所求则无所获。
Cease to struggle and you cease to live.—Thomas Carlyle
生命不止，奋斗不息。——卡莱尔
He who seize the right moment, is the right man.—Goethe
谁把握机遇，谁就心想事成。——歌德

任务 3 “荷塘月色”的排版与修饰—— Word 2007 的初级编辑

任务目标

通过完成本任务，我们应该要掌握文字处理的基本操作过程，学会对文档内容进行字体格式、段落格式、分栏格式、首字下沉等的设置，会使用格式刷和自动套用格式，学会在文档中插入图片和文件，学会设置边框和底纹、添加页眉和页脚及脚注和尾注，能对处理过的文档进行预览和打印。

任务分析

使用文字处理的目的是将文字、图片等内容进行有机的组合，构成一个图文并茂、美观整洁的作品。下面以“荷塘月色”为例，简单介绍一个通过排版修饰的 Word 作品的形成过程。本任务有以下几点具体要求。

1）插入文档：打开“荷塘月色”文档，将“荷塘月色（节选）.docx”文档插入到第三段后另起一行。

2）字体格式：标题楷体，三号，加粗；作者隶书，四号；正文楷体，小四号。

3）段落格式：标题居中对齐；作者右对齐；正文首行缩进二字符，两端对齐。

4）首字下沉和分栏格式：第一段首字下沉三行，第四、五两段设置分栏，分为两栏，栏宽相等，栏间距为 4 个字符，加分隔线。

5）插入图片及图片格式：在正文第一段中插入图片“荷塘月色”，设置图片排列文字环绕方式为“四周型环绕”，右对齐，大小宽度为 7 厘米，图片边框为“橄榄色，强调文字颜色 3，淡色 40%”，图片效果为“阴影型”、“外部右上斜偏移”。

6）边框和底纹：给页面加艺术型的边框，边框宽度为 10 磅，给正文倒数第二段“采莲南塘秋，……”加阴影边框，颜色为红色，点画线，粗细为 1 磅，底纹填充黄色。

7）页眉和页脚：页眉输入“朱自清散文”，宋体，小四号，右对齐；页脚中插入页码，格式为“-1-”，居中对齐。

8）脚注：给朱自清加上“朱自清：(1898 年 11 月 22 日～1948 年 8 月 12 日)，原名自华，因于清华教书，故改名“朱自清”。号秋实，字佩弦。现代著名作家、诗人、学者、民主战士。”的脚注。

建议安排课时为 4 课时。

相关知识

1. 插入文档

第一步：单击“插入”选项卡，切换到“插入”选项卡，再单击“文本”组中的 对象右边的▾，弹出下拉列表，如图 2-38 所示。

第二步：单击列表中的 文件中的文字(F)... 选项，打开“插入文件”对话框，如图 2-39 所示。

第三步：单击“查找范围”框右侧的▾，在弹出的下拉列表中选定已存放的要插入文件的文件夹，在文件列表框中单击选定要插入的文件，然后单击 插入(S) ▾ 按钮，选定的文件被插入到了插入点光标处。

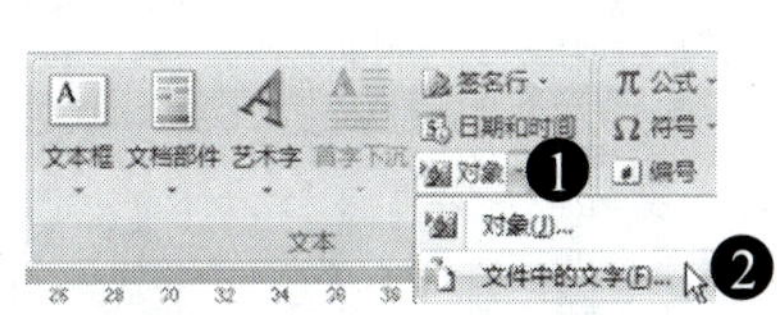

图 2-38 “对象”选项列表

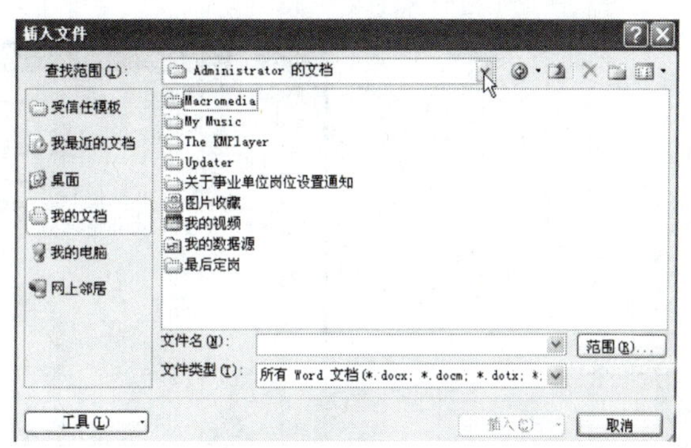

图 2-39 “插入文件”对话框

2. 设置字体格式

设置字体格式可直接通过“开始”功能区“字体”组中的按钮实现。

第一步：选中要设置字体的文字。

第二步：单击“字体”组中 宋体 ▾ 右侧的▾，在弹出的下拉列表中选择字体。

第三步：单击 五号 ▾ 右侧的▾，在弹出的下拉列表中选择字号。

在“字体”组中有许多按钮，当我们将鼠标指针指向某一个按钮时，会自动弹出一个关于该按钮的信息框，说明该按钮的功能，如图 2-40 所示。通过单击按钮可以实现对字体的相应设置。

我们还可以通过单击“字体”组右侧的 ，打开“字体”对话框，对话框中包括了“字体”组中大多数按钮的功能。通过“字体”对话框，可以对字体进行相应的设置，如图 2-41 所示。

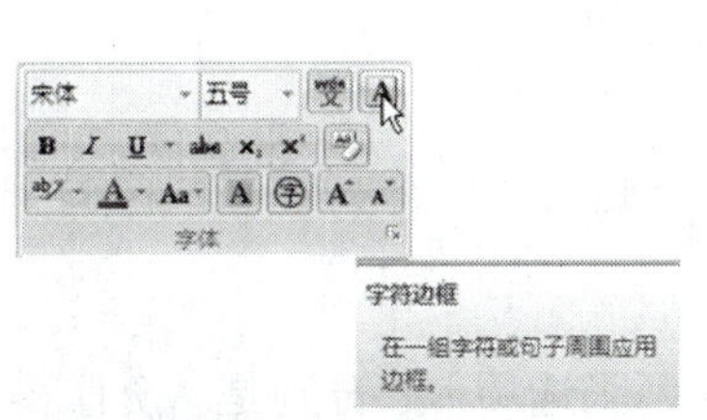

图 2-40 信息框

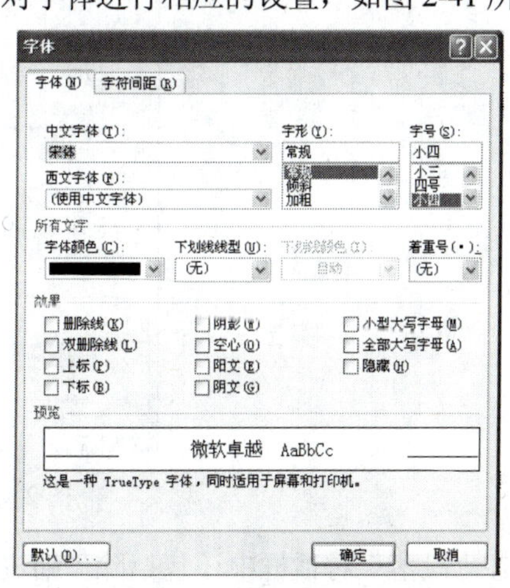

图 2-41 “字体”对话框

在“字体”对话框中，不仅能设置字体、字号，还能设置文字的颜色、下划线线型和下划线颜色、有无着重号及文字的效果，同时通过切换选项卡到“字符间距”，还能对文字之间的间距进行设置，如图 2-42 所示。

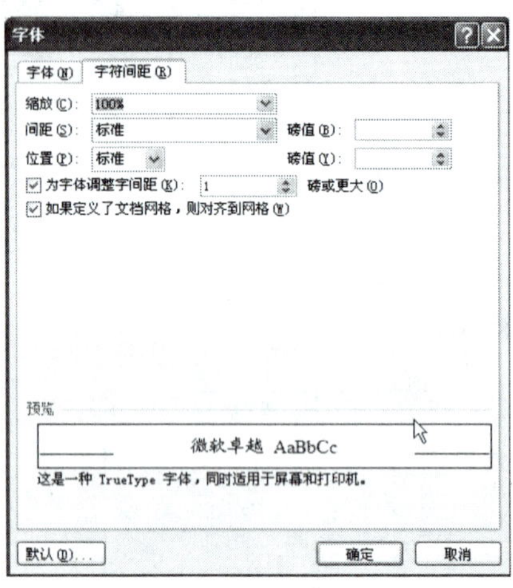

图 2-42 “字符间距”的设置

3. 设置段落格式

设置段落格式可以直接通过“开始”功能区“段落”组中的按钮实现，也可以单击“段落”组右侧的 ，启动如图 2-43 所示的“段落”对话框，在对话框中设置段落格式。

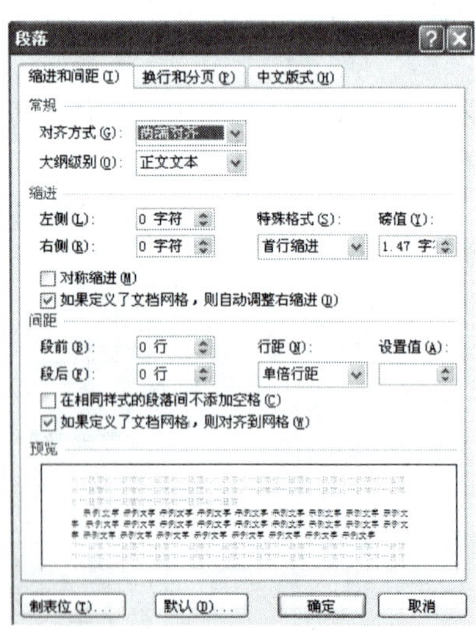

图 2-43 “段落”对话框

在“段落”对话框中还包括除“缩进和间距”之外的两张选项卡，分别是“换行和分页”及“中文版式”，在这两张选项卡中可以实现相关选项的设置，如图 2-44 所示。

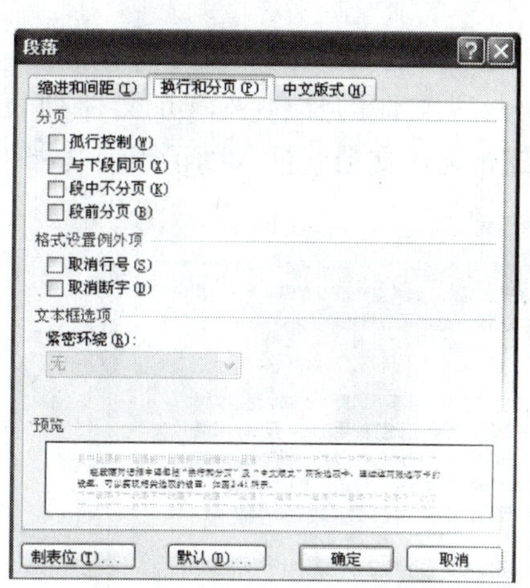

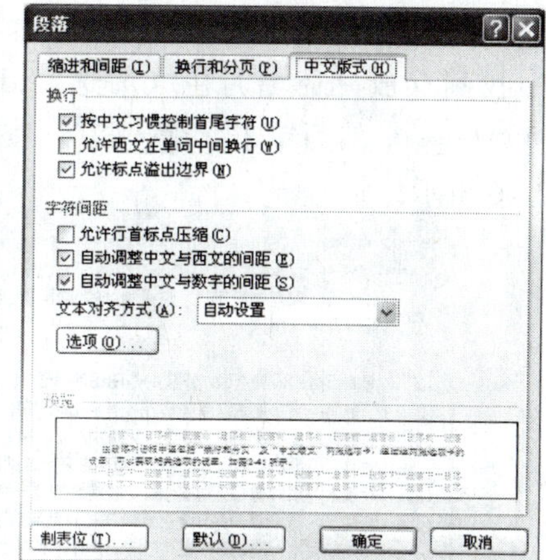

图 2-44　段落设置

4．使用“格式刷”

在一篇文章中，要求文章后边段落的格式与前面已设置好的段落格式相同，这时可以通过重复前面的操作，设置后面段落的格式，但这样做既费时又费力。Word 给我们提供了一项非常好用的工具，即“格式刷”按钮，使用它可以很方便而且快捷地完成格式的复制，具体方法如下。

第一步：将插入点光标确定在已设置好格式的段落中。

第二步：单击“开始”功能区“剪贴板”组中的按钮，将鼠标移动到工作区时，鼠标指针变为“”状。

第三步：将鼠标指针移动到需要设置与前面段落格式相同的段落段首，按住鼠标左键，拖过该段落，再放开左键，此时被选中段落内容的格式都与前面段落的格式设置相同了，同时鼠标指针恢复为正常的工字型。

拓展知识

如果设置格式相同的几段不连续文字时，可以双击“格式刷”按钮，就可以连续“格式刷”，把选定的文字、段落格式应用到鼠标拖动经过的区域，完成后，再次单击，则停止使用格式刷。

任务实施

1．插入文档并设置字体格式

第一步：打开“荷塘月色.docx”文档，将光标定位在第三段段尾，敲回车键，转入下一行，然后单击“插入”选项卡，切换到“插入”功能区，再单击“文本”组中的“对象”右侧的标记，弹出下拉菜单列表，如图 2-45 所示。

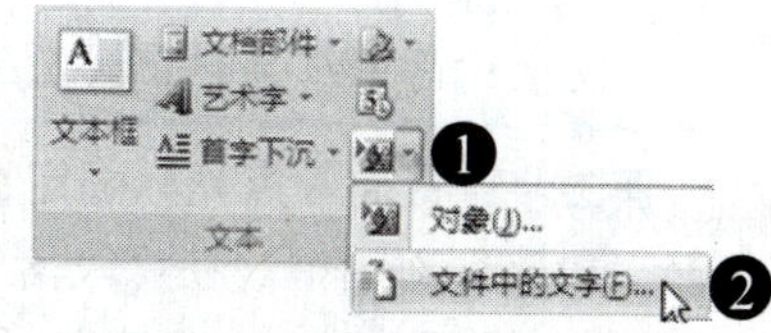

图 2-45　插入对象菜单

第二步： 单击菜单列表中的 文件中的文字(F)... 选项，打开“插入文件”对话框，在“查找范围”框中找到存放“荷塘月色（节选）.docx”文件的文件夹，在文件列表框中单击 荷塘月色（节选）.docx，然后单击 插入(S) 按钮，则该文档就插入到了当前文档中指定的位置，如图 2-46 所示。

说的话，现在都可不理。这是独处的妙处，我且受用这无边的荷香月色好了。
荷塘月色（节选）

曲曲折折的荷塘上面，弥望的是田田的叶子。叶子出水很高，像亭亭的舞女的裙。层层的叶子中间，零星地点缀着些白花，有袅(niǎo)娜地开着的，有羞涩地打着朵儿的；正如一粒粒的明珠，又如碧天里的星星，又如刚出浴的美人。微风过处，送来缕缕清香，仿佛远处高楼上渺茫的歌声似的。这时候叶子与花也有一丝的颤动，像闪电般，霎时传过荷塘的那边去了。叶子本是肩并肩密密地挨着，这便宛然有了一道凝碧的波痕。叶子底下是脉脉(mò)的流水，遮住了，不能见一些颜色；而叶子却更见风致了。
月光如流水一般，静静地泻在这一片叶子和花上。薄薄的青雾浮起在荷塘里。叶子和花仿佛在牛乳中洗过一样；又像笼着轻纱的梦。虽然是满月，天上却有一层淡淡的云，所以不能朗照；但我以为这恰是到了好处——酣眠固不可少，小睡也别有风味的。月光是隔了树照过来的，高处丛生的灌木，落下参差的斑驳的黑影，峭楞楞如鬼一般；弯弯的杨柳的稀疏的倩影，却又像是画在荷叶上。塘中的月色并不均匀；但光与影有着和谐的旋律，如梵婀(ē)玲(英语 violin 小提琴的译音)上奏着的名曲。
荷塘的四面，远远近近，高高低低都是树，而杨柳最多。这些树将一片荷塘重重围住；只在

图 2-46　插入文件后的效果

第三步： 删除插入文档中多余的“荷塘月色（节选）”及空白行，再单击“保存”按钮，对文档进行覆盖保存。

第四步： 下面设置文档的字体格式和段落格式。选中标题，单击“开始”功能区“字体”组中的 宋体 右侧的，在打开的下拉菜单列表中单击“楷体”；单击 五号 右侧的，在打开的下拉菜单列表中单击“三号”，再单击 **B** 按钮。

> **试一试**
>
> 设置“荷塘月色”文档作者字体格式为“隶书”、“四号”，正文字体格式为“楷体”、“小四号”，标题字符间距设置为加宽 5 磅。

2. 设置段落格式

要求标题居中对齐，作者右对齐，正文首行缩进二字符，对齐方式为两端对齐。

第一步： 将插入点光标确定在标题行中，单击“段落”组中的“居中对齐”按钮，如图 2-47 所示。用同样的方法，再将光标确定在作者这一行，单击“右对齐”按钮。

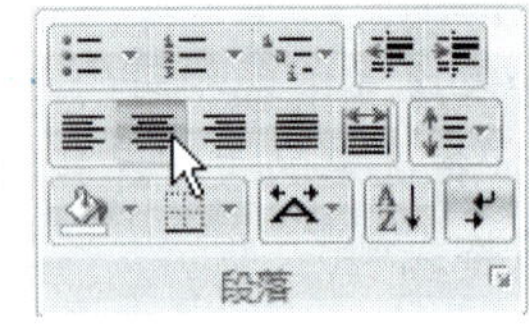

图 2-47　居中对齐

> **试一试**
>
> 设置“荷塘月色”正文所有内容的对齐方式为“两端对齐”。

第二步： 将插入点光标确定在正文第一段中的任意位置，单击“段落”组右侧的 按钮，打开“段落”对话框。在“段落”对话框中的“缩进和间距”选项卡中选择特殊格式为“首行缩进”，设置值为“2 字符”，如图 2-48 所示。

第三步：单击 确定 按钮完成设置，如图 2-49 所示效果。

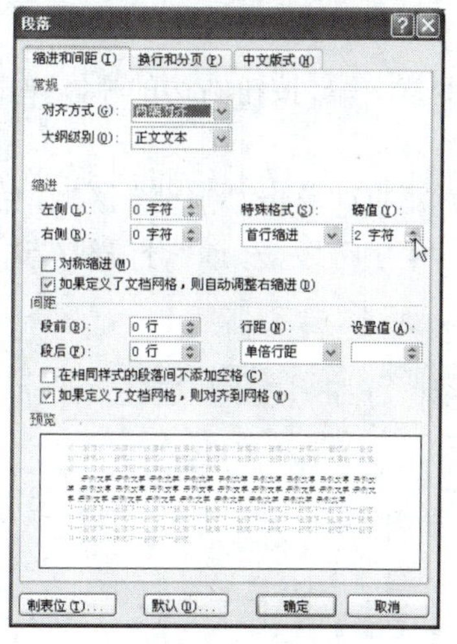

图 2-48 右对齐

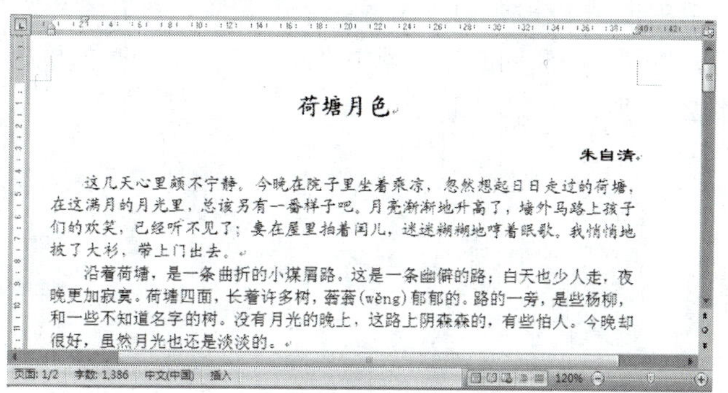

图 2-49 段落设置效果

3. 设置首字下沉

第一步：将插入点光标确定在第一段中的任意位置，切换到“插入”功能区，单击“文本”组中的 按钮，在弹出的菜单列表中单击 首字下沉选项(D)... ，打开“首字下沉”对话框，选择字体为“楷体”，下沉行数为“3”，如图 2-50 所示。

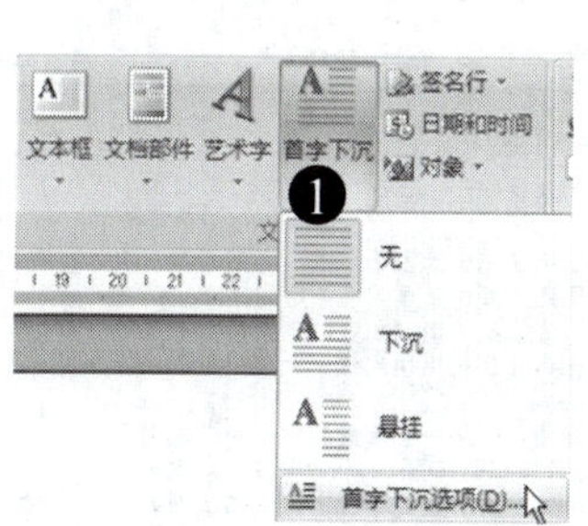

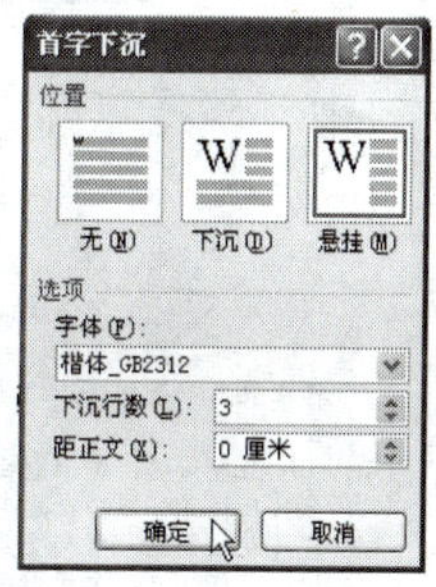

图 2-50 设置首字下沉

> **试一试**
>
> 设置“荷塘月色”第一段后各段段落格式与第一段相同。

第二步：设置完成后单击 确定 按钮，首字下沉效果如图 2-51 所示。

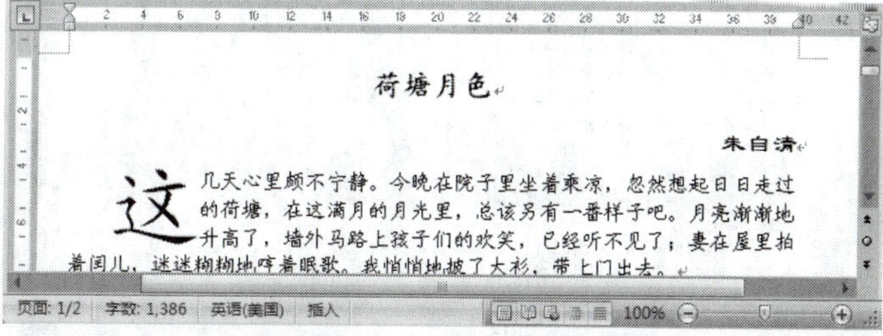

图 2-51 “首字下沉”效果

4. 设置分栏

第一步：选定第四、五两段内容。

第二步：单击“页面布局”功能区中“页面设置”组中 分栏 按钮右边的 ，弹出下拉菜单列表，如图 2-52 所示。

第三步：单击列表中 更多分栏(C)... 选项，打开“分栏”对话框，单击“预设”区域中的 按钮，将“宽度和间距”区域中“间距”框中的数值更改为“4 字符”，选定“分隔线”选项，如图 2-53 所示。

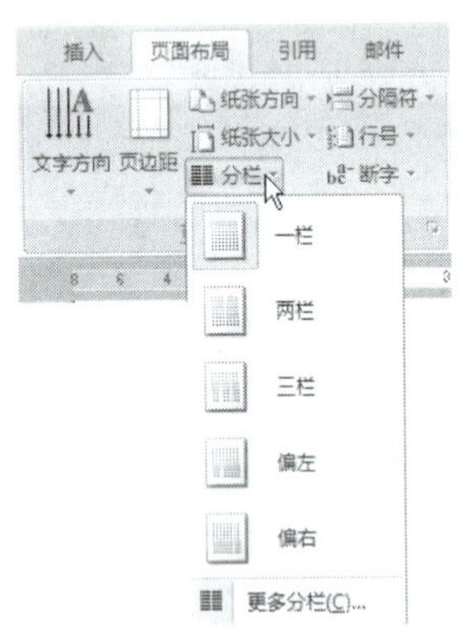

图 2-52 “分栏”列表

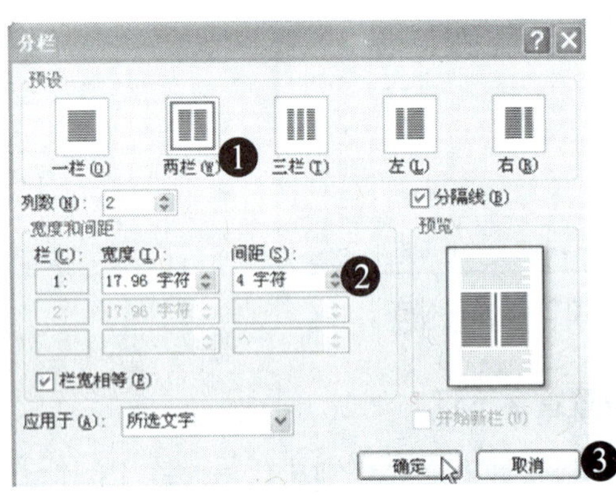

图 2-53 “分栏”对话框

第四步：完成设置后，单击 确定 按钮，分栏效果如图 2-54 所示。

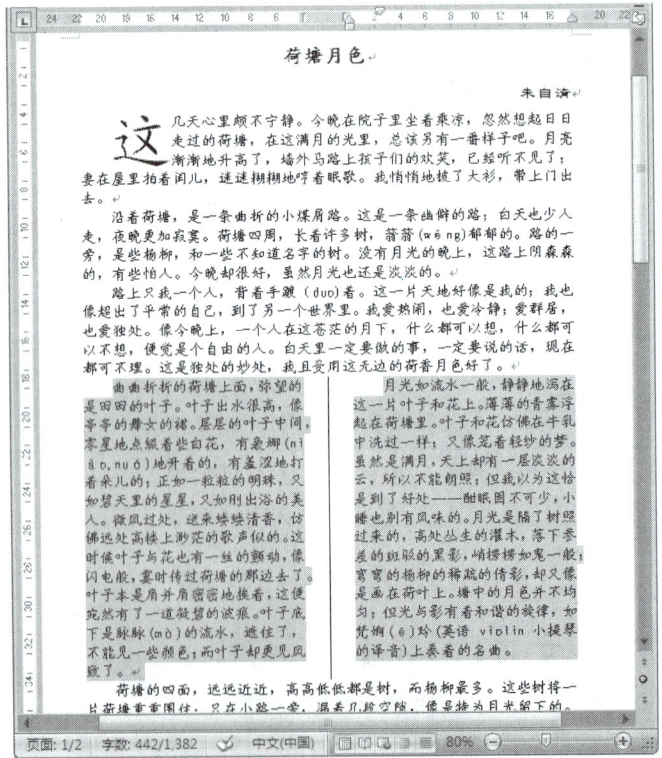

荷塘月色

朱自清

这几天心里颇不宁静。今晚在院子里坐着乘凉，忽然想起日日走过的荷塘，在这满月的光里，总该另有一番样子吧。月亮渐渐地升高了，墙外马路上孩子们的欢笑，已经听不见了；妻在屋里拍着闰儿，迷迷糊糊地哼着眠歌。我悄悄地披了大衫，带上门出去。

沿着荷塘，是一条曲折的小煤屑路。这是一条幽僻的路；白天也少人走，夜晚更加寂寞。荷塘四周，长着许多树，蓊蓊(wěng)郁郁的。路的一旁，是些杨柳，和一些不知道名字的树。没有月光的晚上，这路上阴森森的，有些怕人。今晚却很好，虽然月光也还是淡淡的。

路上只我一个人，背着手踱(duó)着。这一片天地好像是我的；我也像超出了平常的自己，到了另一个世界里。我爱热闹，也爱冷静；爱群居，也爱独处。像今晚上，一个人在这苍茫的月下，什么都可以想，什么都可以不想，便觉是个自由的人。白天里一定要做的事，一定要说的话，现在都可不理。这是独处的妙处，我且受用这无边的荷香月色好了。

曲曲折折的荷塘上面，弥望的是田田的叶子。叶子出水很高，像亭亭的舞女的裙。层层的叶子中间，零星地点缀着些白花，有袅娜(niǎo,nuó)地开着的，有羞涩地打着朵儿的；正如一粒粒的明珠，又如碧天里的星星，又如刚出浴的美人。微风过处，送来缕缕清香，仿佛远处高楼上渺茫的歌声似的。这时候叶子与花也有一丝的颤动，像闪电般，霎时传过荷塘的那边去了。叶子本是肩并肩密密地挨着，这便宛然有了一道凝碧的波痕。叶子底下是脉脉(mò)的流水，遮住了，不能见一些颜色；而叶子却更见风致了。

月光如流水一般，静静地泻在这一片叶子和花上。薄薄的青雾浮起在荷塘里。叶子和花仿佛在牛乳中洗过一样；又像笼着轻纱的梦。虽然是满月，天上却有一层淡淡的云，所以不能朗照；但我以为这恰是到了好处——酣眠固不可少，小睡也别有风味的。月光是隔了树照过来的，高处丛生的灌木，落下参差的斑驳的黑影，峭楞楞如鬼一般；弯弯的杨柳的稀疏的倩影，却又像是画在荷叶上。塘中的月色并不均匀；但光与影有着和谐的旋律，如梵婀(ē)玲(英语 violin 小提琴的译音)上奏着的名曲。

荷塘的四面，远远近近，高高低低都是树，而杨柳最多。这些树将一片荷塘重重围住；只在小路一旁，漏着几段空隙，像是特为月光留下的。

图 2-54 设置分栏后的效果图

试一试

打开“再别康桥.docx”文档，设置标题行楷、四号、加粗、居中对齐，正文小四号、分为等宽的两栏。

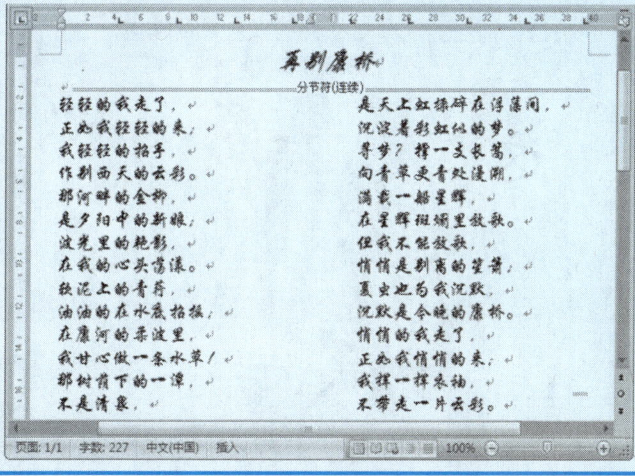

5. **插入图片**

第一步：将插入点光标确定在正文的第一段中，切换到“插入”功能区，单击“插图”组中的“图片”按钮，打开“插入图片”对话框，找到要插入的图片所在的位置。当前要插入的图片位于“素材”文件夹中，选定要插入的图片文件，如图 2-55 所示。

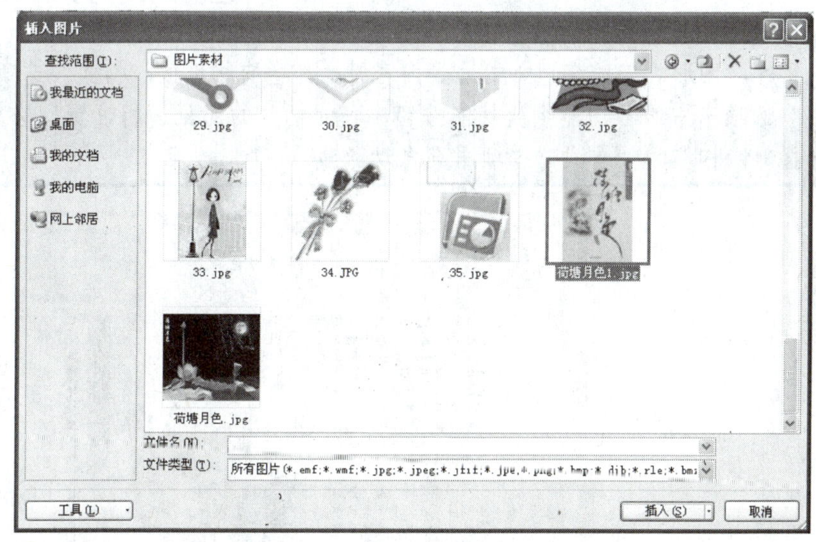

图 2-55 “插入图片”对话框

第二步：单击“插入(S)”按钮，所选图片就被插入到插入点光标所在的位置了，同时在功能区中添加“图片工具格式”选项卡，且该选项卡为当前选项卡，显示“图片工具格式”功能区面板。插入的图片四周出现 8 个黑色尺寸控制点，可以调整图片的大小，图片上方中间有一个绿色的旋转控制点，通过该点可实现对图片的任意旋转，如图 2-56 所示。

图 2-56　插入图片和“格式”功能区

第三步：单击“格式”功能区中“排列”组中的 文字环绕 按钮，打开“文字环绕”菜单，单击菜单中的“四周型环绕”命令，文字与图片就融洽地排在一起了，如图 2-57 所示。

> **小百科**
>
> 当插入图片、图形、艺术字、文本框等内容时，都会有相应的“格式”选项卡显示，通过“格式”选项卡中的各功能组及功能按钮，可对插入的对象进行设置。当取消对插入对象的选择时，相应的“格式”选项卡会自动隐藏。

图 2-57　“四周型环绕”效果

第四步： 单击 按钮，在弹出的菜单中单击“右对齐”命令，图片就会自动右对齐，如图 2-58 所示。

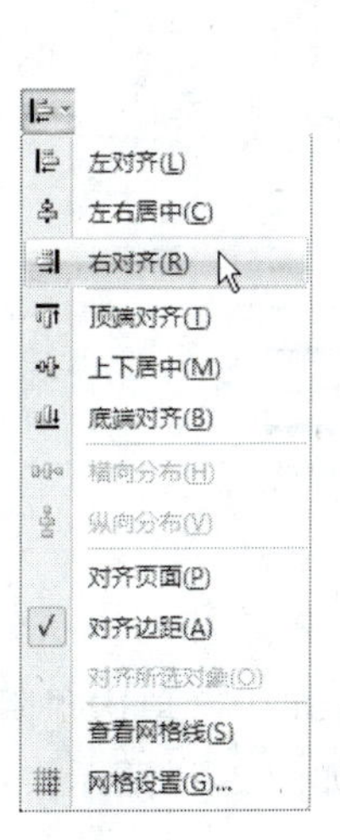

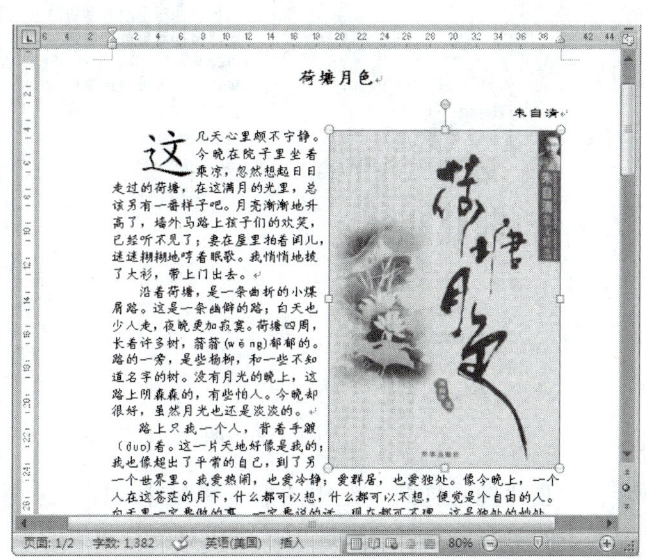

图 2-58 图片“右对齐”设置

第五步： 单击“大小”组中的宽度框，输入“7 厘米”，如图 2-59 所示，按回车键确定。

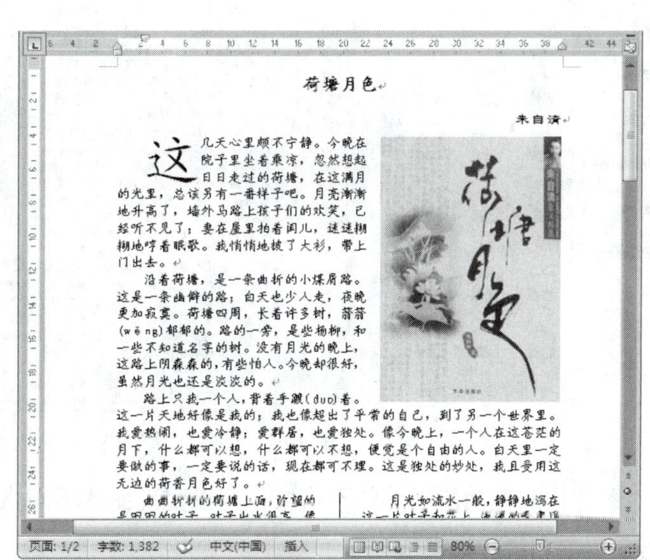

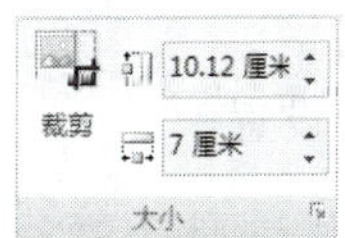

图 2-59 图片大小调整

第六步： 单击“图片样式”组中的 图片边框 按钮，在弹出的列表中单击“橄榄色，强调文字颜色 3，淡色 40%”，给图片加上橄榄色边框。

第七步： 重复第六步，在弹出的菜单中单击 粗细(W)，打开下一级菜单，并单击菜单中的 6 磅，如图 2-60 所示，图片就加上了 6 磅粗、橄榄色的边框。

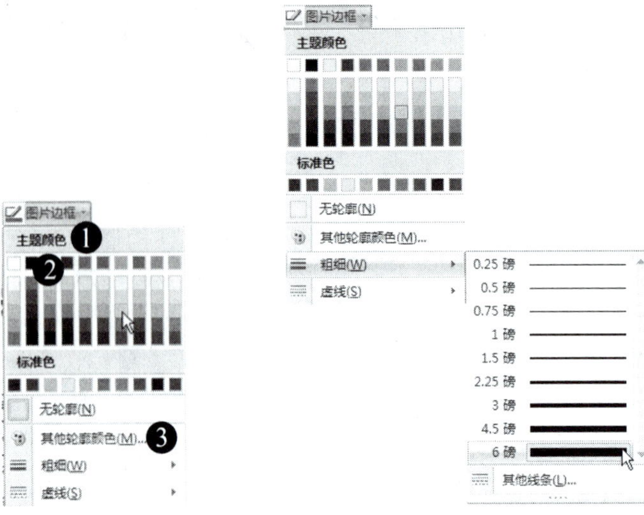

图 2-60 图片边框设置

第八步：单击“图片样式”组中的 图片效果 按钮，在弹出的菜单中，单击“阴影”→“外部”样式中的“右上斜偏移”选项，完成对图片效果的设置，如图 2-61 所示。

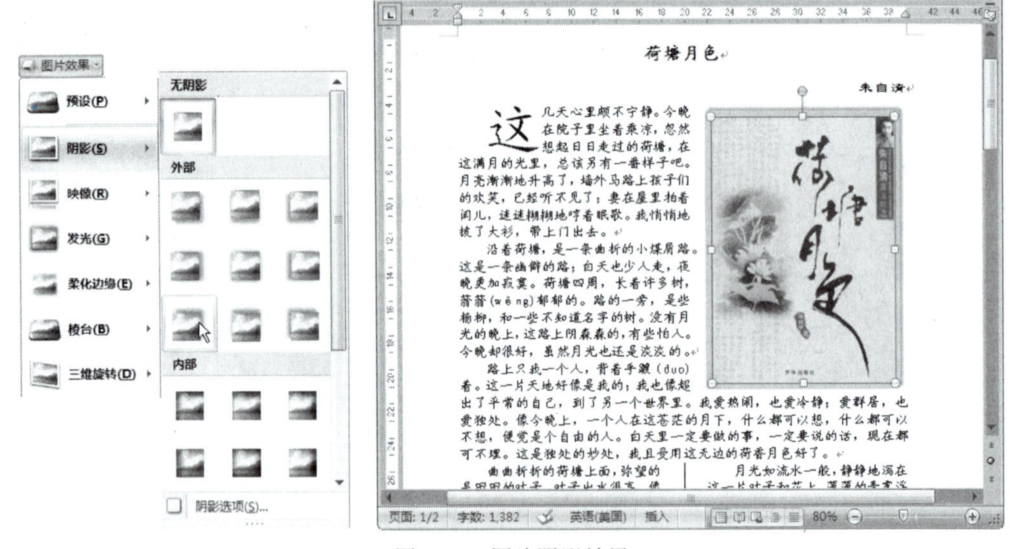

图 2-61 图片阴影效果

通过“图片格式”功能区中的不同按钮可以实现图片不同格式的设置。

6. 添加边框和底纹

（1）给页面加艺术型的边框

第一步：将插入点光标确定在文档中的任意位置，单击“页面布局”功能区“页面背景”组中的 页面边框 按钮，打开“边框和底纹”对话框，如图 2-62 所示。

第二步：单击对话框中的“页面边框”选项卡，切换到“页面边框”功能区，单击设置栏中的 方框(X) 按钮，在“样式”栏中选择艺术型样式，宽度选为 10 磅，如图 2-63 所示。

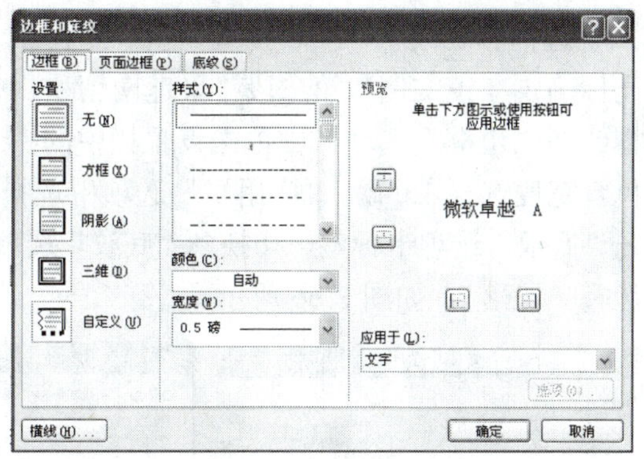

图 2-62 “边框和底纹”对话框

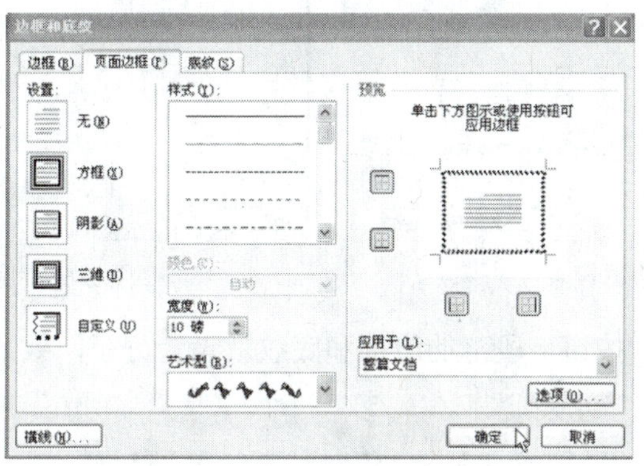

图 2-63 页面边框的设置

第三步：单击[确定]按钮，完成设置，如图 2-64 所示。

图 2-64 页面边框效果

（2）给段落加上边框和底纹

第一步：将光标确定在正文倒数第二段“采莲南塘秋，……”中的任意位置，打开“边框和底纹”对话框，在“边框”选项卡中单击设置栏中的 阴影(A)，在“样式”栏中选择点划线，颜色选择红色，宽度选择 1.0 磅，“应用于”选项中选择“段落”，如图 2-65 所示。

第二步：单击“底纹”选项卡标签，切换到“底纹”选项卡，选择填充颜色为黄色，“应用于”选项中也选择“段落”，如图 2-66 所示。

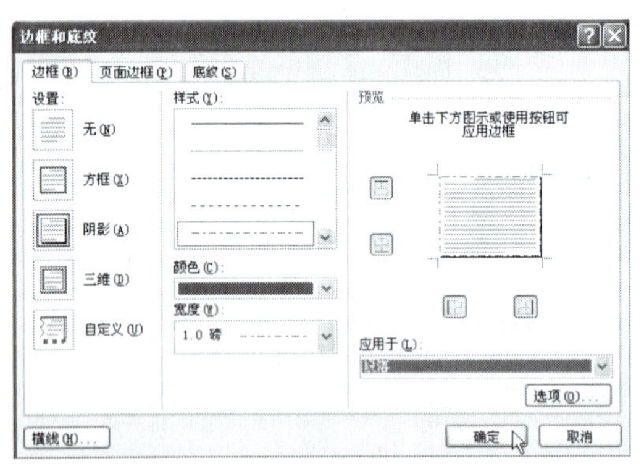

图 2-65　边框设置

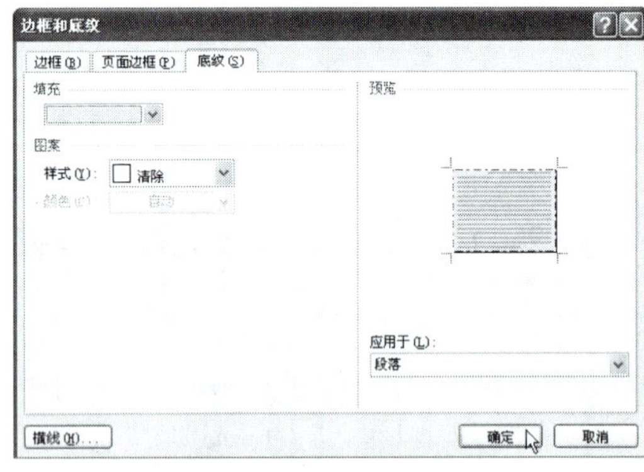

图 2-66　底纹的设置

第三步：单击 确定 按钮，段落的边框和底纹就设置好了，效果如图 2-67 所示。

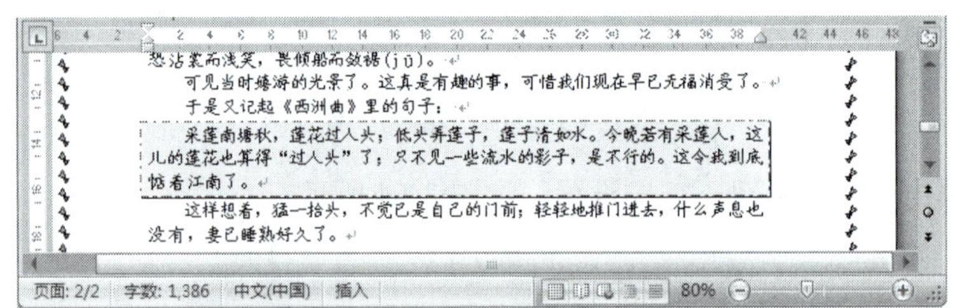

图 2-67　段落边框和底纹的设置效果

7．添加脚注和尾注

脚注和尾注是用来对文档中的文本进行注释和说明的，它们属于文档内容的组成部分，脚注和尾注可以同时出现在一个文档中。脚注是对文档某一页有关内容的注释或说明，一般位于该页的底端或文字下方；尾注常用来说明引文的出处或对文档内容进行详细解释说明，一般位于文档的末尾。

脚注和尾注由两个关联的部分组成，包括注释引用标记和其对应的注释文本。

下面给朱自清加上这样的尾注，即朱自清：（1898 年 11 月 22 日～1948 年 8 月 12 日），原名自华，因于清华教书，故改名“朱自清”。号秋实，字佩弦。现代著名作家、诗人、学者、民主战士。

第一步：选定“朱自清”，单击“引用”功能区“脚注”组中的 插入尾注 按钮，这时，在“朱自清”的右上角出现注释引用编号“1”，在脚注编辑区插入注释分隔线，并将插入点光标置于该页底端，等待输入注释文本。

第二步：输入尾注的内容，即朱自清：（1898 年 11 月 22 日～1948 年 8 月 12 日），原名自华，因于清华教书，故改名“朱自清”。号秋实，字佩弦。现代著名作家、诗人、学者、民主战士。如图 2-68 所示。

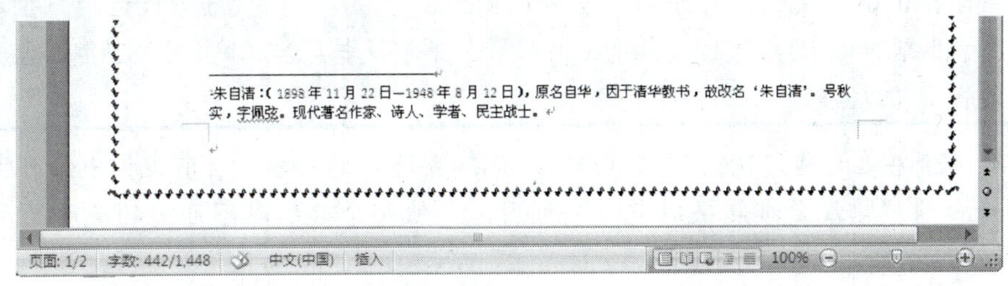

图 2-68　插入脚注

将鼠标指针指向已添加了脚注或尾注的内容时，鼠标指针变为注释引用标记“ ”，停留一会儿，会出现注释内容，如图 2-69 所示。

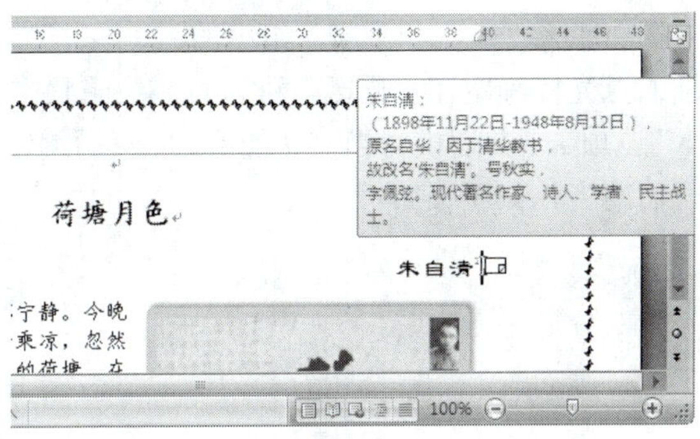

图 2-69　显示注释内容的文本显示框

拓展知识

已经插入文档中的脚注可以转换为尾注，尾注也可以转换为脚注。其具体操作步骤如下：

单击“引用”功能区中“脚注”组右边的 ，打开“脚注和尾注”对话框，单击“转换”按钮，打开“转换注释”对话框，如图 2-70 所示。

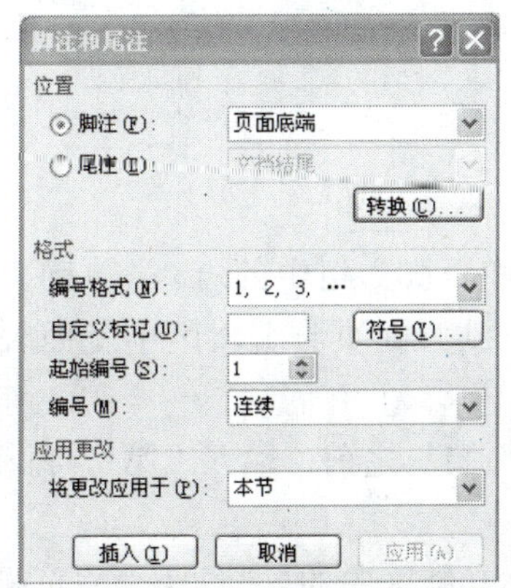

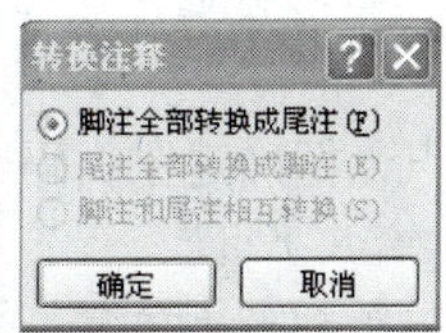

图 2-70　脚注和尾注的转换

试一试

给“背影.docx”文档作者添加“汪国真（1956～ ），中国大陆当代诗人。祖籍福建厦门，生于北京。他中学毕业以后进入北京第三光学仪器厂当工人，1982 年毕业于暨南大学中文系。”的尾注。

此处有 3 个单选选项，我们可以根据需要选择要转换的内容，当前文档中只有脚注，因此只有第一个项“脚注全部转换成尾注”可用，其他两个选项以不可用的灰度显示，单击确定按钮即可。

如果需要删除添加的脚注和尾注，则只需删除注释文字右上方的注释引用标记，注释文字会一并被删除。

8．添加页眉和页脚

第一步：单击“插入”功能区“页眉和页脚”组中的页眉，弹出下拉菜单，再单击菜单中的“空白”样式，插入点光标确定在页眉区，进入页眉编辑状态。同时，在功能区中显示“页眉和页脚工具设计”选项卡，并切换为当前功能区。在页眉编辑区输入“朱自清散文”，设置字体为宋体小四号，右对齐，如图 2-71 所示。

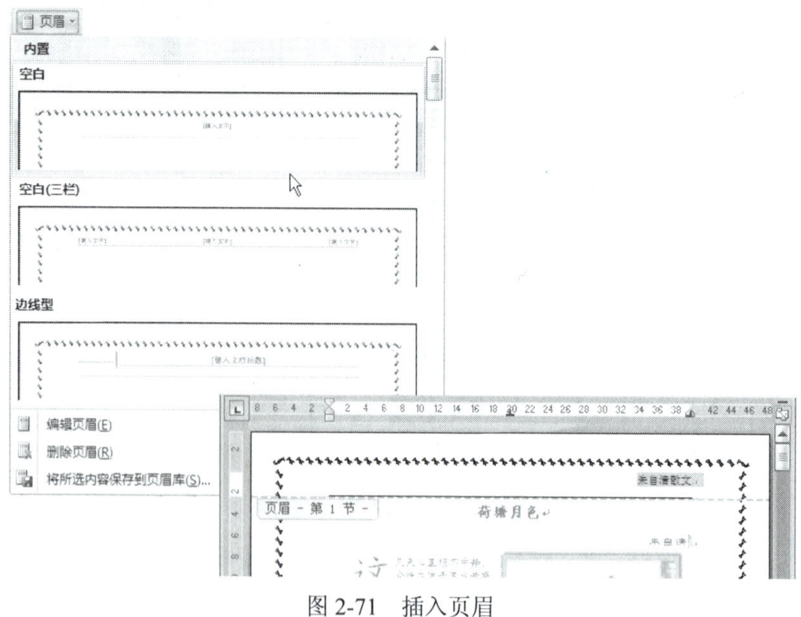

图 2-71　插入页眉

第二步：单击“插入”功能区“页眉和页脚”组中的页码，弹出下拉菜单，再单击页面底端(B)菜单下的“简单普通数字 2”样式，在页脚编辑区中就插入了页码，如图 2-72 所示。

第三步：将插入点光标确定在页码数字“1”之前，输入“第”，再将插入点光标确定在页码数字“1”之后，输入“页”。

第四步：单击“页眉和页脚工具设计”功能区中的，结束页眉页脚的编辑。

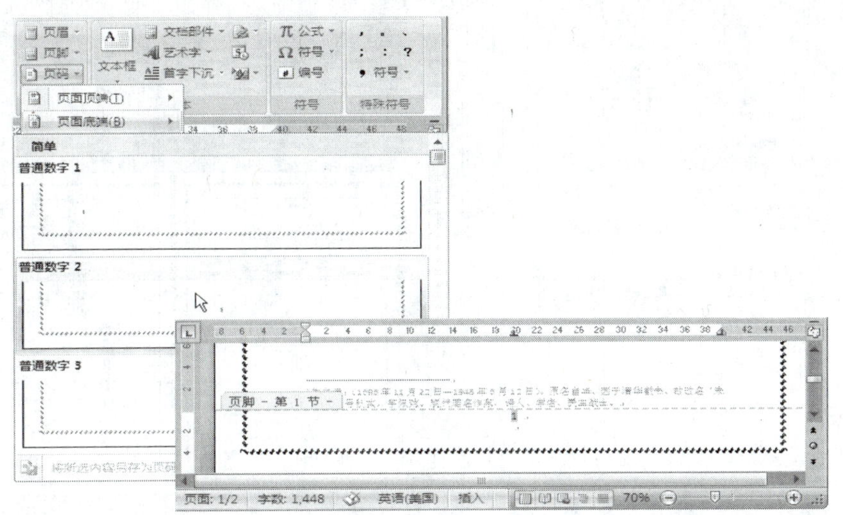

图 2-72　插入页码

拓展知识

如果需要更改页眉页脚的设置，可以进入页眉页脚的编辑状态进行更改。进入页眉页脚编辑状态的方法是单击“页眉”或“页脚”菜单中的“编辑页眉”或“编辑页脚”命令，或者直接双击页眉或页脚编辑区。

9．预览效果并打印

Word 这款功能强大的文字处理软件最广泛地应用在出版、打印等领域，当文档最后的编辑、修饰工作完成之后，就可以把文档打印出来了。在打印之前我们应该提前对打印文档进行预览。而 Word 提供的“所见即所得”功能，为我们提供了方便，保证了打印文档的品质。我们可以使用“打印预览”功能预览文档的编辑修饰效果，如果满意，再打印出来。下面以对“荷塘月色.docx”文档打印为例进行介绍。

第一步： 打开“荷塘月色.docx”文档，单击“Microsoft Word 2007”按钮，将鼠标指针移到弹出的菜单列表中的“打印”项，停留一会儿弹出下一级菜单列表，单击列表中的“打印预览”按钮，打开“打印预览”窗口，如图 2-73 所示。

将鼠标指针移动到预览页面上，指针变为放大镜，单击鼠标左键可以将页面放大显示，页面放大后，鼠标指针变为缩小镜，此时再单击鼠标左键可以将页面恢复原状。

单击“显示比例”组中的“单页”、“双页”、“页宽”可以实现不同页面内容的显示。

如果要实现更多页的显示，可以单击“显示比例”，打开“显示比例”对话框，调整显示比例（比例越小，显示页面越多），实现多页显示，如图 2-74 所示。

通过状态栏中的显示比例控件也可以实现显示比例的缩放。右键单击状态栏的空白处，弹出自定义状态栏的快捷菜单，如图 2-75 所示，菜单项前面显示✓，表示在状态栏中显示或正在运行的项目。

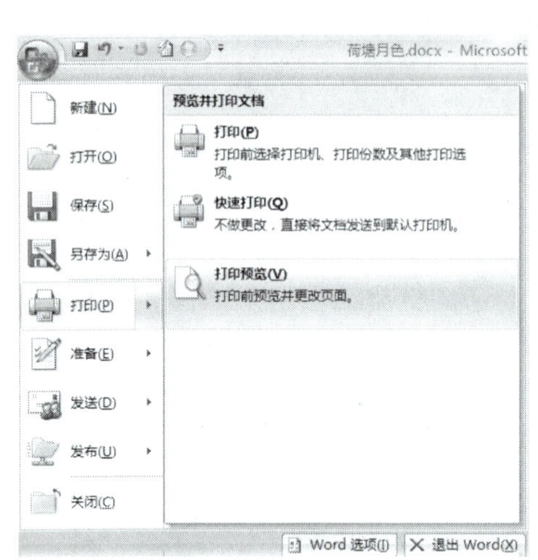

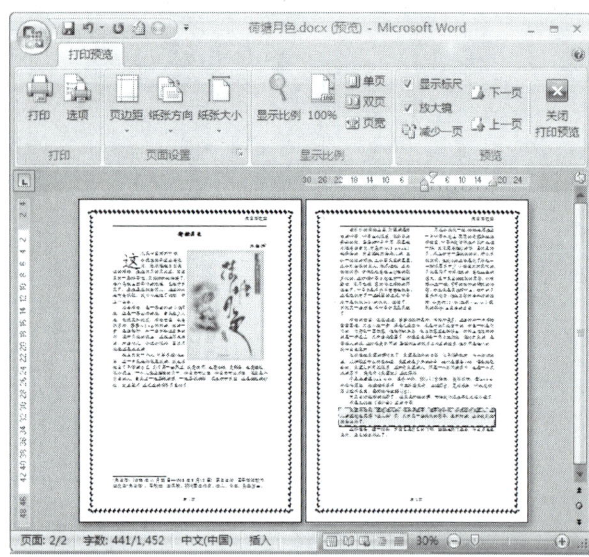

图 2-73　打印预览

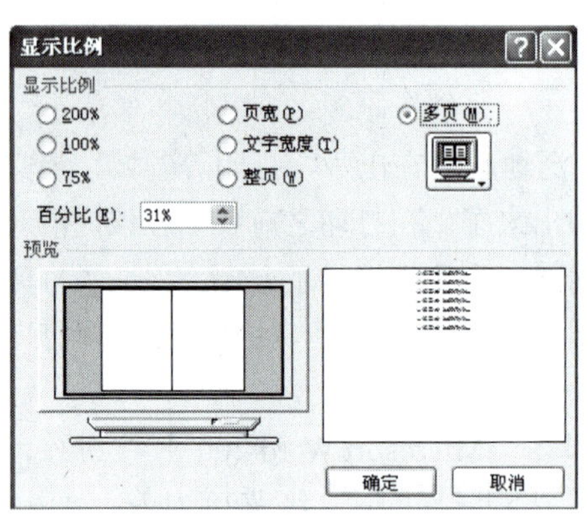

图 2-74　“显示比例”对话框

图 2-75　自定义状态栏

拓展知识

在状态栏的左端有以下几个按钮。

页面: 56/116：显示当前文档共有 116 页，插入点光标所在的位置在第 56 页，单击该按钮，打开“查找和替换”对话框。

字数: 27,065：显示该文档的字数为 27065 个，单击该按钮，打开“字数统计”信息框，如图 2-76 所示。

中文(中国)：显示当前文档语言使用的是中文，单击该按钮，打开“语言”对话框，如图 2-77 所示。

插入：显示当前文档所处的编辑状态为“插入”，输入的字插入到了光标所在位置处；单击该按钮，插入按钮变为改写，表示当前文档的编辑状态为“改写”状态，输入的字符将取代插入点光标之后的字符。

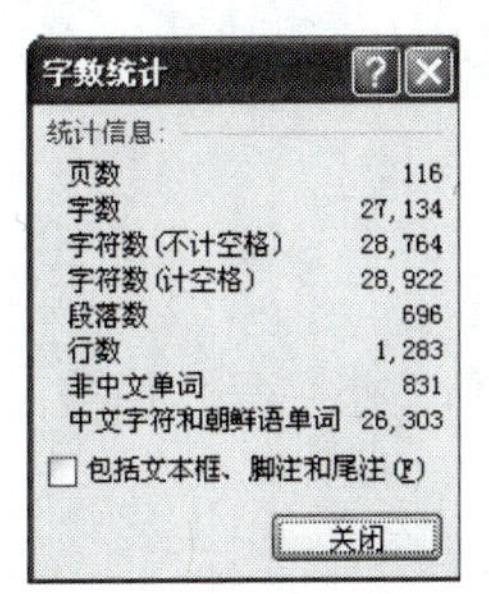

图 2-76 字数统计信息框

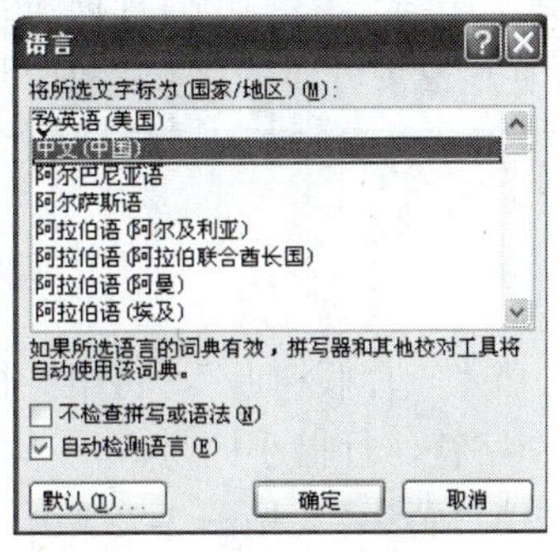

图 2-77 “语言”对话框

在打开的“打印预览”窗口中可以查看 Word 文档打印出的效果，用户可以在“打印预览”功能区中设置页边距、纸张方向、纸张大小等内容，使得打印出来的效果更适合实际使用。

第二步：单击“关闭打印预览”按钮，关闭打印预览窗口，返回 Word 文档编辑状态，准备打印。

第三步：单击 Office 按钮，打开“Office 菜单”，再单击打印(P)菜单中的快速打印(Q)，要打印的文档就被打印出来了。

如果在打印前需要对打印任务做一些设置，单击打印(P)，打开如图 2-78 所示的“打印”对话框，设置打印的页面范围、份数及缩放等内容，设置完成后单击确定按钮，打印机将按照设置要求完成打印任务。

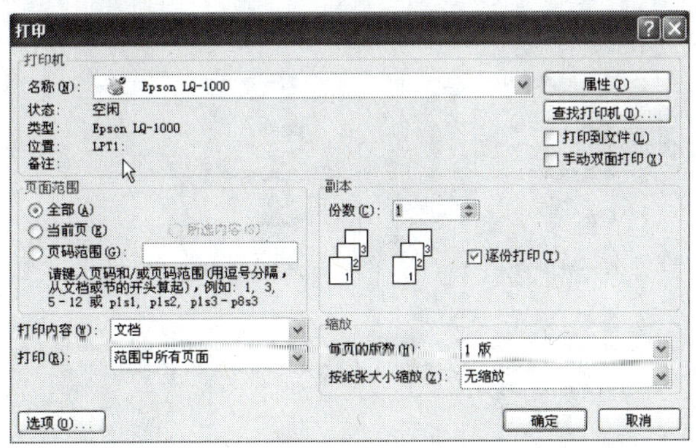

图 2-78 “打印”对话框

任务小结

通过完成本任务，使我们认识到，用 Word 制作的文字文档，通过段落、字体、分栏等多种格式的设置及插入与文字内容相适应的图片，使文档具有图文并貌的效果。我们应该学会对文字格式及段落的设置，使得文档结构清晰、层次分明。插入的图片与文字内容要相得益彰，增加可读性，这些都是文字处理工作中必须掌握的基本技能。

小百科

打印时需要节省纸张，我们可以通过“打印”对话框设置每页打印的版数来实现，Word 提供每页可最多打印的版数是 16 版。

任务巩固

1．打开文档“一片假树叶”，将第一行标题设置为楷体、小三号、加粗、居中对齐；正文首行缩进 2 个字符，行楷小四号。

2．打开文档“背影”（见图 2-79）

1）将文档全文字体设为隶书，标题设置为三号、加粗，居中对齐，设置作者名为四号、右对齐。

2）给标题段落加上底纹，填充“白色，背景 1，深色 15%”，图案样式“15%”。

3）设置正文首行缩进 2 字符，并分为相等的两栏，加分隔线。

4）给作者加上尾注“汪国真：祖籍福建省厦门市，1956 年 6 月 22 日生于北京，他曾为《北京日报》、《北京晚报》、《羊城晚报》、《劳动报》题写刊头，著有诗集《年轻的潮》、《年轻的风》、《年轻的思绪》等。”，并设置字体为楷体、小四号。

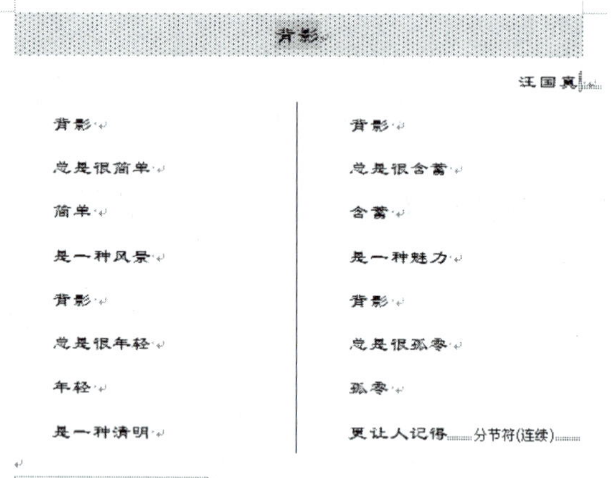

背影

汪国真

背影
总是很简单
简单
是一种风景
背影
总是很年轻
年轻
是一种清明

背影
总是很含蓄
含蓄
是一种魅力
背影
总是很孤零
孤零
更让人记得

汪国真：祖籍福建省厦门市，1956 年 6 月 22 日生于北京，他曾为《北京日报》、《北京晚报》、《羊城晚报》、《劳动报》题写刊头，著有诗集《年轻的潮》、《年轻的风》、《年轻的思绪》等。

图 2-79　文档“背影”

3．打开文档“国庆畅想.docx”，在文档开头插入图片“国庆.jpg”，设置版式为“上下型环绕”，完成后以“青春月报”为名保存。

提示：插图可由上课教师自行更换和提供。

任务4　制作“生日贺卡”——Word 2007的图文混排

任务目标

通过完成制作“生日贺卡”的任务，对使用Word制作图文并貌的作品会有更新的认识。本任务对设计制作Word作品的步骤做了补充，使读者学会对图片、图形及文本框等格式功能区中的部分功能的使用，能够进一步掌握图文混排的方法。

任务分析

该任务的设计目的是通过设计制作贺卡的完整步骤，让学生对利用Word文字处理软件来设计制作作品的基本过程有一个完整的认识。文字处理软件在前面3个任务中已经做过简单介绍，但只是单纯从技术应用角度来学习的，而在本任务中，将会突出作品设计阶段的作用，为此，该任务分两个阶段来完成。

1）规划设计阶段：设计贺卡的大小，版面分布及图、文版式。

2）实际制作阶段：按照规划设计的方案具体实施制作。

建议安排课时为4课时。

相关知识

1. 页面设置

第一步：单击“页面布局”功能区“页面设置”组中的“纸张大小”，弹出“纸张大小”菜单，如图2-80所示，再单击“其他页面大小(A)...”，打开“页面设置”对话框。

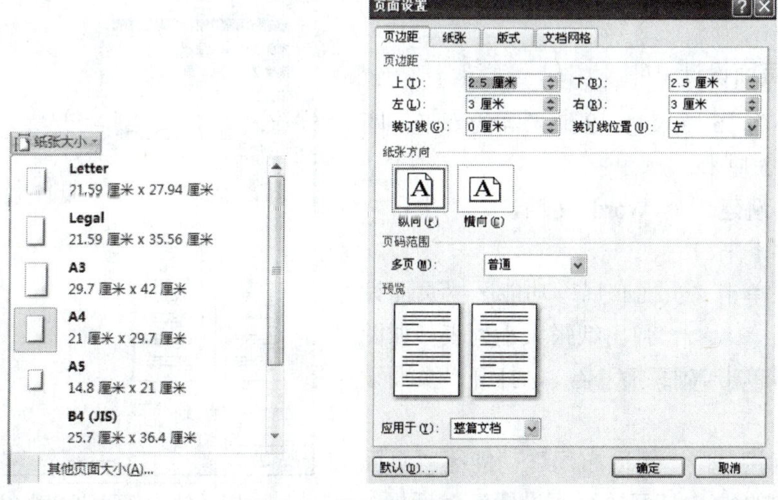

图2-80　“页面设置”对话框

也可以直接单击“页面布局”功能区“页面设置”组右侧的 ，打开“页面设置”对话框。

“页面设置”对话框中有四个选项卡，分别是“页边距”、“纸张”、“版式”和“文档网格”。在“页边距”选项卡中可以设置上、下、左、右、装订线边距和纸张排版方向等；在“纸张”选项卡中可以设置纸张规格；在“版式”选项卡中可以设置起始位置、页眉页脚的高低和页面内容的垂直对齐方式；在“文档网格”选项卡中可以设置文字的排列方式及每页的行等。

第二步：单击 确定 按钮，纸张设置完成。

2．边框和底纹

单击“页面背景”组中的 页面边框，弹出“边框和底纹”对话框，如图 2-81 所示。

“边框和底纹”对话框中有 3 个选项卡，分别是“边框”、“页面边框”和“底纹”。通过这 3 张选项卡可以设置页面边框、文字或段落边框和底纹。

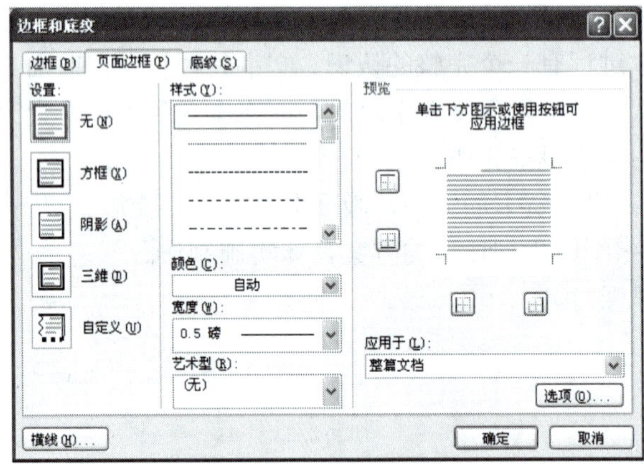

图 2-81　边框和底纹

任务实施

1．贺卡页面设计

制作大小为 15 厘米宽、8 厘米高的贺卡，四边边距均为 1.5 厘米。

第一步：新建一个 Word 文档，以“生日贺卡”为名保存下来。

第二步：单击“页面布局”功能区“页面设置”组中的 纸张大小，弹出纸张大小列表，如图 2-82 所示，再单击 其他页面大小(A)...，打开“页面设置”对话框。

也可以直接单击“页面布局”功能区“页面设置”组右侧的 ，打开“页面设置”对话框。

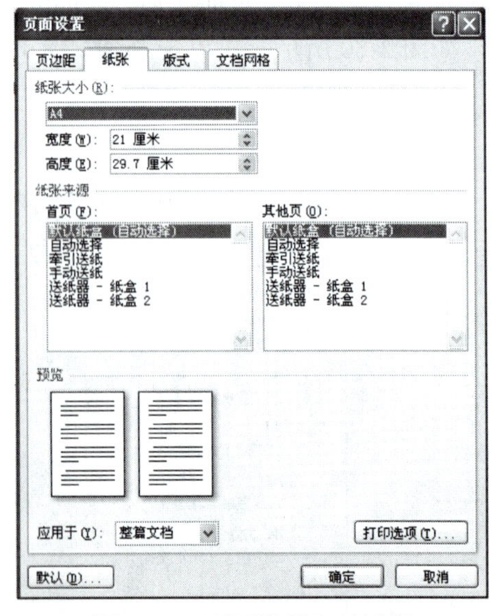

图 2-82　“页面设置”对话框

第三步：单击“纸张”选项卡，再单击“纸张大小”右侧的▼，选择列表中的“自定义大小”，设置高度为 8 厘米，宽度为 15 厘米，单击[确定]按钮，纸张变为指定的大小，如图 2-83 所示。

第四步：单击“页面布局”功能区“页面背景”组中的[页面颜色]，弹出页面颜色菜单，如图 2-84 所示。

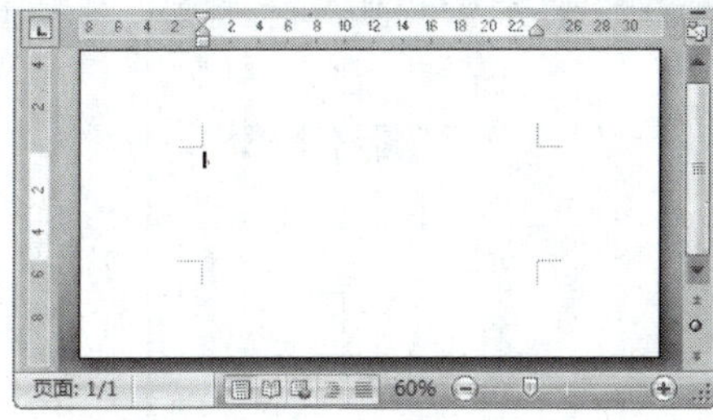

图 2-83　纸张大小重设后的效果

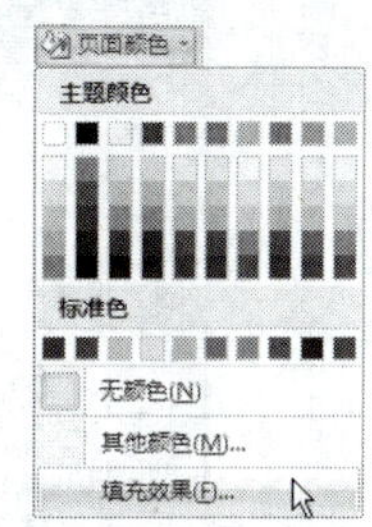

图 2-84　页面颜色

第五步：单击 [填充效果(F)...]，打开“填充效果”对话框。切换到“图片”选项卡，单击“图片”选项卡中的[选择图片(L)...]，打开“插入图片”对话框，选择要插入的图片，在该处插入的图片名为“菊花.jpg”，如图 2-85 所示。

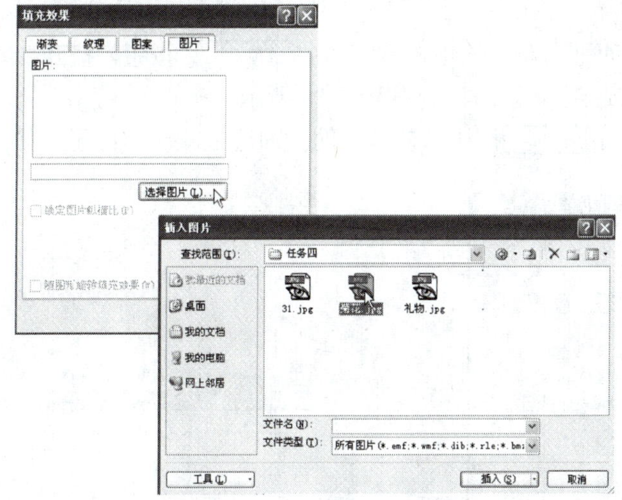

图 2-85　“插入图片”对话框

第六步：单击[确定]按钮，贺卡的背景就设置好了，如图 2-86 所示。

图 2-86　页面背景效果图

第七步： 单击“页面背景”组中的“页面边框”，弹出“边框和底纹”对话框，在“页面边框”选项卡中的“设置”栏中选择“自定义”选项，样式栏中选定艺术型，宽度为 14 磅，如图 2-87 所示。

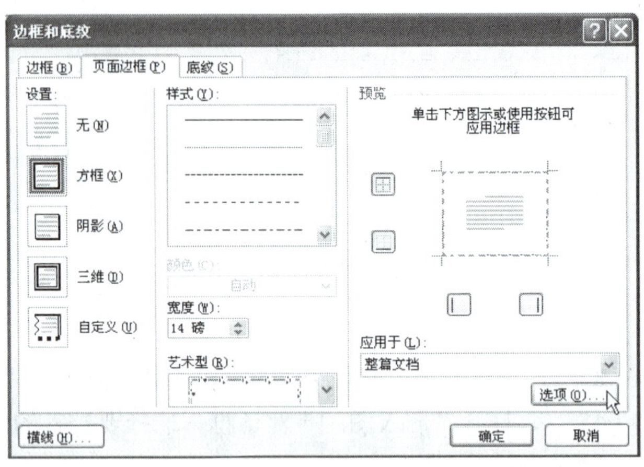

图 2-87　页面边框的设置

第八步： 单击“页面边框”选项卡右下角的“选项(O)...”按钮，打开“边框和底纹选项”对话框，调整上下左右边距均为 20 磅，如图 2-88 所示。

第九步： 连续单击“确定”按钮，艺术型的页面边框就制作好了，如图 2-89 所示。

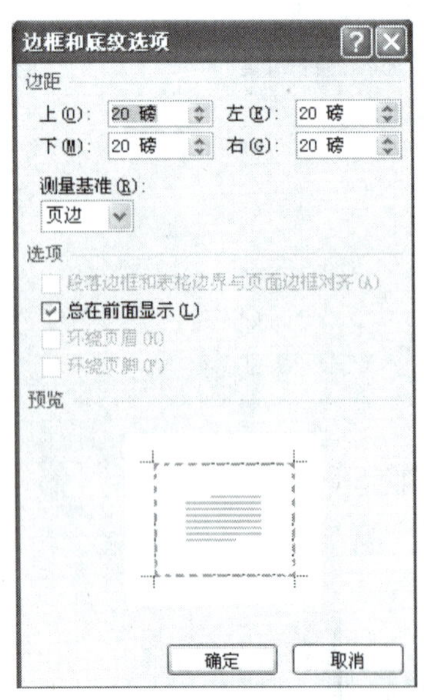

图 2-88　“边框和底纹选项”对话框

图 2-89　页面边框效果

2. 绘制带花边的“贺卡”标题

第一步： 单击“插入”功能区中“插图”组中的“形状”按钮，弹出形状列表，单击列表中的云形图标，在文档编辑区就插入了云形自选图形，如图 2-90 所示。

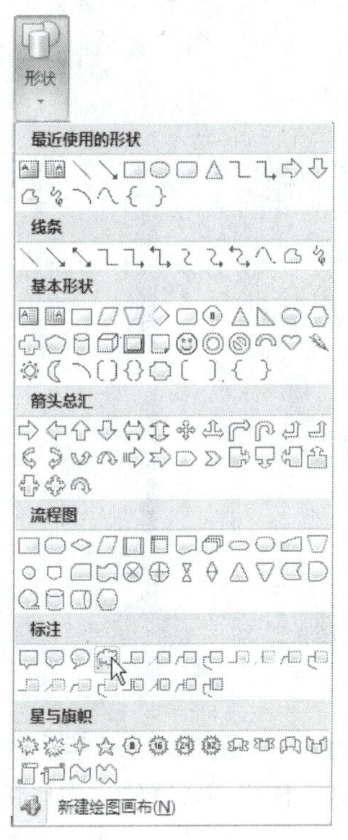

图 2-90　插入云形形状

第二步：将插入点光标确定在云形图中，单击“插入”功能区中“文本”组中的，弹出艺术字样式面板，如图 2-91 所示。

第三步：单击WordArt，打开“编辑艺术文字”对话框，如图 2-92 所示。

图 2-91　艺术字样式

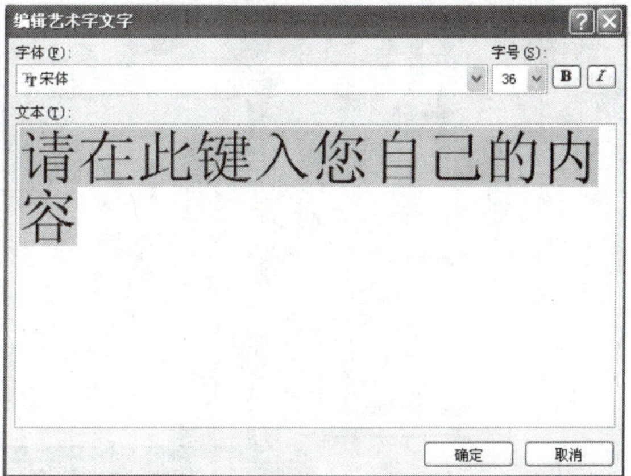

图 2-92　编辑艺术文字

第四步：在输入框中输入“生日快乐”，选择字体为“华文行楷”，加粗、斜体，单击确定按钮，艺术字“生日快乐”就被插入到云形图中了，如图 2-93 所示。

图 2-93　插入艺术字

第五步：下面我们来给艺术字加上阴影。单击“格式”功能区中“阴影效果”组中的，弹出“阴影样式”面板，单击面板中的“投影”样式的第一行第二种样式，就给“生日快乐”加上了阴影，如图 2-94 所示。

图 2-94　阴影样式效果

第六步：给艺术字填充效果。单击“格式”功能区中“艺术字样式”组中的形状填充，弹出“形状填充”菜单，将鼠标指针移到标准色中的“橙色”按钮上，如图 2-95 所示。

第七步：单击“橙色”按钮，就给艺术字填充了颜色，如图 2-96 所示。

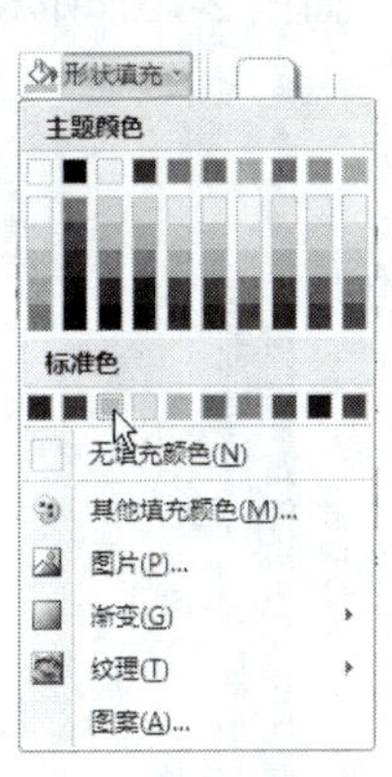

图 2-95 “形状填充”菜单

图 2-96 艺术字填充颜色

拓展知识

通过“艺术字样式”组中的各按钮，可实现对艺术字的设置。

1）设置艺术字的字体。单击“字体”组中的按钮可以改变艺术字的字体、间距、排列方向等，如图 2-97 所示。

2）更改艺术字形状。单击“艺术字样式”组中的更改形状按钮，打开“更改形状”面板，如图 2-98 所示，选择需要的形状，即可将艺术字的形状更改为选择的样式。

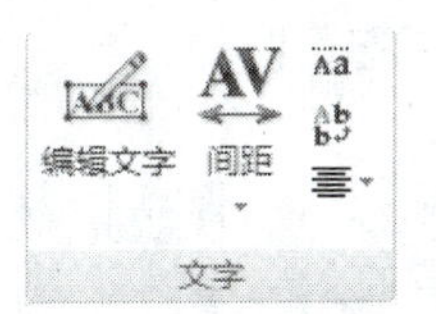

图 2-97 艺术字“字体”组

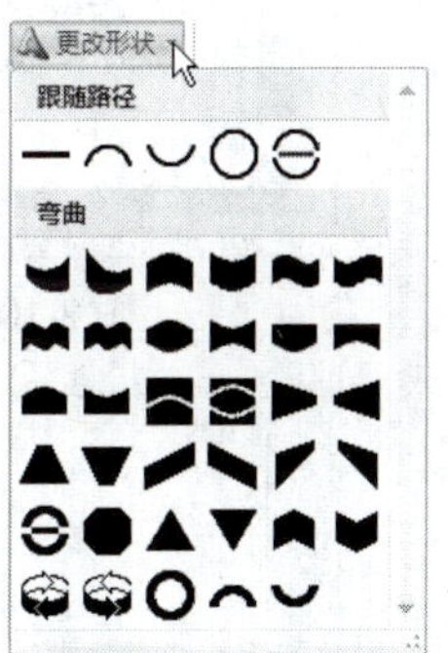

图 2-98 “更改形状”面板

3．利用文本框输入祝福语

第一步：将插入点光标确定在文字编辑区，单击“插入”功能区中“文本”组中的文本框按钮，弹击“预设文本框”面板，单击面板中内置的简单文本框，在编辑区插入预设文本框，如图 2-99 所示。

文本框周围出现 8 个尺寸矩柄，与插入图片一样，可以通过尺寸矩柄改变大小。

第二步：调整文本框大小，并输入祝福语，设置字体样式，效果如图 2-100 所示。

第三步：此时文本框把插入的云形图的一部分遮盖了，而且也不能显示出背景图片，如果文本框透明，不填充颜色，就可以使云形图和背景图都显示出来。我们将插入点光标确定在文本框中，单击文本框工具“格式”功能区中“文本框样式”组中的形状填充按钮，弹出

"形状填充"菜单，单击菜单中的 无填充颜色(N)，文本框呈透明显示，如图 2-101 所示。

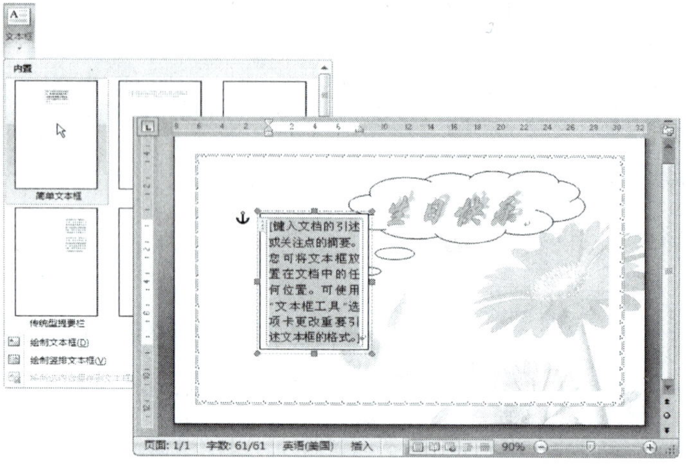

图 2-99　插入文本框

图 2-100　输入祝福语后的文本框

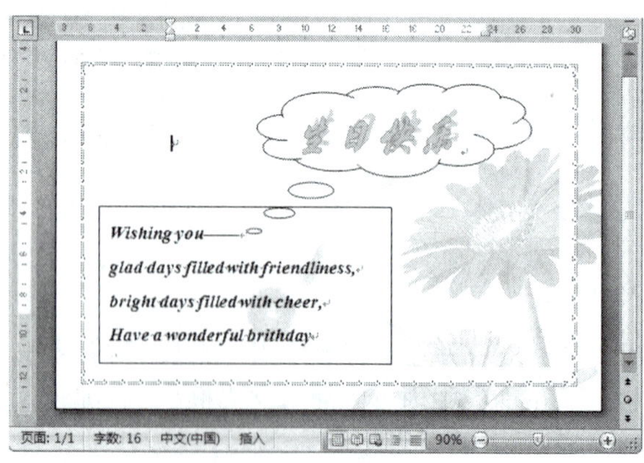

图 2-101　文本框无色填充效果

第四步：文本框的边框不太美观，我们来稍加修饰。选定文本框，单击"格式"功能区中"文本框样式"组中的 更改形状 按钮，单击弹出的"形状面板"中的"基本形状"中的圆角矩形，单击 形状轮廓，打开形状菜单，单击"虚线"样式中的"划线-点"，再单击"粗细"线型中的"0.75 磅"，更改后的文本框如图 2-102 所示。

图 2-102　文本框边框修饰效果

第五步：为防止自选图形及文本框的位置在操作过程中被移动，可将这两个对象组合为一体。选择文本框后，按住 Shift 键，再单击云形图案，选定这两个对象，如图 2-103 所示。

图 2-103　选定两个对象

第六步：单击“格式”功能区中“排列”组中的组合按钮组合，打开“组合”菜单，如图 2-104 所示。

第七步：单击菜单中的“组合”命令，选中的两个对象就组合成一个图像对象，如图 2-105 所示。

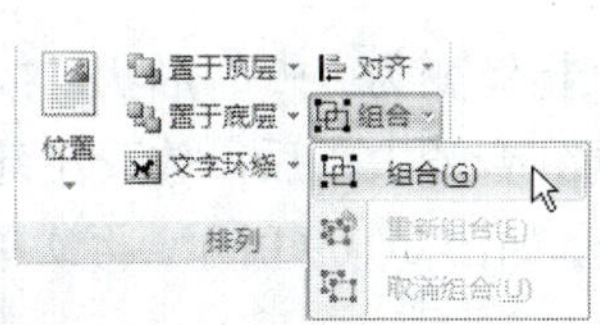

图 2-104　打开“组合”菜单

图 2-105　组合后的效果

拓展知识

同时选择多个图形、图像等对象时，按住 Shift 键，再依次单击各个对象可同时选定多个对象。

通过“排列”组中的几个按钮对插图等对象进行层次等的排列。

置于顶层：选定的插图对象位于最上层。

置于底层：选定的插图对象位于最下层。

文字环绕：单击该按钮，通过打开的菜单可以设置插图与文字之间的位置关系。

旋转：单击该按钮，通过打开的菜单可以对插图进行旋转或翻转。

4．修饰贺卡

此时，贺卡的制作基本完成，但是看上去还不是很美观。下面我们给贺卡再插入图片进行修饰。

插入图片的方法在任务 3 中已学习了，按照前面的方法插入图片。

第一步：将插入点光标定位在编辑区第一行，插入已准备好的图片素材，我们这里插入图片“礼物.jpg”，如图 2-106 所示。

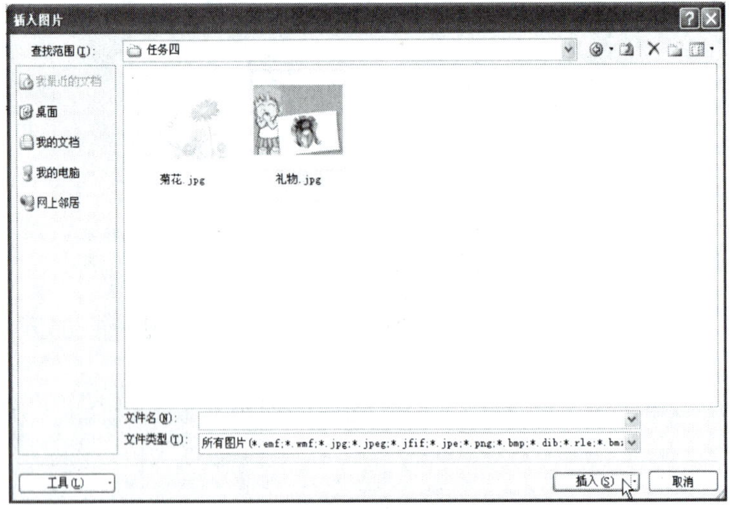

图 2-106　插入图片效果

第二步：单击 确定 按钮，图片就被插入到文档中了，如图 2-107 所示。

第三步：我们只需要留下图片中的礼物部分，其他部分使用裁剪工具剪去。单击“格式”功能区中“大小”组中的“裁剪”按钮，此时图片四周的尺寸矩柄变为直角和线型，鼠标指针变为形状，如图 2-108 所示。

第四步：将鼠标指针移到图片右下角的尺寸矩柄上时，指针变为“┘”形状，按住鼠标左键向左上角方向拖动，图片上出现一个矩形的虚框，拖动到合适大小后，放开左键，虚框外的部分被剪去，用同样的方法剪去左侧和上方的多余部分，如图 2-109 所示。再次单击按钮，取消图片的裁剪功能，鼠标指针恢复原状。

图 2-107　插入的图片

图 2-108　裁剪状态

图 2-109　裁剪图片后的效果图

第五步：如果裁剪好的图片与其他内容的位置和大小不够协调，就需要进行调整。单击“格式”功能区“排列”组中的“文字环绕”按钮，弹出图片“版式”菜单，单击菜单列表中的“浮于文字上方(N)”，图片浮于文字上方，此时将鼠标指针移动到图片上，指针变为“✥”状，按住鼠标左键，将图片拖动到左上角合适的位置，放开左键，并更改图片的大小，如图 2-110 所示。

图 2-110　贺卡完成后的效果图

任务小结

图文并貌的作品总是能给人以赏心悦目的感觉。利用 Word 提供的插入图片、文本框、艺术字、形状等选项，对文字内容加以修饰美化，可实现提高人们阅读兴趣的目的。

通过完成本任务，我们认识到 Word 不仅对文字有极强的排版功能，而且对使用 Word 制作图文并貌的文档有了新的认识。读者应进一步学习图文混排的方法，在练习中注重增强审美能力的培养。

任务巩固

1．输入下面的短文，设置全文字体为楷体小四号，首行缩进 2 字符，最后一段加上黄色的段落底纹和红色、1.5 磅的点划线样式的段落边框，完成后以“小故事大道理”为名保存下来。

参考样张

对着大山喊话的孩子

有一个孩子跑到山上，无意间对着山谷喊了一声：“喂……”声音刚落，从四面八方传来了阵阵“喂……”的回声。大山答应了。孩子很惊讶，又喊了一声：“你是谁？”大山也回音：“你是谁？”孩子喊：“为什么不告诉我？”大山也说：“为什么不告诉我？”

孩子忍不住生气了，喊道：“我恨你。”他哪里知道这一喊不得了，整个世界传来的声音都是：“我恨你，我恨你……”

孩子哭着跑回家，告诉了妈妈，妈妈对孩子说：“孩子，你回去对着大山喊‘我爱你’，试试看结果会怎样，好吗？”

孩子又跑到山上。果然这次孩子被包围在“我——爱——你，我——爱——你……”的回声中。

孩子笑了，群山笑了。

男孩不解的、迷惑的摇摇头。

大道理：有时候，我们总是在抱怨着别人的态度太冷漠、情绪太不好，却不知你自己是对方一面最好的镜子——如遇到这样类似的情况，不妨问问自己做了什么——想让别人爱你，你得先去爱别人。

2．自己设计制作一张以母亲节为主题的贺卡。

要求：必须要包含图片、艺术字、文本框。

3．打开文档“青春月报.docx”。

1）设置页面纸张大小为 A4，纵向，上下左右边距大小均为 2 厘米。设置页面颜色为图片“背景.jpg”，并给页面加上艺术型的边框。

2）将插入文档中的图片大小尺寸设置为高 8 厘米，宽 26 厘米。图片效果为“映像变体”第二行第一列样式。

3）插入图形爆炸形 2，并在图形中插入艺术字“青春月报”。

4）插入文本框输入“计算机信息技术专业 2009 年 10 月特别版”。

5）将文档中的文字内容分为相等的四栏，间距为 2 字符。

6）将文档“小故事大道理.docx”插入文尾，完成后保存文档。

参考样张

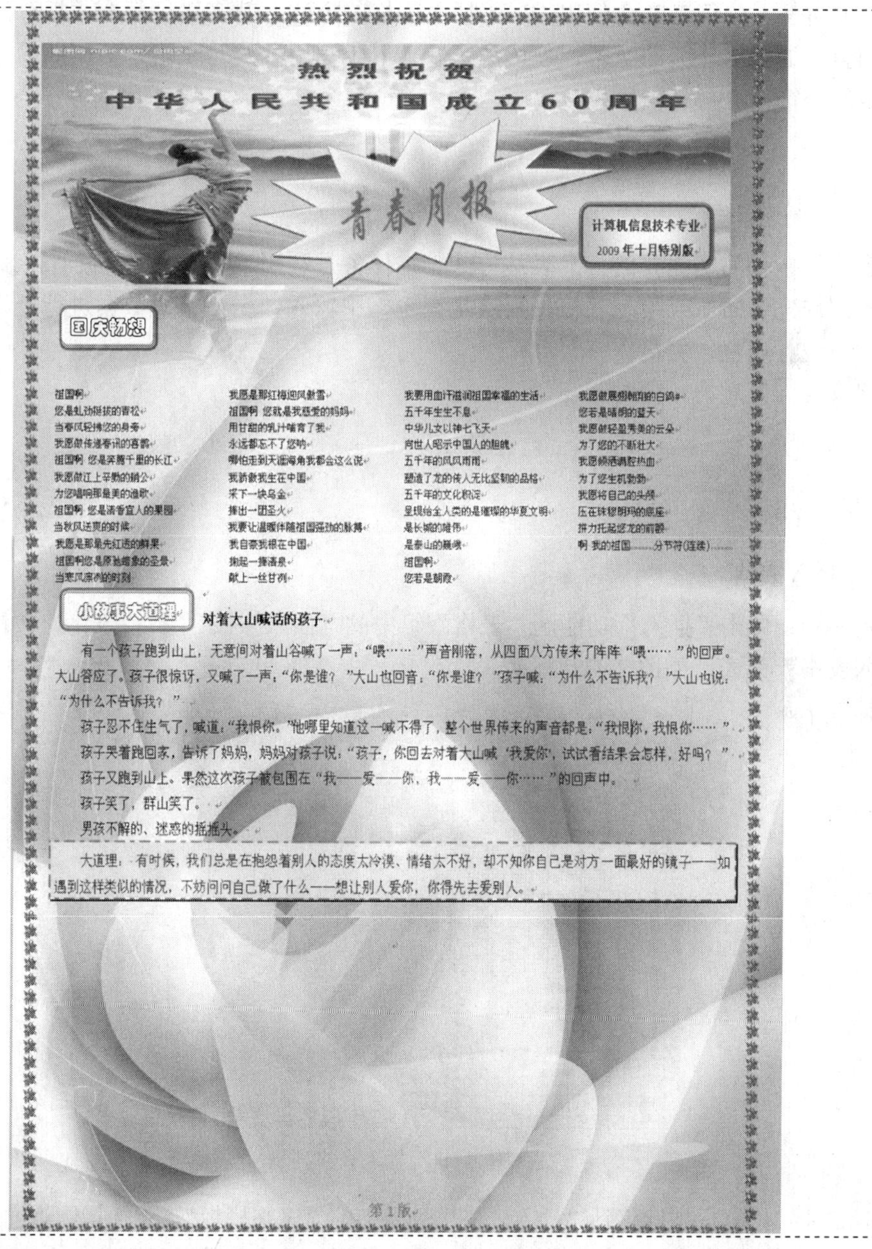

热烈祝贺

中华人民共和国成立60周年

青春月报

计算机信息技术专业

2009年十月特别版

国庆畅想

祖国啊
您是虬劲挺拔的青松
当春风轻拂您的身旁
我愿做传递春讯的喜鹊
祖国啊 您是奔腾千里的长江
我愿做江上辛勤的艄公
为您唱响那最美的渔歌
祖国啊 您是清香宜人的果园
当秋风送爽的时候
我愿是那最先红透的鲜果
祖国啊您是原始蟠象的圣景
当寒风凛冽的时刻
我愿是那红梅迎风傲雪
祖国啊 您就是我慈爱的妈妈
用甘甜的乳汁哺育了我
永远都忘不了您呐
哪怕走到天涯海角我都会这么说
我骄傲我生在中国
采下一块乌金
捧出一团圣火
我要让温暖伴随祖国强劲的脉搏
我自豪我根在中国
掬起一捧清泉
献上一丝甘洌
我要用血汗滋润祖国幸福的生活
五千年生生不息
中华儿女以神七飞天
向世人昭示中国人的胆魄
五千年的风风雨雨
塑造了龙的传人无比坚韧的品格
五千年的文化积淀
呈现给全人类的是璀璨的华夏文明
是长城的雄伟
是泰山的巍峨
祖国啊
您若是朝霞
我愿做展翅翱翔的白鸽
您若是晴朗的蓝天
我愿做轻盈秀美的云朵
为了您的不断壮大
我愿倾洒满腔热血
为了您生机勃勃
我愿将自己的头颅
压在珠穆朗玛的底座
拼力托起您龙的前额
啊 我的祖国……分节符(连续)……

小故事大道理

对着大山喊话的孩子

有一个孩子跑到山上，无意间对着山谷喊了一声：“喂……”声音刚落，从四面八方传来了阵阵“喂……”的回声。大山答应了。孩子很惊讶，又喊了一声：“你是谁？”大山也回音：“你是谁？”孩子喊：“为什么不告诉我？”大山也说：“为什么不告诉我？”

孩子忍不住生气了，喊道：“我恨你。”他哪里知道这一喊不得了，整个世界传来的声音都是：“我恨你，我恨你……”

孩子哭着跑回家，告诉了妈妈，妈妈对孩子说：“孩子，你回去对着大山喊‘我爱你’，试试看结果会怎样，好吗？”

孩子又跑到山上。果然这次孩子被包围在“我——爱——你，我——爱——你……”的回声中。

孩子笑了，群山笑了。

男孩不解的、迷惑的摇摇头。

大道理：有时候，我们总是在抱怨着别人的态度太冷漠、情绪太不好，却不知你自己是对方一面最好的镜子——如遇到这样类似的情况，不妨问问自己做了什么——想让别人爱你，你得先去爱别人。

第1版

任务 5 制作“成绩表”——Word 2007 的表格处理

任务目标

通过完成制作“成绩表”的任务，对使用 Word 制作表格的功能将有一定的了解。通过本任务的讲解，使读者学会使用 Word 插入表格的方法，对表格进行合并拆分及单元格大小等的调整。通过本任务的学习，使读者了解 Word 利用公式对表格中数据的简单计算，学会对表格的修饰。

任务分析

表格是一种简明扼要的信息表达方式。本任务是利用 Word 制作一张“成绩表”，要完成该任务，首先要插入或绘制表格，其次是在表格中输入数据，并对数据进行处理，再次对表格的大小进行调整、美化。

建议安排课时为 4 课时。

相关知识

1．插入表格

第一步：单击“插入”功能区“表格”组中的“插入”按钮，“表格”按钮下方将出现“插入表格”列表，如图 2-111 所示。

图 2-111　插入表格列表

第二步：把鼠标指针移到“插入表格”列表中的“表格模板”，鼠标指针略过的小方格变成橙色小方格，同时在模板上方显示行数和列数（前面的数为行数，后面的数为列数），行、列数随着拖动范围的变化而变化。单击鼠标左键，编辑区中就出现了一个空白表格。

第三步： 空表出现后，在第 1 行的第一个单元格中会出现插入点光标，插入点光标所在的单元格称为当前单元格，可以在当前单元格中输入内容。当一个单元格中的内容输入完成后，敲键盘上控制区中的←、→、↑、↓键可以跳转到另一个单元格，或直接单击下一个单元格实现单元格的跳转。

拓展知识

除了使用“表格模板”制作表格，还可以通过如下方法制作。

（1）利用 插入表格(I)... 项定制表格

单击“表格”按钮，在弹出的列表中再单击 插入表格(I)...，打开“插入表格”对话框，设置插入表格的行数和列数，如图 2-112 所示。完成设置后单击 确定 按钮，一张表格就生成了。

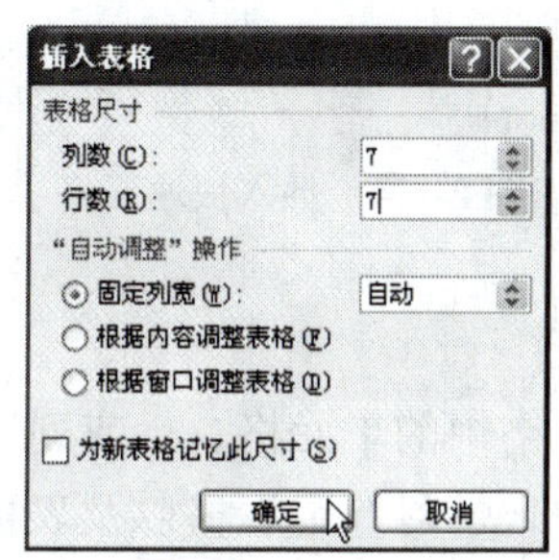

图 2-112 “插入表格”对话框

（2）利用 绘制表格(D) 自行绘制表格

1）单击“表格”按钮，在弹出的列表中再单击 绘制表格(D)，鼠标指针变为“✏”状，将鼠标指针确定在需要绘制表格的位置，按住左键不放拖动鼠标，鼠标拖过的区域出现一个虚线围成的矩形，如图 2-113 所示。矩形大小合适后，放开鼠标左键，虚线变成实线，生成一个只有一个单元格的表格。

图 2-113 绘制表格

2）将鼠标指针移动到表格中，在需要画横线的位置按住鼠标左键水平拖动或垂直拖动画出行线和列线，这样一张表就绘制成了。

在画线时按住 Shift 键再拖动鼠标就可以很方便地画出水平线和垂直线了。

（3）使用 快速表格(T) 插入 Word 自带的表格库中的表格

单击“表格”按钮，在弹出的列表中再单击 快速表格(T) ，打开快速表格库列表，如图 2-114 所示，单击要插入的表格，相应的快速表格就被插入了。

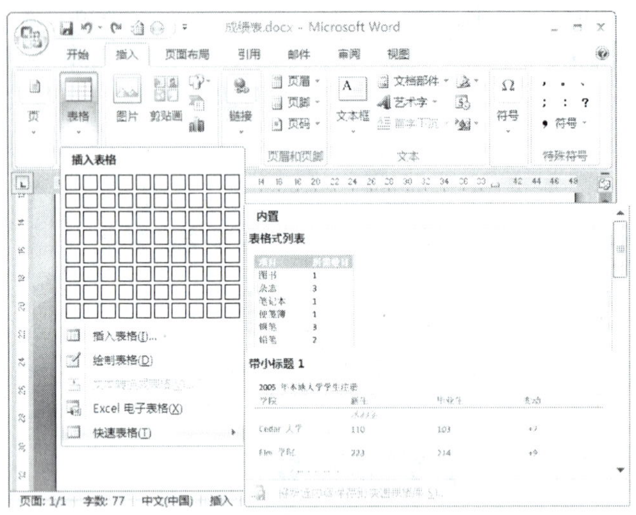

图 2-114 插入快速表格

2. 表格的选定操作

有时我们会对制作的表格及表格中的单元格、行或列进行一些操作，那么我们首先要做的就是选定这些对象，下面就分别来学习选定表格以及表格中的行、列、单元格的方法。

方法一：

将插入点光标移到要选定的单元格或要选定的行、列中，单击“布局”功能区中“表”组中的 选择 项，弹出列表，如图 2-115 所示。根据要求选择不同的对象，单击列表中的选项，实现对单元格、行、列或表格的选择。

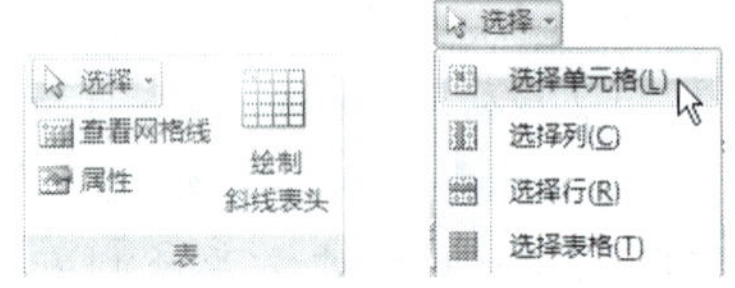

图 2-115 表格选择

方法二：

选定表格：将鼠标指针移到表格上停留片刻，表格的左上角会出现一个“✥”标记，右下角会出现一个“□”标记，单击“✥”标记可以选定整个表格。

选定单元格：将鼠标指针指向单元格的左内侧时，鼠标指针变为“➚”状，此时单击鼠标左键，选定对应的单元格，如图 2-116 所示。用鼠标拖过该单元格也能实现单元格的选定。

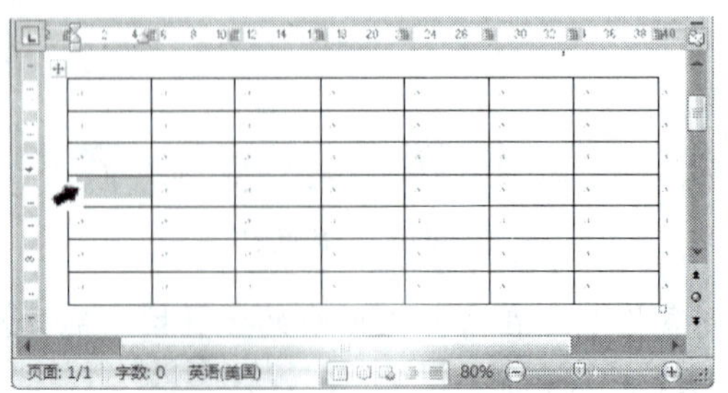

图 2-116 选定单元格

选定列：将鼠标指针指向表格中某列第一个单元格上边线的外侧，鼠标指针变为“⬇”状时，单击鼠标左键，则选中鼠标指针对应的一列，如果按住鼠标左键不放拖动鼠标，则选中相邻的多列，选定一列后，按住Ctrl键，再依次单击选定其他列，可以选定不相邻的多列，如图2-117所示。

选定行：将鼠标指针指向表格中某一行第一个单元格左边线的外侧，鼠标指针变为“↗”状时，单击鼠标左键，则选中鼠标指针对应的一行，如果按住鼠标左键不放拖动鼠标，则选中相邻的多行，选定一行后，按住Ctrl键，再依次单击选定其他行，可以选定不相邻的多行，如图2-118所示。

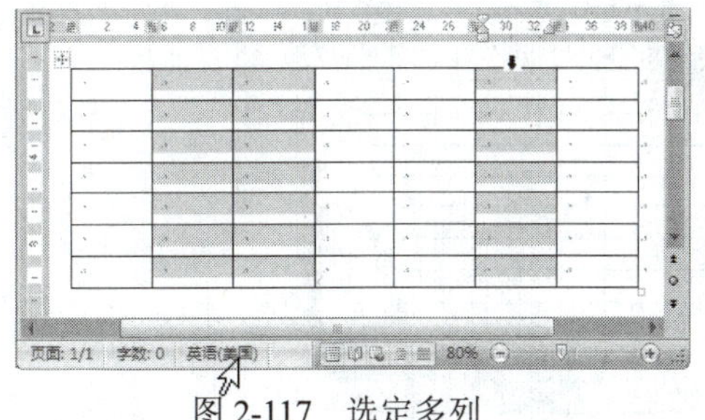
图2-117　选定多列

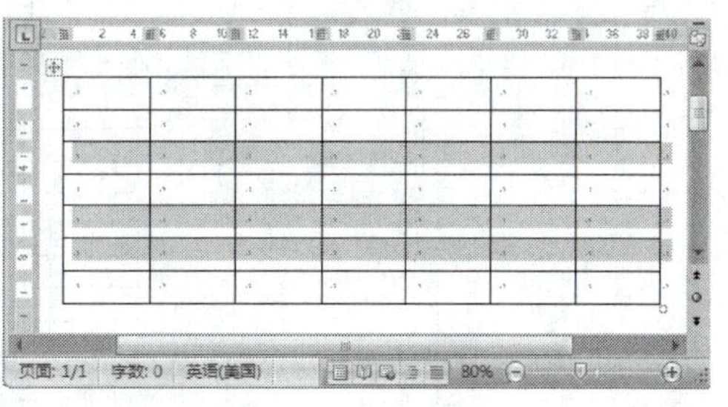
图2-118　选定多行

3．表格中的合并与拆分操作

（1）合并单元格

第一步：选定需要合并的单元格。

第二步：单击“布局”功能区中“合并”组中的“合并单元格”，第3行的所有单元格合并成一个单元格，如图2-119所示。

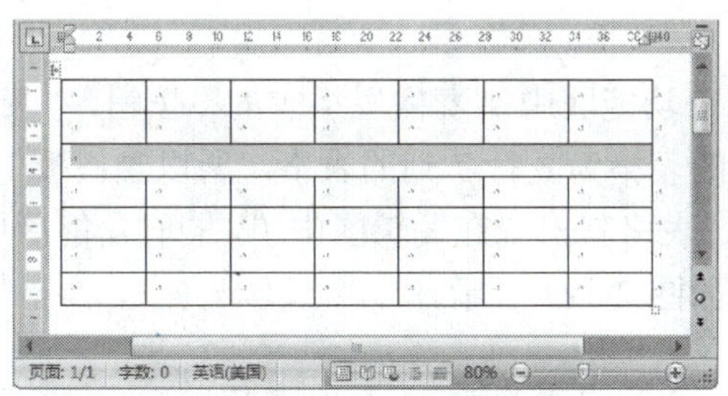
图2-119　合并单元格

小百科

取消表格中被选定的内容，只需在工作区中的任意位置单击鼠标左键，即可实现。

如果原单元格有内容，合并单元格后，原内容将作为新单元格的内容。

（2）拆分单元格

Word不仅可以把多个单元格合并成一个单元格，而且还可以将一个单元格拆分成若干个单元格，方法是将插入点光标确定在要拆分的单元格中，在“列数”框中输入拆分后的列数（最大值为63列），在“行数”框中输入拆分后的行数（最大值为17行），

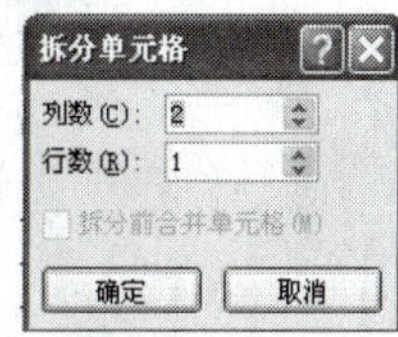

图2-120　拆分单元格

如图 2-120 所示，完成后单击[确定]按钮，原来的一个单元格被拆分成了若干个单元格。

（3）拆分表格

表格中不仅仅是单元格能被拆分，表格本身也能被拆分，拆分的方法是将插入点光标移动到将要拆分出来的第二张表的第一行中，再单击“布局”功能区中“合并”组中的[拆分表格]，表格被分成了两张表，插入点光标位于两张表之间的空白行中，如图 2-121 所示。

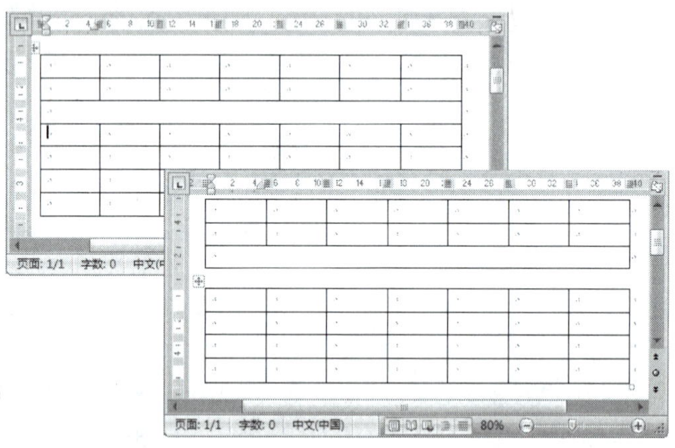

图 2-121　拆分表格

任务实施

1．插入表格

第一步：新建一个空白文档，输入表格上面的标题文字“成绩表”，然后敲击回车键，进入下一行。

第二步：单击“插入”功能区中“表格”组中的按钮，“表格”按钮下方出现“插入表格”列表，我们要制作的表格为 8 行 7 列的表格，所以当模板上方显示出[7x8 表格]时，单击左键，一个 8 行 7 列的空白表格就出现在编辑区中了，同时功能区中显示两张选项卡，即“设计”和“布局”选项卡，如图 2-122 所示。

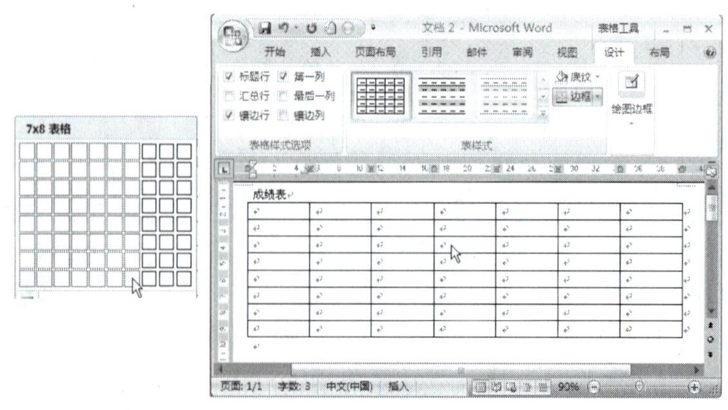

图 2-122　插入表格

第三步：在空表中输入数据，如图 2-123 所示。

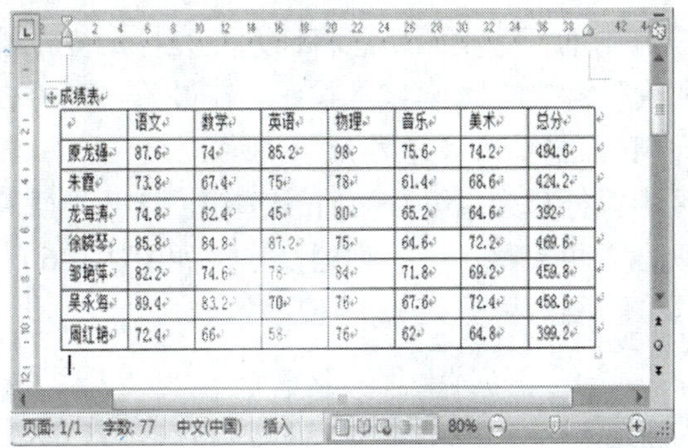

成绩表

	语文	数学	英语	物理	音乐	美术	总分
覃龙强	87.6	74	85.2	98	75.6	74.2	494.6
朱霞	73.8	67.4	75	78	61.4	68.6	424.2
龙海涛	74.8	62.4	45	80	65.2	64.6	392
徐晓琴	85.8	84.8	87.2	75	64.6	72.2	469.6
邹艳萍	82.2	74.6	78	84	71.8	69.2	459.8
吴永海	89.4	83.2	70	76	67.6	72.4	458.6
周红艳	72.4	66	58	76	62	64.8	399.2

图 2-123　输入数据

试一试

新建一个空白文档，在文档中输入“课程表”，敲回车键进入下一个 7 行 6 列的表格，并输入内容，如下图所示，完成后以“课程表”为名保存。

课程表

	星期一	星期二	星期三	星期四	星期五
第一节	语文	英语	数学	政治	物理
第二节	语文	英语	数学	政治	物理
第三节	数学	物理	化学	语文	英语
第四节	数学	物理	化学	语文	英语
第五节	音乐	政治	美术	化学	体育
第六节	音乐	政治	美术	化学	体育

第四步：以“成绩表”为文件名保存下来。

2. 表格中的插入与删除操作

（1）插入行或列

第一步：打开“成绩表.docx”文档，单击最后一行中的任意单元格，将插入点光标定位在最后一行中。

第二步：单击功能区上的“布局”选项卡，切换到“布局”选项功能，再单击“行和列”组中的“在下方插入”按钮，在最后一行的下方插入一个新行，如图 2-124 所示，单击工作区中的任意位置，取消反色显示。

图 2-124　表格中插入行

第三步： 单击最后一列中的任意单元格，将插入点光标定位在最后一列中。

第四步： 单击“行和列”组中的 在右侧插入 按钮，在最后一列的右边插入一个新列，如图 2-125 所示，单击工作区中的任意位置，取消反色显示。

单击“布局”功能区中“行和列”组右侧的 按钮，打开“插入单元格”对话框，其中的四个选项分别可以实现插入单元格、行、列的操作，如图 2-126 所示。

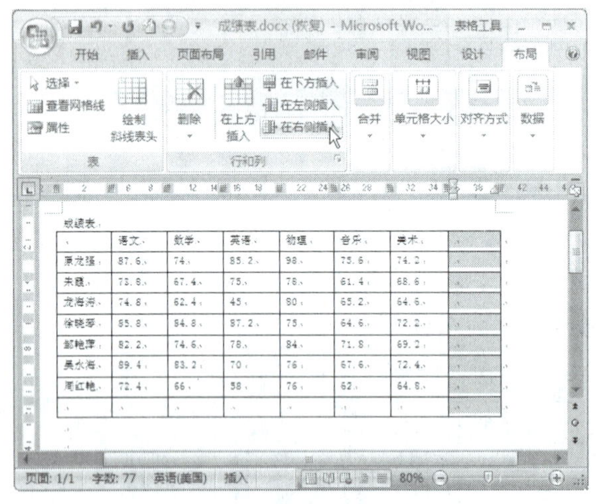

图 2-125　表格中插入列

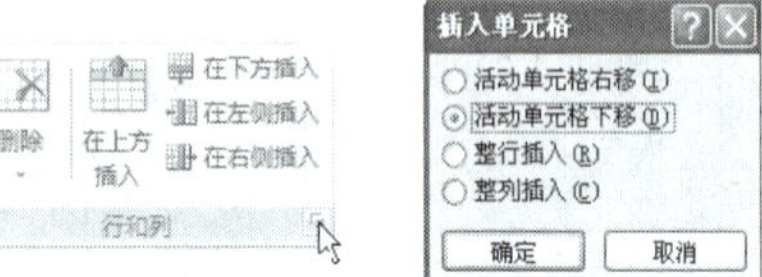

图 2-126　插入单元格

试一试

打开“课程表.docx”，在“课程表”的第 5 行后插入一行，并输入“午休”，如下图所示。

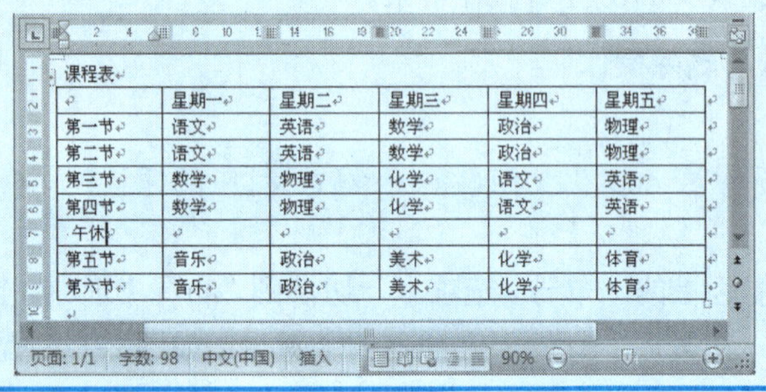

课程表

	星期一	星期二	星期三	星期四	星期五
第一节	语文	英语	数学	政治	物理
第二节	语文	英语	数学	政治	物理
第三节	数学	物理	化学	语文	英语
第四节	数学	物理	化学	语文	英语
午休					
第五节	音乐	政治	美术	化学	体育
第六节	音乐	政治	美术	化学	体育

（2）删除行和列

将光标移动到需要删除的行或列中，单击“布局”功能区中的“删除”按钮，在弹出的菜单中单击 删除行(R) 或 删除列(C) 即可删除插入光标点所在处的行或列，如图 2-127 所示。单击 删除单元格(D)...，弹出“删除单元格”对话框，通过对话框中的四个选项可实现删除单元格、行、列和表格的操作，如图 2-128 所示。

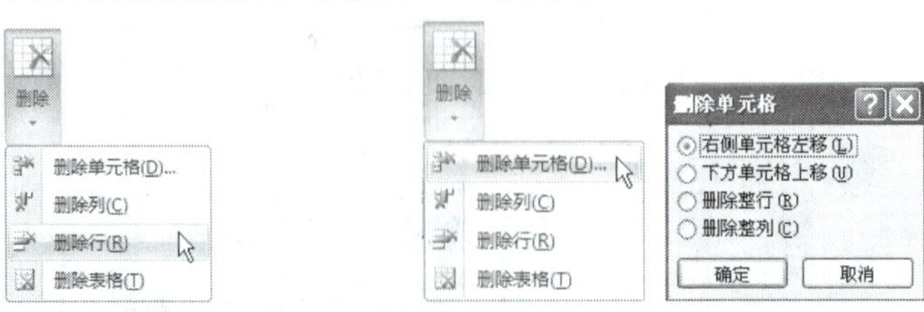

图 2-127　删除行或列　　　图 2-128　删除单元格

3. 调整表格

新建的表格，列宽和行高都是默认的。当输入内容较多时，行高会自动变高，而列宽不会改变。我们可以根据内容的需要调整表格的行高、列宽和表格的大小，方法如下。

改变列宽：将鼠标指针移到某一列的右边线上，当指针变为“╫”时按住鼠标左键拖动，可以改变该列的列宽。

改变行高：将鼠标指针移到某一行的下边线上，当指针变为“╪”时按住鼠标左键拖动，可以改变该行的行高。

调整表格大小：将鼠标指针移到表格上停留片刻，表格的左上角会出现一个“⊞”标记，右下角出现一个“□”标记。将鼠标指针移向“□”标记，当指针变为“↘”时按住鼠标左键拖动，可以改变表格的大小。

下面我们以“成绩表”为例，学习表格的行高和列宽的调整。

第一步：打开“课程表”，把鼠标指针移到第1行的第一个单元格所在列的右边列线上，当指针变为“╫”时按住鼠标左键，会出现一条垂直虚线，向右拖动到适当宽度时松开鼠标左键，第1列就变宽了，如图2-129所示。

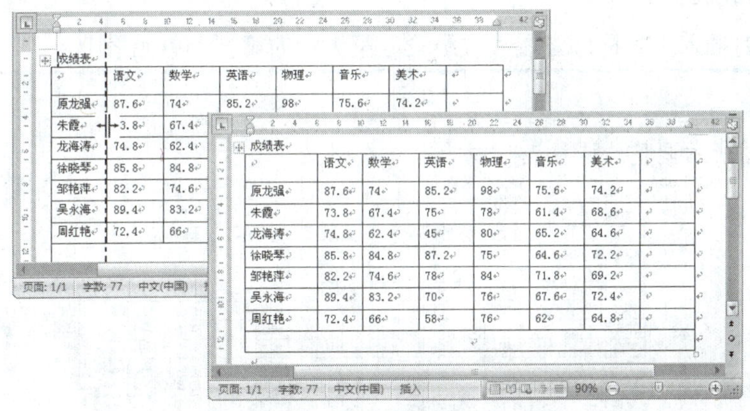

成绩表

	语文	数学	英语	物理	音乐	美术	
原龙强	87.6	74	85.2	98	75.6	74.2	
朱霞	73.8	67.4	75	78	61.4	68.6	
龙海涛	74.8	62.4	45	80	65.2	64.6	
徐晓琴	85.8	84.8	87.2	75	64.6	72.2	
邹艳萍	82.2	74.6	78	84	71.8	69.2	
吴永海	89.4	83.2	70	76	67.6	72.4	
周红艳	72.4	66	58	76	62	64.8	

图2-129　设置列宽

第二步：把鼠标指针移到第1行的第一个单元格所在行的下边行线上，当指针变为“╪”时按住鼠标左键，会出现一条水平虚线，向下拖动到适当高度时松开鼠标左键，第1行就变高了，如图2-130所示。

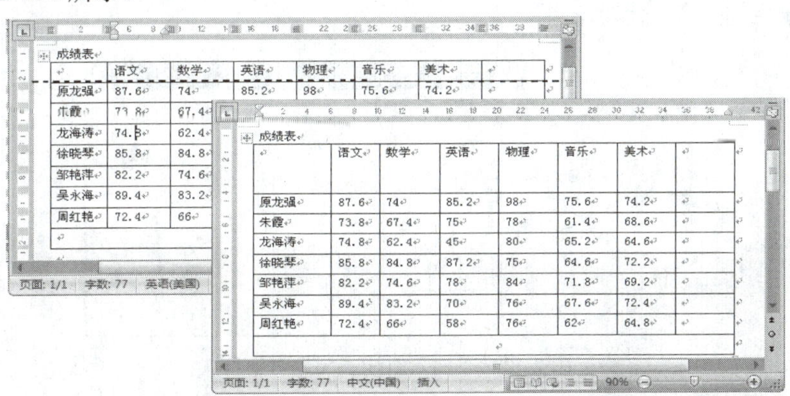

成绩表

	语文	数学	英语	物理	音乐	美术	
原龙强	87.6	74	85.2	98	75.6	74.2	
朱霞	73.8	67.4	75	78	61.4	68.6	
龙海涛	74.8	62.4	45	80	65.2	64.6	
徐晓琴	85.8	84.8	87.2	75	64.6	72.2	
邹艳萍	82.2	74.6	78	84	71.8	69.2	
吴永海	89.4	83.2	70	76	67.6	72.4	
周红艳	72.4	66	58	76	62	64.8	

图2-130　设置列宽

拓展知识

行高和列宽的调整也可以通过自动调整的方法实现，方法如下。

将光标确定在表格中的任意位置，单击自动调整，弹出调整表格列表选项，如图 2-131 所示，根据需要在列表中选择调整表格的选项，可实现表格的自动调整。

单击可以实现选定行的平均分布，单击可以实现选定列的平均分布。

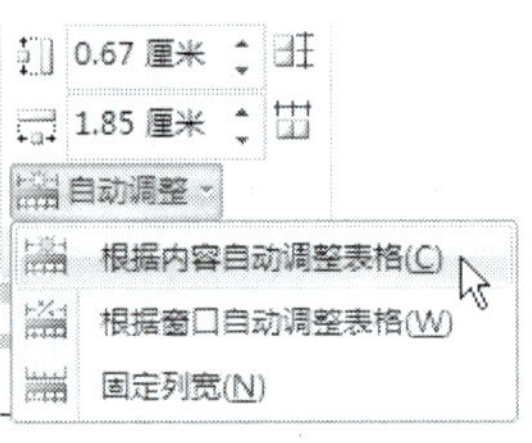

图 2-131　自动调整表格

4. 绘制斜线表头

第一步：将插入点光标确定在“成绩表”第 1 行的第一个单元格中。

试一试

按照下图所示调整“课程表”中的行高与列宽。

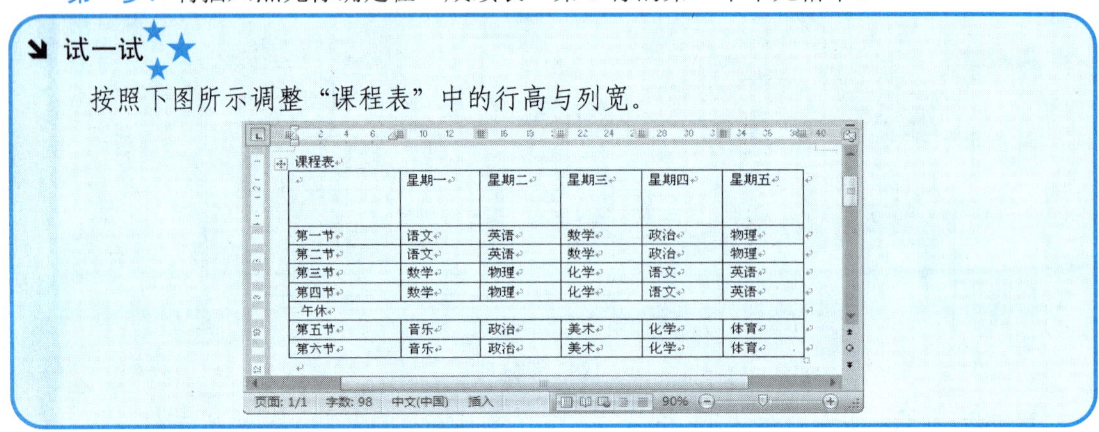

课程表

	星期一	星期二	星期三	星期四	星期五
第一节	语文	英语	数学	政治	物理
第二节	语文	英语	数学	政治	物理
第三节	数学	物理	化学	语文	英语
第四节	数学	物理	化学	语文	英语
午休					
第五节	音乐	政治	美术	化学	体育
第六节	音乐	政治	美术	化学	体育

第二步：单击“布局”功能区中“表”组中的“插入斜线表头”按钮，弹出“插入斜线表头”对话框，如图 2-132 所示。在这个对话框中可以选择表头样式，输入各个标题文字及设置标题字号。

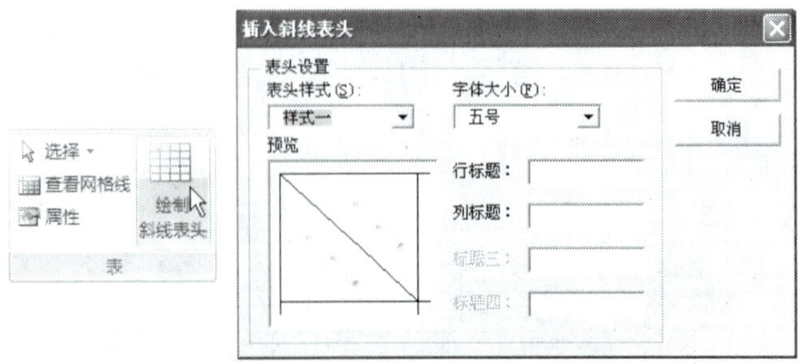

图 2-132　“插入斜线表头”对话框

第三步：单击表头样式框右端的，在弹出的样式列表中选择“样式二”。在“行标题”、

"数据标题"框中分别输入"课程"、"成绩"、"姓名"，如图 2-133 所示。

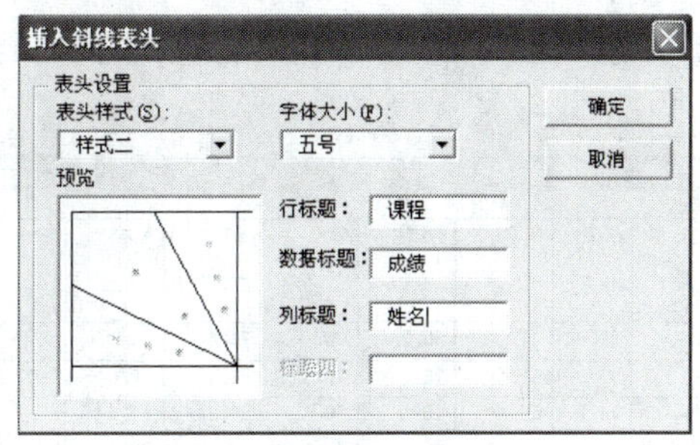

图 2-133　表头设置

第四步：单击 确定 按钮，表格左上角单元格中就生成了两条斜线和三个标题的斜线表头，如图 2-134 所示。

成绩表

课程 成绩 姓名	语文	数学	英语	物理	音乐	美术	
原龙强	87.6	74	85.2	98	75.6	74.2	
朱霞	73.8	67.4	75	78	61.4	68.6	
龙海涛	74.8	62.4	45	80	65.2	64.6	
徐晓琴	85.8	84.8	87.2	75	64.6	72.2	
邹艳萍	82.2	74.6	78	84	71.8	69.2	
吴永海	89.4	83.2	70	76	67.6	72.4	
周红艳	72.4	66	58	76	62	64.8	

页面: 1/1　字数: 83　中文(中国)　插入　90%

图 2-134　插入斜线表头效果

小百科

插入斜线表头时，单击 确定 按钮后有时会弹出下图所示的提示框，提醒表头单元格太小，不能容纳这么多标题文字，建议单击 取消 ，减少表头文字或增大单元格后再做。

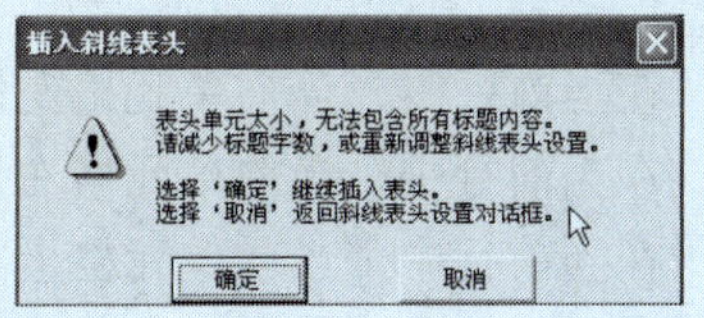

试一试

给"课程表"插入下图所示的斜线表头。

课程表

课程 时间 节次	星期一	星期二	星期三	星期四	星期五
第一节	语文	英语	数学	政治	物理
第二节	语文	英语	数学	政治	物理
第三节	数学	物理	化学	语文	英语
第四节	数学	物理	化学	语文	英语
午休					
第五节	音乐	政治	美术	化学	体育
第六节	音乐	政治	美术	化学	体育

页面: 1/1　字数: 104　中文(中国)　插入　90%

5．表格中的计算

第一步：打开“成绩表”，按照图 2-135 所示，在表格中插入行和列并输入“总分”、“平均分”、“最高分”。

成绩表

课程 成绩 姓名	语文	数学	英语	物理	音乐	美术	总分
原龙强	87.6	74	85.2	98	75.6	74.2	
朱霞	73.8	67.4	75	78	61.4	68.6	
龙海涛	74.8	62.4	45	80	65.2	64.6	
徐晓琴	85.8	84.8	87.2	75	64.6	72.2	
邹艳萍	82.2	74.6	78	84	71.8	69.2	
吴永海	89.4	83.2	70	76	67.6	72.4	
周红艳	72.4	66	58	76	62	64.8	
平均分							
最高分							

页面: 1/1 字数: 91 中文(中国) 插入 90%

图 2-135　成绩表

第二步：将插入点光标移动到“语文”列第 9 行。单击“布局”功能区中“数据”组中的“公式”按钮，打开“公式”对话框，如图 2-136 所示。

Word“公式”对话框中出现的式子称为函数，函数由函数名和运算范围组成。

Word 中常用的函数如下：

AVERAGE（）	计算指定范围内单元格中数字的平均值
COUNT（）	计算指定范围内单元格中数字的个数
INT（）	对所指单元格中的数字取整
MAX（）	计算指定范围内单元格中数字的最大值
MIN（）	计算指定范围内单元格中数字的最小值
SUM（）	计算指定范围内单元格中数字的和

常用的运算范围如下：

LEFT	在当前行中，当前单元格左侧的所有数字单元格
RIGHT	在当前行中，当前单元格右侧的所有数字单元格
ABOVE	在当前行中，当前单元格上方的所有数字单元格
BELOW	在当前行中，当前单元格下方的所有数字单元格

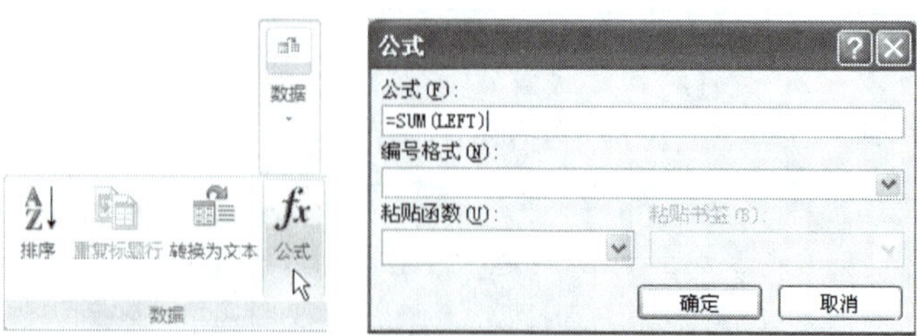

图 2-136　“公式”对话框

第三步：在公式框内输入“=AVERAGE（ABOVE）”，语文成绩的平均分就自动计算填入表格中了，如图 2-137 所示。

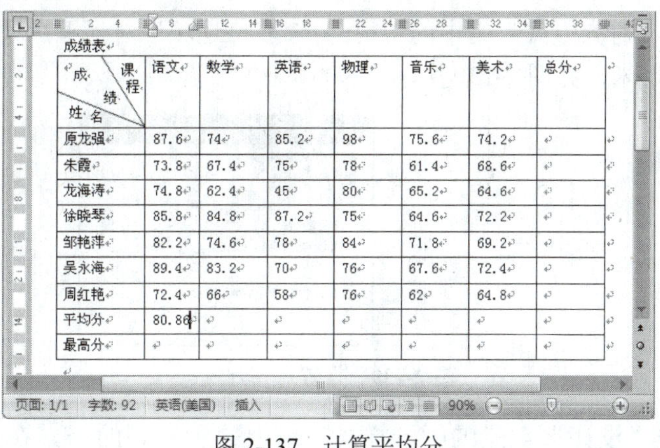

成绩表

成绩 课程 姓名	语文	数学	英语	物理	音乐	美术	总分
原龙强	87.6	74	85.2	98	75.6	74.2	
朱霞	73.8	67.4	75	78	61.4	68.6	
龙海涛	74.8	62.4	45	80	65.2	64.6	
徐晓琴	85.8	84.8	87.2	75	64.6	72.2	
邹艳萍	82.2	74.6	78	84	71.8	69.2	
吴永海	89.4	83.2	70	76	67.6	72.4	
周红艳	72.4	66	58	76	62	64.8	
平均分	80.86						
最高分							

图 2-137　计算平均分

小百科

在公式框中输入函数时，所有内容必须在英文状态下输入，而且函数前必须输入“=”。

试一试

按上面的方法计算出“平均分”、“最高分”、“总分”，如下图所示。

成绩表

成绩 课程 姓名	语文	数学	英语	物理	音乐	美术	总分
原龙强	87.6	74	85.2	98	75.6	74.2	494.6
朱霞	73.8	67.4	75	78	61.4	68.6	424.2
龙海涛	74.8	62.4	45	80	65.2	64.6	392
徐晓琴	85.8	84.8	87.2	75	64.6	72.2	469.6
邹艳萍	82.2	74.6	78	84	71.8	69.2	459.8
吴永海	89.4	83.2	70	76	67.6	72.4	458.6
周红艳	72.4	66	58	76	62	64.8	399.2
平均分	80.86	73.2	71.2	81	66.89	69.43	442.58
最高分	89.4	84.8	87.2	98	75.6	74.2	494.6

6. **设置表格格式**

制作好的“成绩表”看上去并不美观，我们可以对表格及表格中的数据做一些格式设置，使整个表看上去更美观，下面就来学习表格的格式设置。

第一步：打开“成绩表.docx”，选定表格，单击“布局”功能区中“对齐方式”组中的▤，表格中的数据全部以“中部居中”显示，如图 2-138 所示。

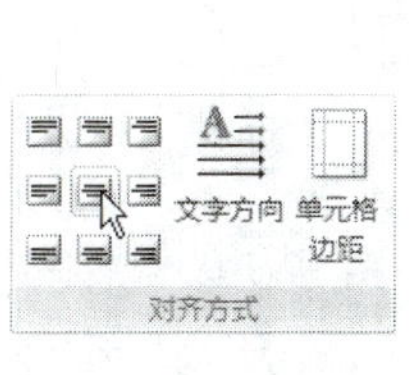

成绩表

成绩 课程 姓名	语文	数学	英语	物理	音乐	美术	总分
原龙强	87.6	74	85.2	98	75.6	74.2	494.6
朱霞	73.8	67.4	75	78	61.4	68.6	424.2
龙海涛	74.8	62.4	45	80	65.2	64.6	392
徐晓琴	85.8	84.8	87.2	75	64.6	72.2	469.6
邹艳萍	82.2	74.6	78	84	71.8	69.2	459.8
吴永海	89.4	83.2	70	76	67.6	72.4	458.6
周红艳	72.4	66	58	76	62	64.8	399.2
平均分	80.86	73.2	71.2	81	66.89	69.43	442.58
最高分	89.4	84.8	87.2	98	75.6	74.2	494.6

图 2-138　设置对齐方式

第二步：单击“对齐方式”组中的，打开“表格选项”对话框，设置单元格边距上、下、左、右均为 0 厘米，如图 2-139 所示。

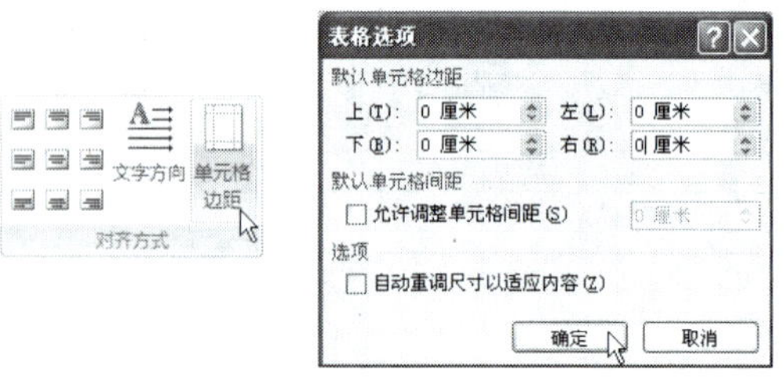

图 2-139　设置对齐方式

第三步：单击“设计”功能区“表样式”组中的右侧的，在弹出的列表中单击 边框和底纹(O)... ，打开“边框和底纹”对话框，如图 2-140 所示。

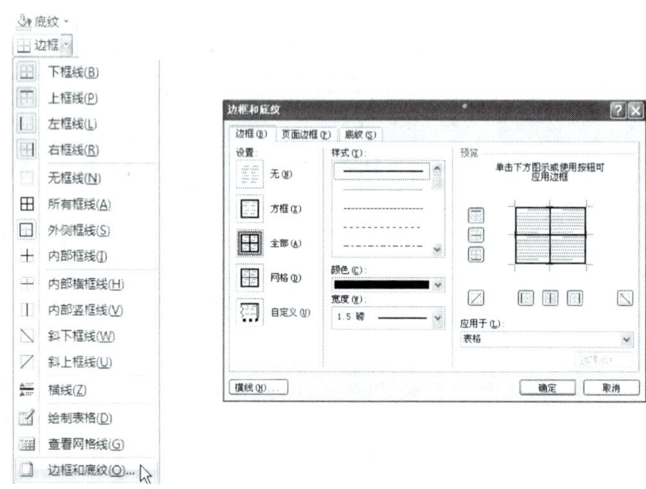

图 2-140　表格选项对话框

第四步：单击“边框”选项卡“设置”项中的“方框”按钮，样式默认选择“实线”，颜色选择“蓝色”，宽度选择“3.0 磅”，应用于框中默认选择“表格”，如图 2-141 所示。

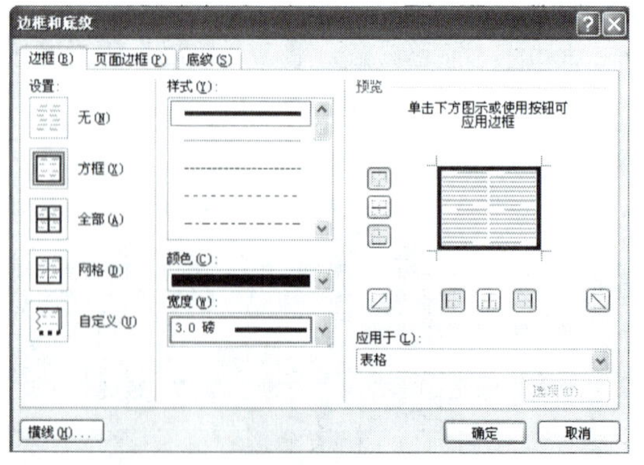

图 2-141　设置表格外边框线

第五步：单击“设置”项中“自定义”按钮，颜色选择“蓝色”，宽度选择“1.0 磅”，再单击“预览”框中的⊟和⊞，应用于框中默认选择的“表格”，如图 2-142 所示。

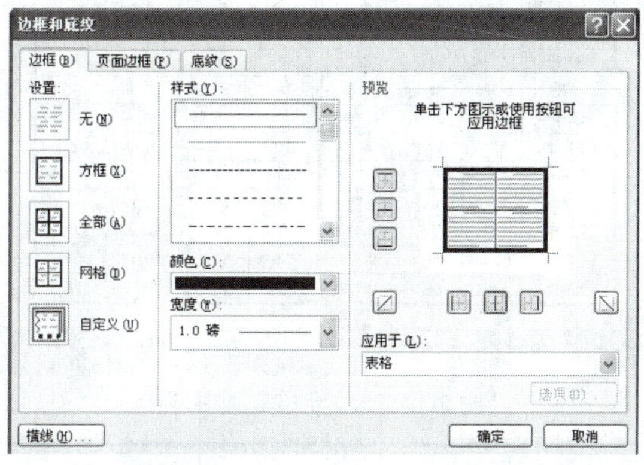

图 2-142　设置表格内边框线

第六步： 单击[确定]按钮，表格边框变为重新设置的样子，如图 2-143 所示。

成绩表

课程 成绩 姓名	语文	数学	英语	物理	音乐	美术	总分
原龙强	87.6	74	85.2	98	75.6	74.2	494.6
朱霞	73.8	67.4	75	78	61.4	68.6	424.2
龙海涛	74.8	62.4	45	80	65.2	64.6	392
徐晓琴	85.8	84.8	87.2	75	64.6	72.2	469.6
邹艳萍	82.2	74.6	78	84	71.8	69.2	459.8
吴永海	89.4	83.2	70	76	67.6	72.4	458.6
周红艳	72.4	66	58	76	62	64.8	399.2
平均分	80.86	73.2	71.2	81	66.89	69.43	442.58
最高分	89.4	84.8	87.2	98	75.6	74.2	494.6

页面: 1/1　字数: 112　英语(美国)　插入　90%

图 2-143　表格边框设置效果

第七步： 将插入点光标移到英语列“45”所在的单元格中，再按照第三步重新打开“边框和底纹”对话框，切换到“底纹”选项卡，选择填充色为“黄色”，图案默认无，选择应用于“单元格”，如图 2-144 所示。

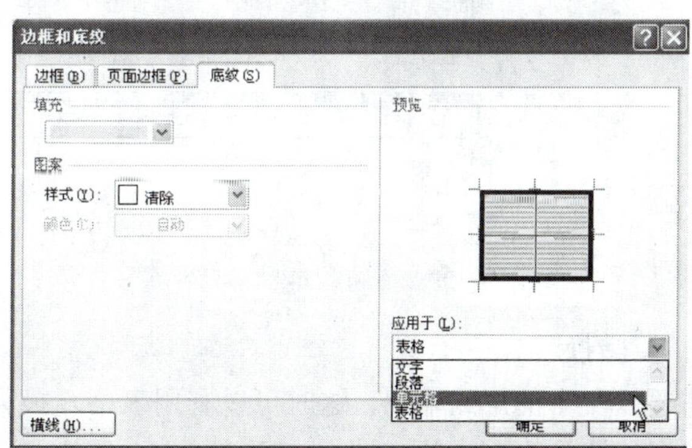

图 2-144　单元格底纹设置

第八步： 单击[确定]按钮，单元格底纹的设置就完成了，如图 2-145 所示。

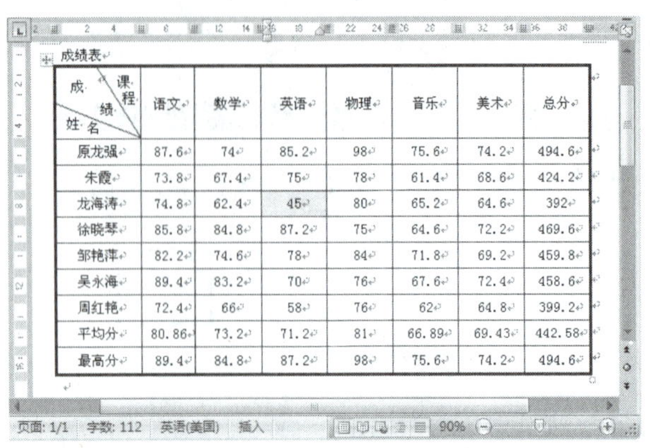

成绩表

课程 成绩 姓名	语文	数学	英语	物理	音乐	美术	总分
原龙强	87.6	74	85.2	98	75.6	74.2	494.6
朱霞	73.8	67.4	75	78	61.4	68.6	424.2
龙海涛	74.8	62.4	45	80	65.2	64.6	392
徐晓琴	85.8	84.8	87.2	75	64.6	72.2	469.6
邹艳萍	82.2	74.6	78	84	71.8	69.2	459.8
吴永海	89.4	83.2	70	76	67.6	72.4	458.6
周红艳	72.4	66	58	76	62	64.8	399.2
平均分	80.86	73.2	71.2	81	66.89	69.43	442.58
最高分	89.4	84.8	87.2	98	75.6	74.2	494.6

页面: 1/1　字数: 112　英语(美国)　插入　90%

图 2-145　单元格底纹效果

试一试

给“成绩表”中的第 1 行和第 1 列加上浅绿色底纹。

拓展知识

表格格式不仅可以自行设置，也可以直接套用 Word 提供的几十种已设计好的表格格式，做法如下：将插入点光标确定在表格任意单元格中，单击“设计”功能区中“表样式”组中现有的样式按钮，或单击 ，打开其他样式列表，如图 2-146 所示，选择指定的样式，表格就自动套用了 Word 提供的表样式。

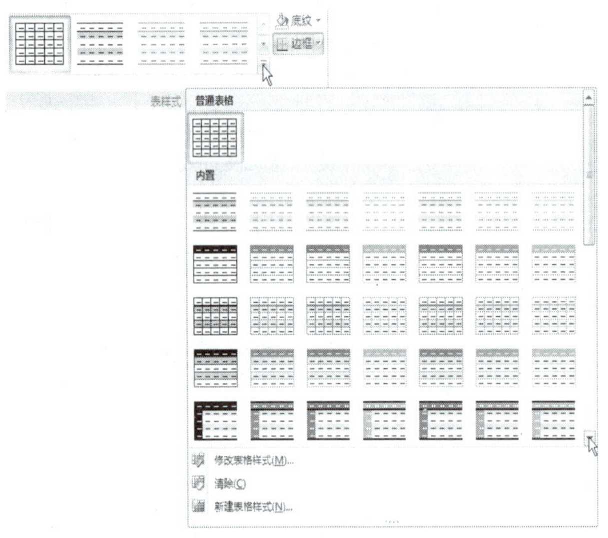

图 2-146　表格边框设置效果

7．表格和文本的相互转换

制作的表格有时需要以文本的形式输出，这时可以利用表格转换为文本的功能很快实现转换，下面我们来学习表格转换为文本的方法。

第一步：新建一个 Word 文档，然后制作如图 2-147 所示的表格，以“直属高校通讯录”为名保存起来。

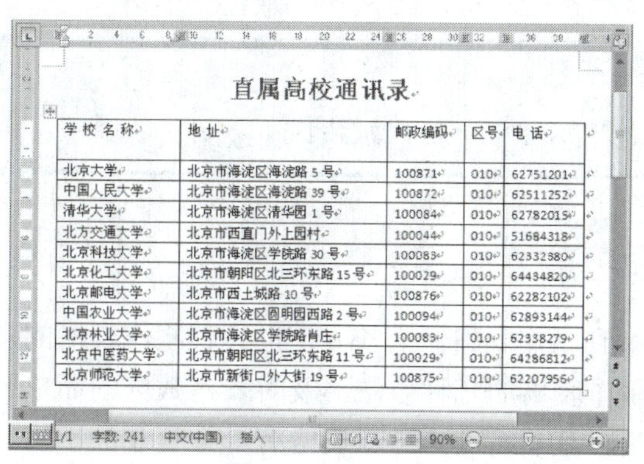

直属高校通讯录

学校名称	地址	邮政编码	区号	电话
北京大学	北京市海淀区海淀路5号	100871	010	62751201
中国人民大学	北京市海淀区海淀路39号	100872	010	62511252
清华大学	北京市海淀区清华园1号	100084	010	62782015
北方交通大学	北京市西直门外上园村	100044	010	51684318
北京科技大学	北京市海淀区学院路30号	100083	010	62332880
北京化工大学	北京市朝阳区北三环东路15号	100029	010	64434820
北京邮电大学	北京市西土城路10号	100876	010	62282102
中国农业大学	北京市海淀区圆明园西路2号	100094	010	62893144
北京林业大学	北京市海淀区学院路肖庄	100083	010	62338279
北京中医药大学	北京市朝阳区北三环东路11号	100029	010	64286812
北京师范大学	北京市新街口外大街19号	100875	010	62207956

图 2-147 直属高校通讯录

第二步： 将插入点光标确定在表格的任意单元格中，单击“布局”功能区中的数据，打开“数据”组，再单击转换为文本，打开“表格转换成文本”对话框，如图 2-148 所示。

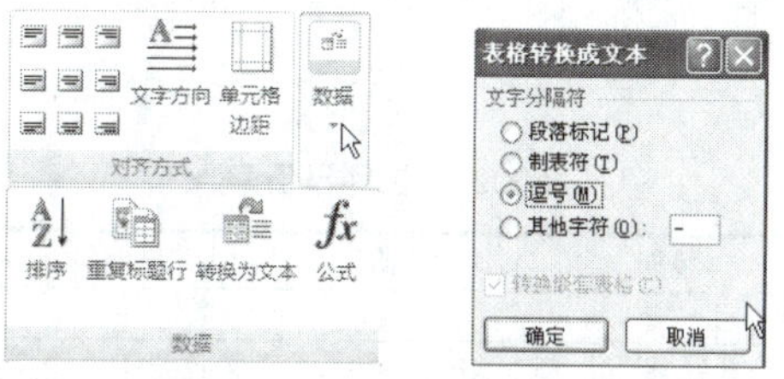

图 2-148 “表格转换成文本”对话框

第三步： 选择文本分隔符为“逗号”，单击 确定 按钮，表格就转换成为如图 2-149 所示的文本了。

文本也同样可以转换成表格，转换方法是：选中转换成表格的文本，单击“插入”功能区中的表格，在弹出的列表中单击 文本转换成表格(V)...，打开“将文字转换成表格”对话框，如图 2-150 所示。设置“表格尺寸”、“文字分隔位置”等，完成设置后单击 确定 按钮，文字就转换成表格了。

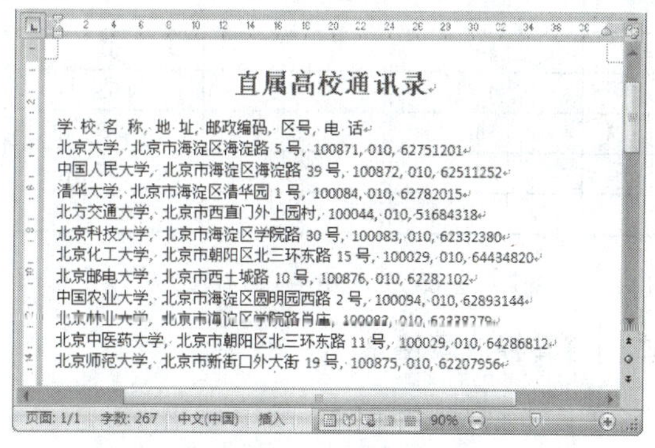

直属高校通讯录

学校名称，地址，邮政编码，区号，电话
北京大学，北京市海淀区海淀路5号，100871，010，62751201
中国人民大学，北京市海淀区海淀路39号，100872，010，62511252
清华大学，北京市海淀区清华园1号，100084，010，62782015
北方交通大学，北京市西直门外上园村，100044，010，51684318
北京科技大学，北京市海淀区学院路30号，100083，010，62332880
北京化工大学，北京市朝阳区北三环东路15号，100029，010，64434820
北京邮电大学，北京市西土城路10号，100876，010，62282102
中国农业大学，北京市海淀区圆明园西路2号，100094，010，62893144
北京林业大学，北京市海淀区学院路肖庄，100083，010，62338279
北京中医药大学，北京市朝阳区北三环东路11号，100029，010，64286812
北京师范大学，北京市新街口外大街19号，100875，010，62207956

图 2-149 表格转换成文本

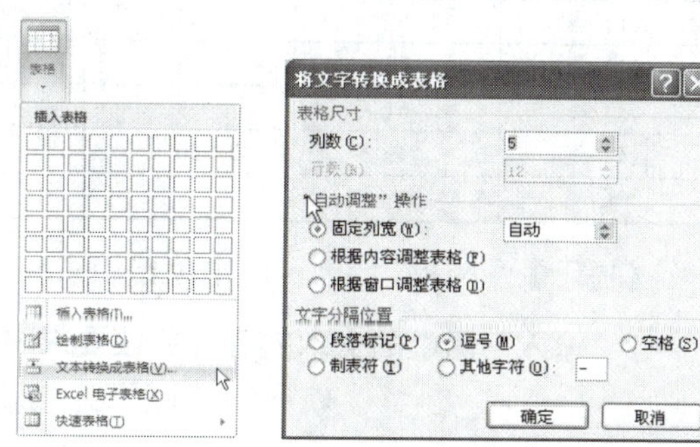

图 2-150 “将文字转换成表格”对话框

小百科

需要转换为表格的文本中必须插入分隔符来指定在何处将文本分成行、列，这些分隔符可以是空格、段落标记、逗号等。

➘ 试一试

将“直属高校通讯录.docx”文档重新转换为表格。

任务小结

在日常工作中常会用到制作表格，而 Word 也具有制作表格的功能。通过完成本任务，我们学习了在 Word 中制作表格的几种方法，及对表格数据的简单计算、表格内容和格式的设置等。本任务学习完后，读者可对 Word 表格有一个直观的了解，对与制作表格及表格格式的功能区、组及按钮、菜单有了一定的认识。

任务巩固

1．制作如下日历表。

2009 年 9 月日历表

星期日	星期一	星期二	星期三	星期四	星期五	星期六
		1	2	3	4	5
6	7	8	9	10	11	12
13	14	15	16	17	18	19
20	21	22	23	24	25	26
27	28	29	30	31		

【提示】表格制作完后，套用“表样式”内置第 7 行第 4 列的样式。

2．制作下表并进行相关计算。

城关小学各年级学生人数统计表

年级 / 班级	一 年 级	二 年 级	三 年 级	四 年 级	五 年 级	六 年 级
（1）班	50	55	59	49	55	61
（2）班	48	58	60	47	55	63
（3）班	51	53	58	50	52	59
（4）班	49	50	60	47	54	57
合计						

【提示】“小计”行单元格中可使用求和函数计算，输入公式“=sum（above）”。

3．输入下图中的文本内容，并按要求将文本内容转换成表格。

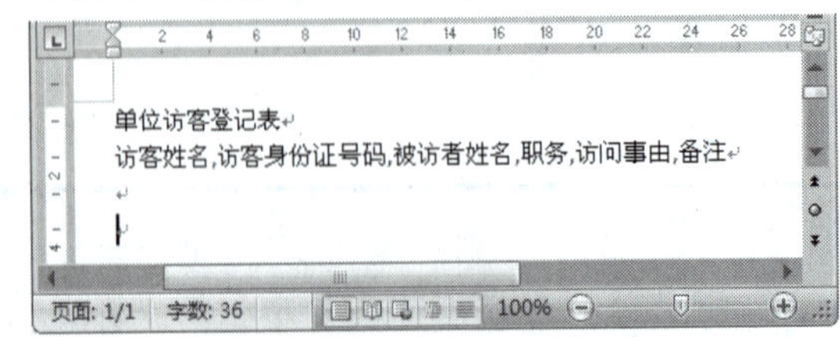

① 选定 2～4 行内容，将选定的内容转换为 3 行 6 列的表格。

② 设置标题“单位访客登记表”，宋体四号，加粗，居中对齐。

③ 表格中所有内容上下居中、左右居中对齐。

参考样张

单位访客登记表

访客姓名	访客身份证号码	被访者姓名	职　　务	访问事由	备　　注

4．制作一张个人简历表。

参考样张

个人简历表

<table>
<tr><td>姓名</td><td></td><td>性别</td><td></td><td>政治面貌</td><td colspan="2"></td><td colspan="2" rowspan="3">照片</td></tr>
<tr><td>学历</td><td></td><td>民族</td><td></td><td>出年年月</td><td colspan="2"></td></tr>
<tr><td>毕业学校</td><td colspan="3"></td><td>专业</td><td colspan="2"></td></tr>
<tr><td>住址</td><td colspan="3"></td><td>邮政编码</td><td></td><td colspan="2">电话</td><td></td></tr>
<tr><td>兴趣爱好</td><td colspan="8"></td></tr>
<tr><td>自我评价</td><td colspan="8"></td></tr>
<tr><td>工作经历</td><td colspan="8"></td></tr>
<tr><td>求职意向</td><td colspan="8"></td></tr>
</table>

5．打开文档“青春月报.docx”，按要求完成制作。

1）在文尾敲回车键，输入“本月青春明星”，设置字体为华文彩云，二号，居中对齐。

2）插入一张 2 行 5 列的表格，在表格中插入图片和输入文字。

3）在页脚输入第 1 版（提示：版数与页数相同）。

参考样张

第2章 Word 2007 文字处理

任务 6　制作“常用数学公式小手册”—— Word 2007 的高级应用

任务目标

通过完成“常用数学公式小手册”的制作任务，我们将了解长篇文档的排版技巧，学会添加项目符号和编号的方法，学会在 Word 中输入数学公式，学会应用样式和新建样式，能够利用 Word 的功能自动生成文档目录，学会制作和使用 Word 提供的模板制作带有一定格式的文档。

任务分析

要完成“常用数学公式小手册”的制作任务，首先需要制定手册的大小，其次输入手册的内容，包括文字、特殊符号、公式等，再次对手册内容进行格式的编排及格式样式的使用，最后生成目录。为了方便以后再应用，可以将手册的格式制作成模板。建议安排课时为 4 课时。

相关知识

打开公式编辑器

第一步：将插入点光标确定到要输入公式的位置，单击“插入”功能区“文本”组中的 ，打开“对象”对话框，如图 2-151 所示。

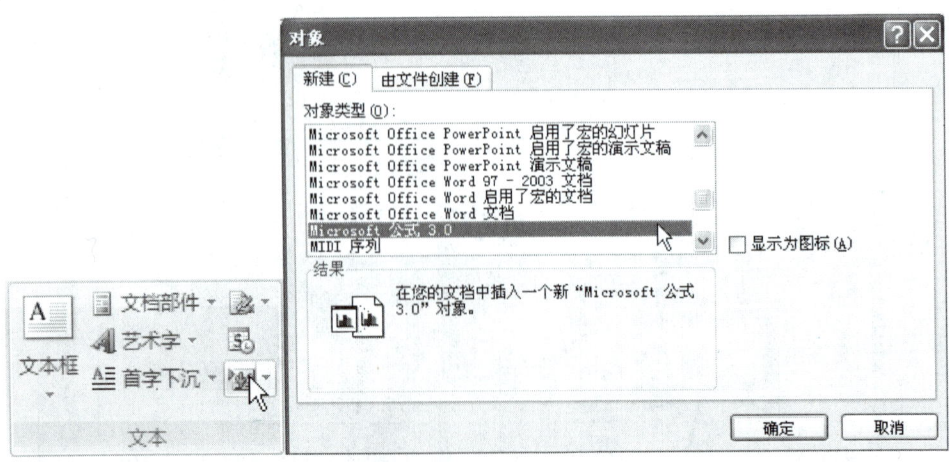

图 2-151　“对象”对话框

第二步：在“对象类别”列表框中单击“Microsoft 公式 3.0”，然后单击 确定 按钮，编辑区中会出现“公式”工具栏和一个输入框，如图 2-152 所示。输入框中有一个小方框，称为插槽，我们输入的字符就出现在插槽中。

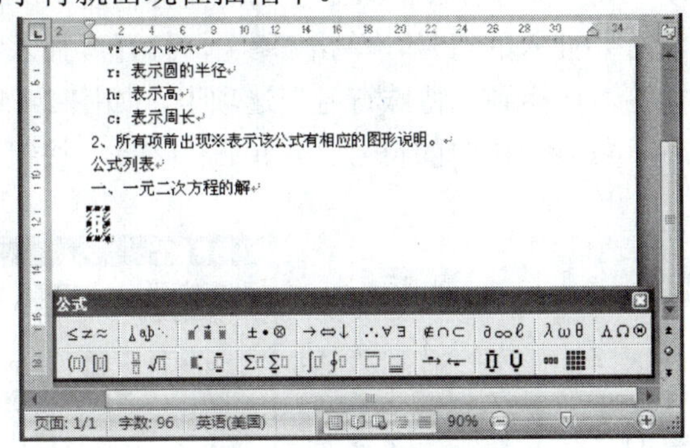

图 2-152　公式输入框

任务实施

1．设计“手册”版式

制作大小为 15 厘米宽、11 厘米高的手册，左侧装订，装订线为 0.5 厘米，四边边距均为 1 厘米。

第一步：新建一个 Word 文档，以“常用数学公式小手册”为名保存下来。

第二步：参照任务 4 制作生日贺卡的方法，单击“页面布局”功能区“页面设置”组右侧的 ，打开“页面设置”对话框，在“纸张”选项卡中设置纸张大小宽 15 厘米、高 11 厘米；在“页边距”选项卡中设置左侧装订，装订线 0.5 厘米，四边边距均为 1 厘米，单击 确定 按钮，就完成了页面和边距大小的设置。

第三步：以“常用数学公式手册”为名保存下来。

2．“手册”中特殊字符的输入

输入如图 2-153 所示的内容。

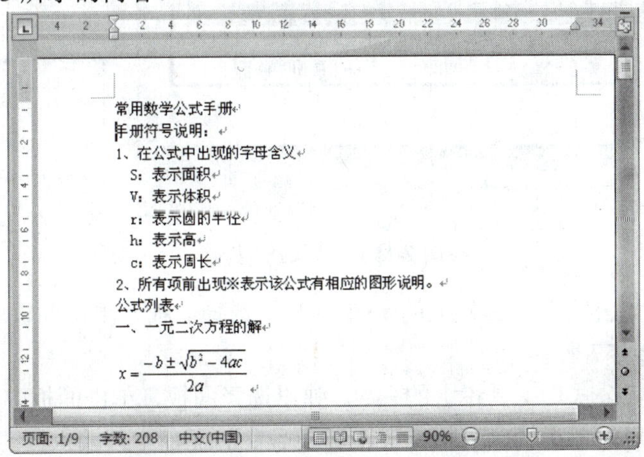

图 2-153　常用公式手册中的部分内容

第一步：输入“※”符号前的所有文字内容。

第二步：单击“插入”功能区“特殊符号”组中的 符号 ，打开符号面板，单击面板中的“※”，如图 2-154 所示，“※”符号就被插入到了当前光标位置。

如果在符号面板中没有要插入的符号，单击 更多... ，打开“插入特殊符号”对话框，单击“特殊符号”选项卡标签，切换到“特殊符号”选项卡，如图 2-155 所示。选择要插入的符号，同时在对话框的右下角显示选定的符号。再单击 确定 按钮，选定的符号就被插入到了光标位置。

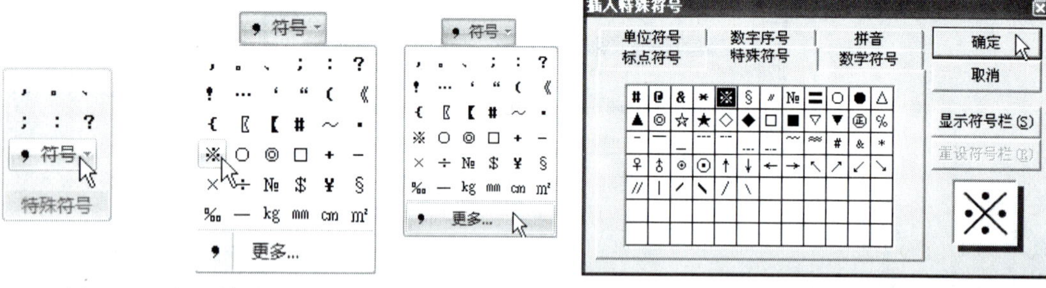

图 2-154　插入特殊符号　　　　图 2-155　插入特殊符号

3．手册中公式的输入

接下来我们输入一元二次方程的解。

第一步：将插入点光标确定到要输入公式的位置，打开公式编辑器。

第二步：在公式输入框中先输入“x=”，然后再单击“公式”工具栏上的 $\frac{▯}{▯}\sqrt{▯}$ ，弹出选择面板，单击面板中的 $\frac{▯}{▯}$ ，输入框中出现分数线及分子和分母的输入插槽，光标定位在了分子插槽中，输入“-b”，操作过程如图 2-156 所示。

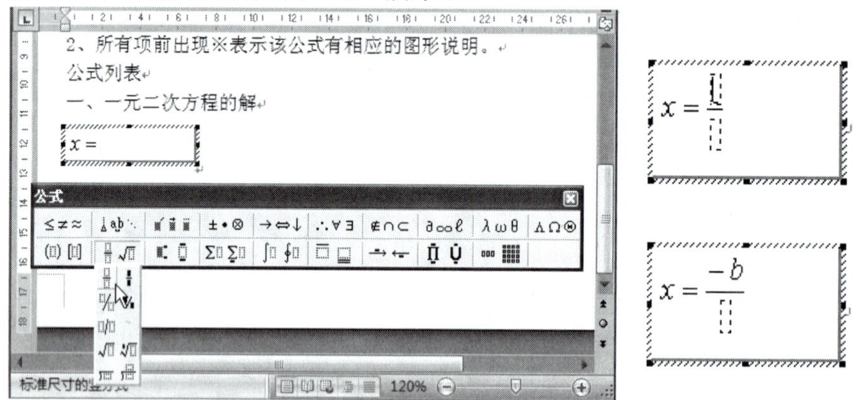

图 2-156　输入公式操作

第三步：单击“公式”工具栏上的 ±•⊗ ，弹出选择面板，单击面板中的 ± ，“-b”后出现了“±”，如图 2-157 所示。

第四步：单击“公式”工具栏上的 $\frac{▯}{▯}\sqrt{▯}$ ，弹出选择面板，单击面板中的 $\sqrt{▯}$ ，输入框中出现根号，根号中出现输入插槽，光标定位在了根号中的插槽中，输入“b”，输入操作过程如图 2-158 所示。

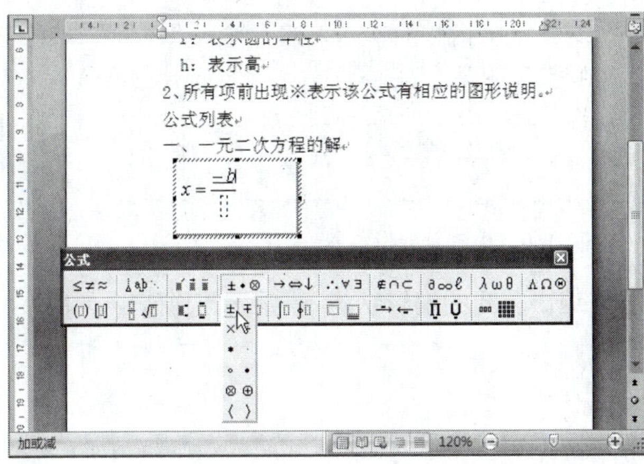

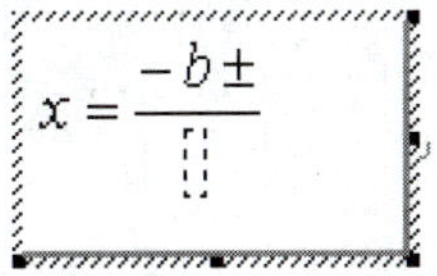

图 2-157　输入“±”符号

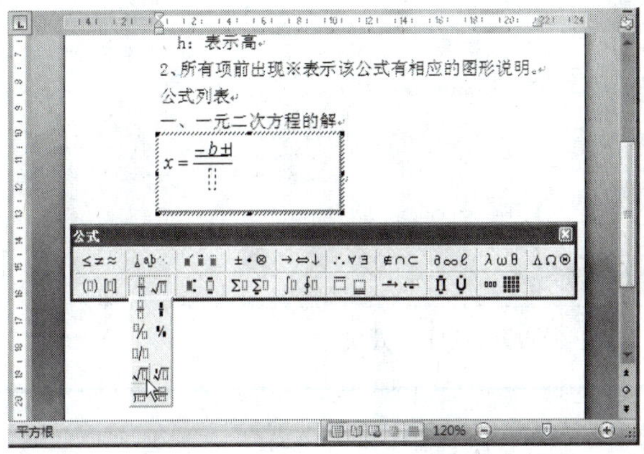

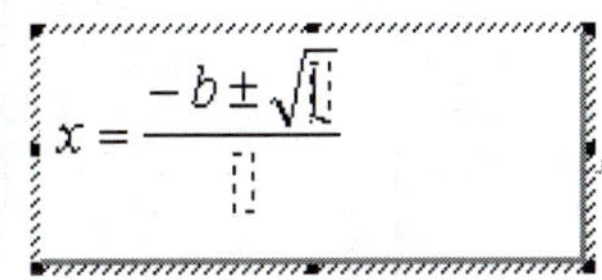

图 2-158　输入根号及根式

第五步： 单击“公式”工具栏上的 ，弹出选择面板，单击面板中的 ，根号下的字符“b”的右上角出现输入插槽，光标定位在了根号中的插槽中，输入“2”，如图 2-159 所示。

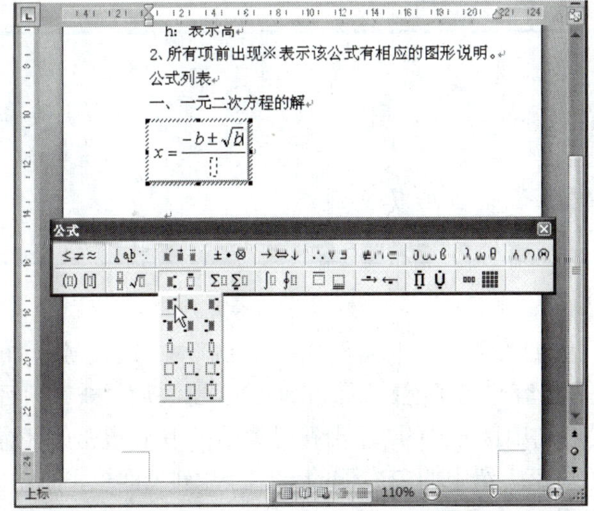

图 2-159　输入指数

第六步： 敲键盘上控制区中的→键，退出指数的输入，按着输入“-4ac”，单击分母插槽，输入“2a”，输入操作过程如图 2-160 所示。

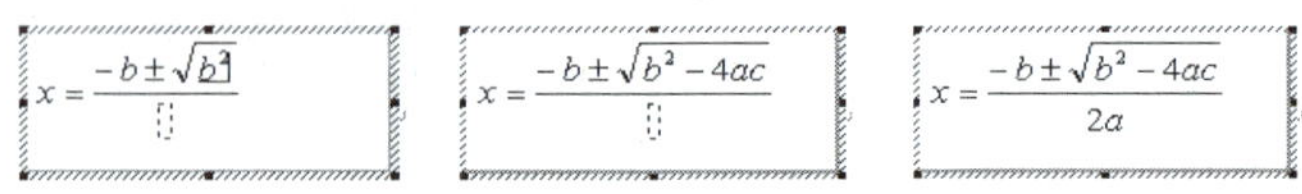

图 2-160　根式及分母输入

第七步： 在公式输入框外单击，退出公式的编辑状态，返回文档窗口，如图 2-161 所示。

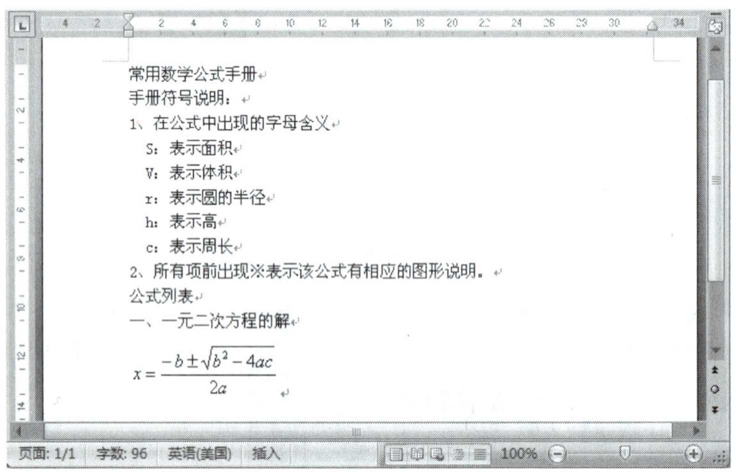

图 2-161　完成公式输入效果

小百科

公式是作为一个整体输入的，当单击公式时，公式周围会出现八个尺寸距柄，和图片一样，可以改变它的大小和位置。在状态栏中显示 双击可 编辑 Microsoft 公式 3.0 中文版 ，当双击其后可再次进入公式的编辑状态，对公式进行修改。

第八步： 按照上面的输入方法完成其他公式的输入。

试一试

练习输入下列公式。

$$\begin{cases} y-3x=9 \\ x^2+\dfrac{5y^2}{3}=\dfrac{x}{2}-7 \end{cases},\quad |a-b|\leqslant|a|+|b|,\quad V_{圆柱体}=\pi r^2 l$$

4．添加项目符号和编号

在手册中，对于条目性的内容，我们给它们加上项目符号（如：◆）或编号（如 1、2、3……）使手册整体条理和层次清楚，内容一目了然。下面我们给手册添加“◆”项目符号。

第一步： 将插入点光标定位到要添加项目符号的“手册符号说明：”所在段落的任意位置。

第二步： 单击“开始”功能区“段落”组中的☰右侧的▾，打开列表面板，单击面板中的“◆”，项目符号就添加上了，如图 2-162 所示。

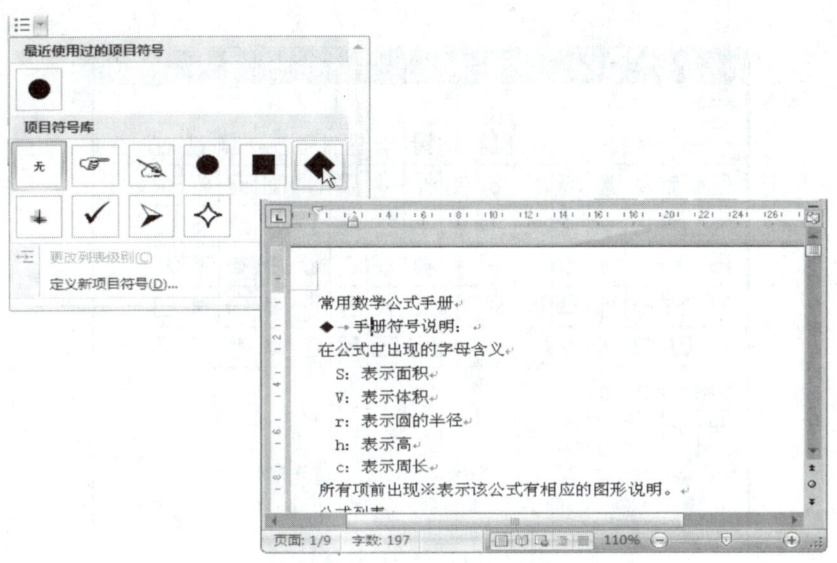

图 2-162 插入“◆”项目符号

拓展知识

当添加的项目符号在列表面板中没有时，先单击 定义新项目符号(D)... ，打开“定义新项目符号”对话框，如图 2-163 所示。

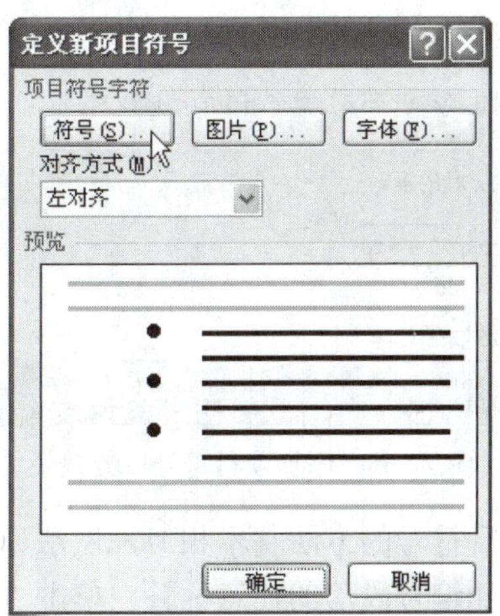

图 2-163 “定义新项目符号”对话框

再单击对话框中“项目符号字符”栏中的“符号”按钮，打开“符号”对话框，选择字体为 windings，在符号框中选择需要的字符（如“◆”），如图 2-164 所示。

最后单击 确定 按钮，项目符号就被重新进行了定义。

第三步： 要给手册中“公式列表”所在的段落也加上相同的项目符号，将插入点光标确定在该段落中的任意位置，直接单击“段落”组中的 ☰，“◆”项目符号就被添加上了，如图 2-165 所示。

图 2-164　更改项目符号

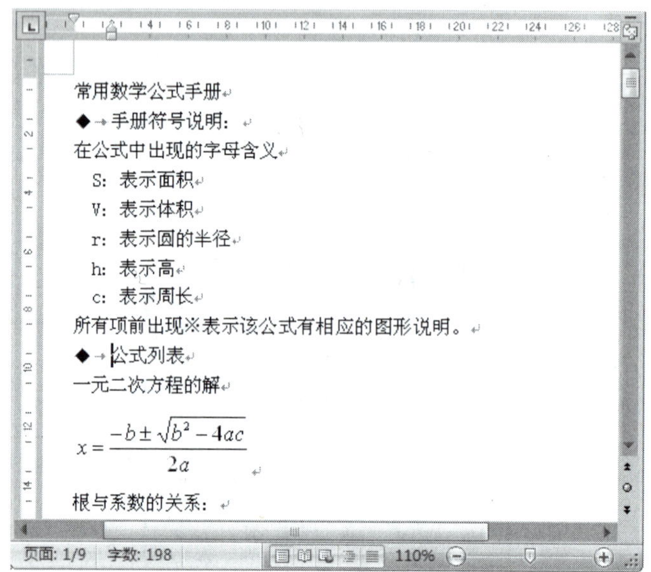
常用数学公式手册
◆ 手册符号说明：
在公式中出现的字母含义
S：表示面积
V：表示体积
r：表示圆的半径
h：表示高
c：表示周长
所有项前出现※表示该公式有相应的图形说明。
◆ 公式列表
一元二次方程的解

$$x=\frac{-b\pm\sqrt{b^2-4ac}}{2a}$$

根与系数的关系：

图 2-165　添加项目符号后的效果

添加编号的方法与添加项目符号的方法基本相似，做法如下。

将插入点光标定位到要添加编号段落的任意位置，单击“开始”功能区“段落”组中的☰右侧的▾，打开列表面板，单击面板中“编号库”提供的编号样式，插入点光标所在的段落就添加上相应的编号了。

小百科

直接单击☰时，添加的项目符号为默认的“●”，但如果已经对添加的项目符号做过更改，此时单击☰，添加的项目符号为最后一次使用过的符号。

添加了项目符号后，要取消项目符号，只需再次单击☰。

试一试

给手册添加如下图所示的项目符号和编号，完成后，再取消项目符号。

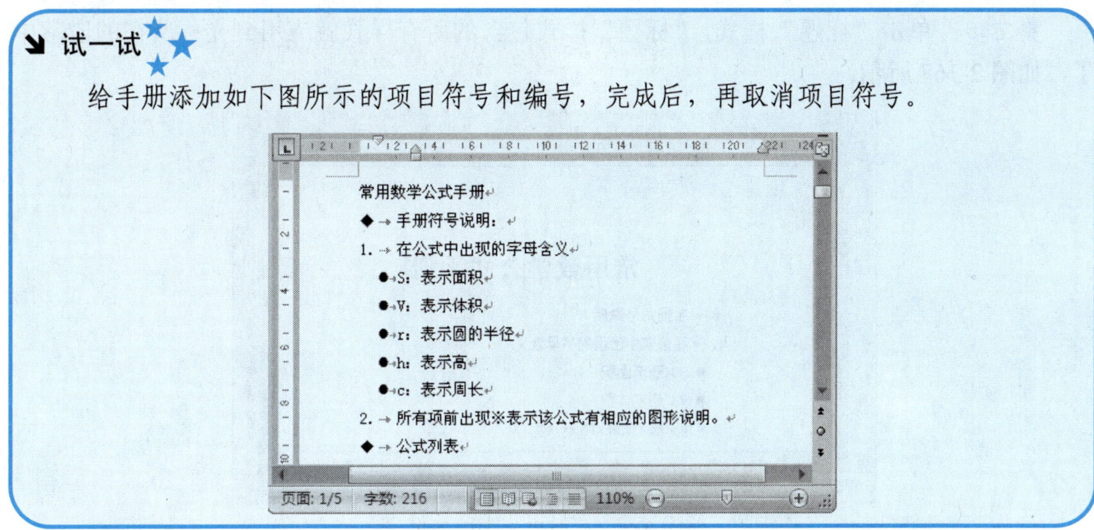

5．应用样式

样式是 Word 提供的一系列预设格式，包括将样式应用于选定内容时，Word 就把这些预设的格式套用到选定内容，这样就没有必要去分别设置字体、段落、边框和底纹等格式。可以为我们编辑文档节省时间。下面为手册应用样式。

第一步：将插入点光标定位在“常用数学公式手册”中，单击“开始”功能区“样式”组中的“快速样式”按钮，弹出快速样式列表，将鼠标指针指向任意一种样式，当前样式所包含的所有格式自动地套用在光标所在的段落中，随着光标在样式列表中的移动，段落中应用的格式也随之改变。如图 2-166 所示。

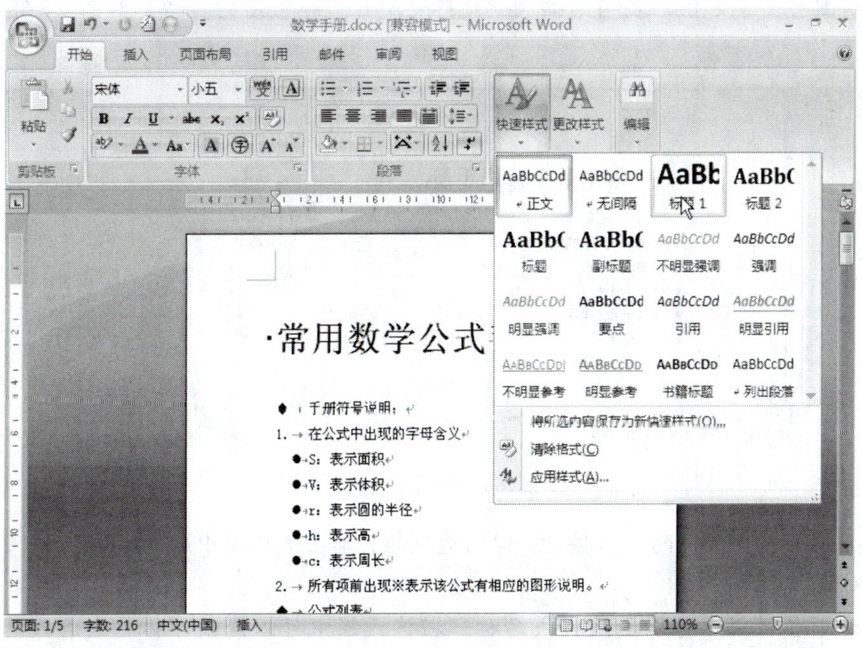

图 2-166 快速样式菜单

第二步：单击“标题”样式，“标题”样式包含的所有样式就应用到光标所在的段落中了，如图 2-167 所示。

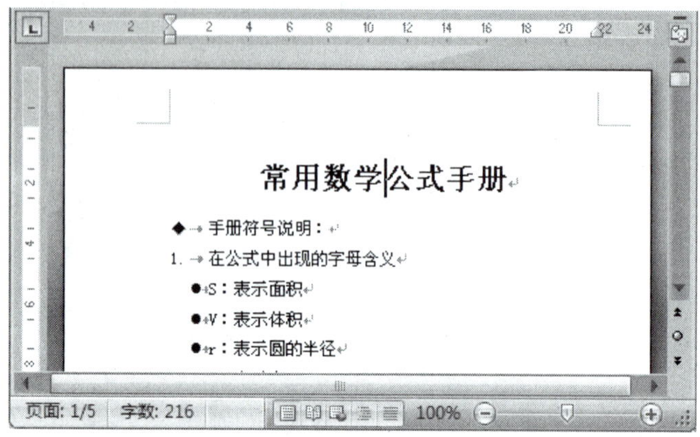

图 2-167　标题样式应用效果

拓展知识

当我们对应用的样式不满意时，还可以对它进行修改，也可以新建样式，做法如下。

（1）修改样式

1）单击“样式”组中右侧的 ，窗口右侧出现“样式”任务窗格，将鼠标指针指向“标题 1”样式，指针下方弹出一个方框，显示样式所用的字体、字号、对齐方式、段落格式等。样式名称周围有一个方框，表明是插入点光标处所在文字使用的样式，如图 2-168 所示。

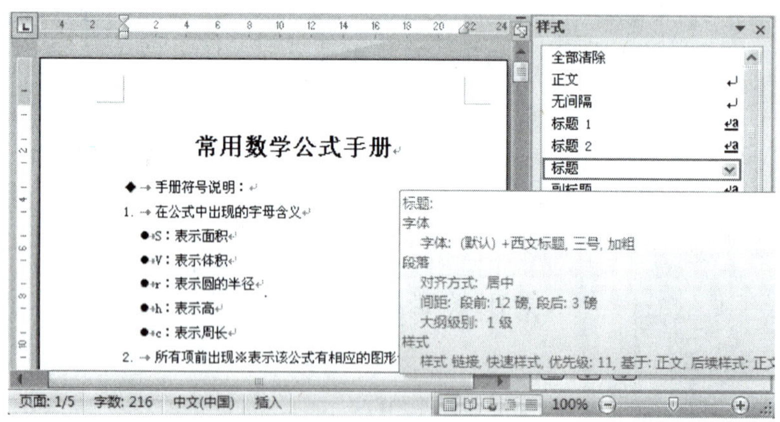

图 2-168　样式窗格及样式

2）单击“标题”右侧的下拉按钮，弹出选项框，单击选项框中的 修改(M)... ，打开“修改样式”对话框。

在对话框属性栏中可以更改样式名称，在格式栏中可以修改字体格式和段落对齐方式等。如果要修改更多的格式，单击对话框左下角的 格式(O) ▾ ，弹出格式选项列表，如图 2-169 所示。

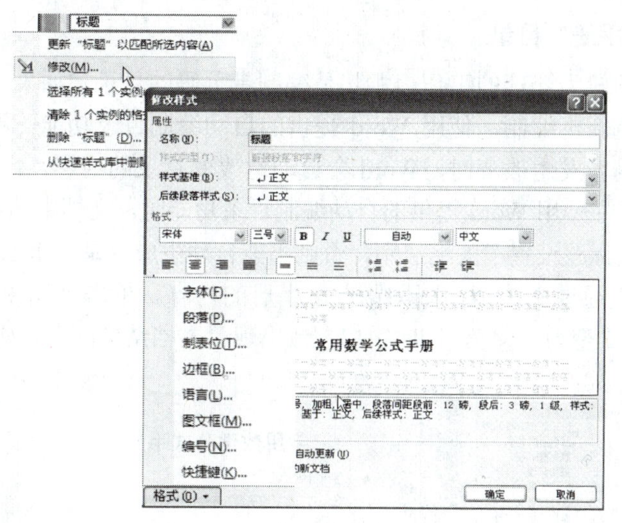

图 2-169 “修改样式”对话框

3）单击列表中需要修改的格式选项，打开相应的对话框进行修改。修改完成后单击 确定 按钮，就完成了对样式的修改。

（2）新建样式

单击“样式”任务窗口中的 按钮，打开“根据格式设置创建新样式”对话框，如图 2-170 所示，对话框中的内容与“修改样式”对话框一致，接下来的设置与修改样式的操作相同。

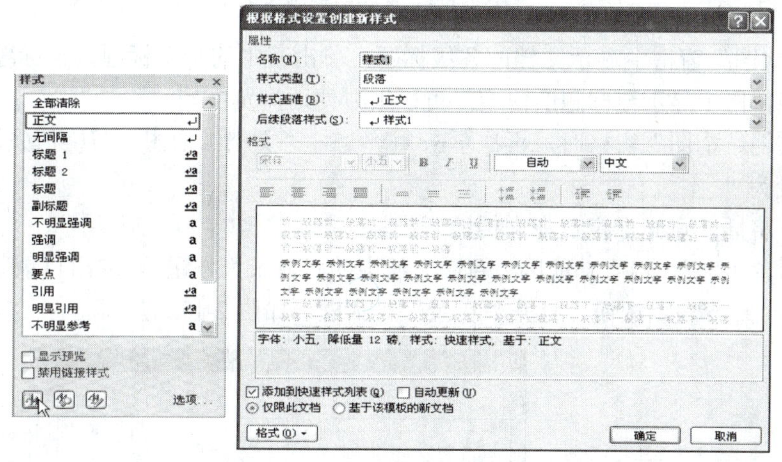

图 2-170 “根据格式设置创建新样式”对话框

试一试

1. 新建名为“小标题”的样式，格式为：

   字体：宋体，小五号，加粗　　段落：大纲级别 2 级，无缩进

2. 将“小标题”样式应用到“常用数学公式手册”中的下列小标题上。

一元二次方程的解	三角函数公式	数列前 n 项和
正弦定理	余弦定理	圆的方程
抛物线标准方程	直棱柱侧面积	正棱锥侧面积

6. 快速编制“手册”目录

编制目录是一项较为繁琐的工作，尤其是编制带页码的目录，如果文档的内容出现了变化，目录就必须要重新再编制，使用 Word 提供的自动编制目录功能，不但可以方便地编制目录，而且当文档内容发生改变时，Word 会自动地改变目录的内容，十分方便快捷。

需要注意的是，在使用 Word 提供的自动编制目录功能时，文档中的各级主标题必须要应用标题样式或是各级标题设置了大纲级别，否则不能自动生成目录。下面来给手册编制目录。

第一步： 我们先通过文档结构图浏览一下手册的内容。单击“视图”功能区 文档结构图，文档结构图 前面的“□”变为“☑”，同时窗口左侧出现“文档结构图”窗格，如图 2-171 所示。

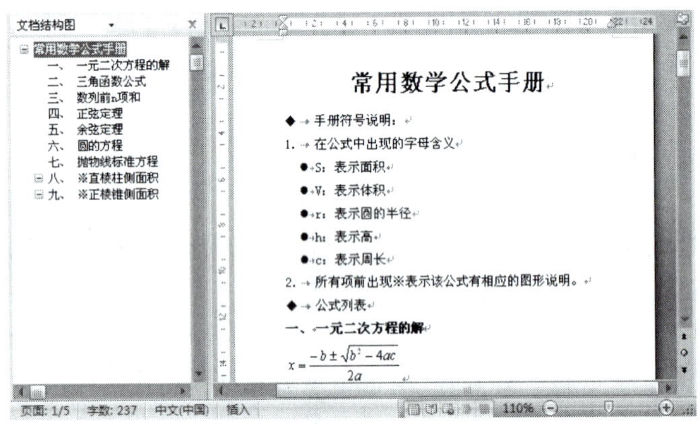

图 2-171 文档结构图

“文档结构图”窗格中显示文档的各级标题，单击其中的一个标题，该标题反色显示，同时可在文档窗格中显示该标题的内容，可以很方便地浏览文档。

关闭“文档结构图”窗格时，再次单击 文档结构图，“文档结构图”窗格消失，文档结构图 前面的“☑”变为“□”。

第二步： 将插入点光标定位在文档的开头。

第三步： 单击 “引用”功能区“目录”组中的“目录”按钮，弹出目录菜单列表，单击列表中的 插入目录(I)... 按钮，打开“目录”对话框，如图 2-172 所示。

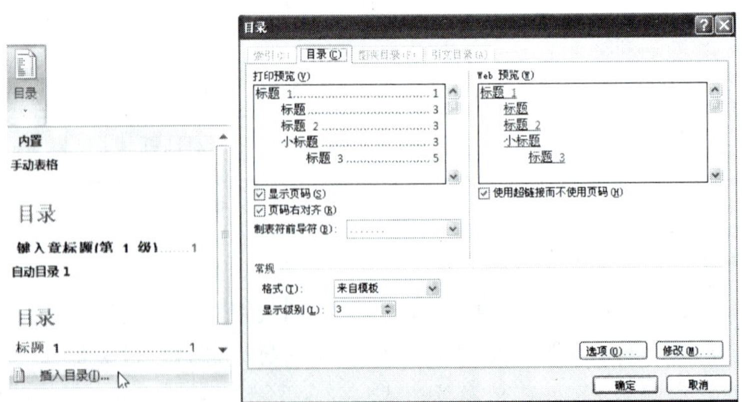

图 2-172 “目录”对话框

第四步：在“显示级别”框中确定要显示的标题级别数，默认的是 3 级，“常用数学公式手册”中应用的样式只包括了 1 级和 2 级，设置显示级别为“2”。

第五步：在目录中要显示页码，选定☑显示页码(S) 和☑页码右对齐(R)，前导符默认，在“打印预览”中显示效果。

第六步：单击 确定 按钮，目录就生成了，如图 2-173 所示。

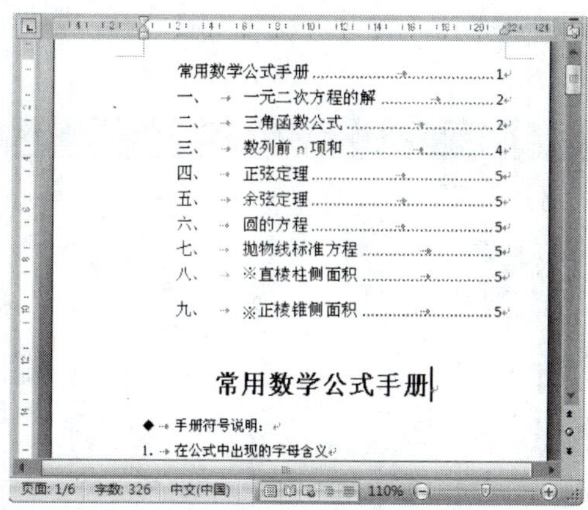

图 2-173 生成的目录

一般目录与内容是在不同的页面上显示的，我们可以将目录与内容分成两页显示，将插入点光标定位在目录后，单击“插入”功能区“页”组中的分页，目录和内容就被分成了两页，如图 2-174 所示。

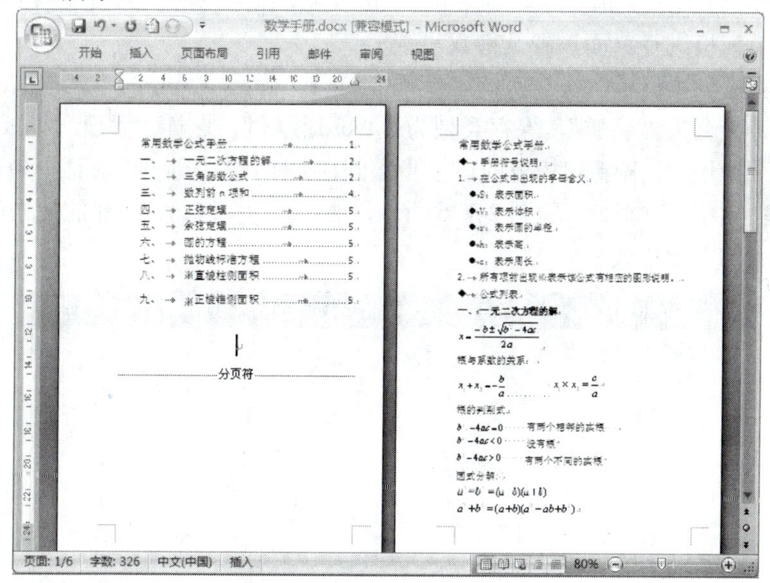

图 2-174 显示目录生成分页效果

7. 制作“手册”模板

如果要经常制作手册或制作与手册相同格式的文档，则需要重复以上的制作过程，非常麻烦，我们把制作手册的格式作为一种模板固定下来，每次制作时直接套用，那样就可以简化我们的工作。Word 正好给我们提供了制作各种文档的模板，而且也可以按照自己的设置创建新的模板，下面就来制作一个手册模板。

第一步：启动 Word 2007 应用程序。

第二步：单击 Office 按钮，打开 Office 菜单，单击菜单列表中的 新建(N)，打开“新建文档”对话框。

第三步：单击对话框中 我的模板...，打开“新建”对话框，选择右侧新建栏中的 模板(T)，如图 2-175 所示。

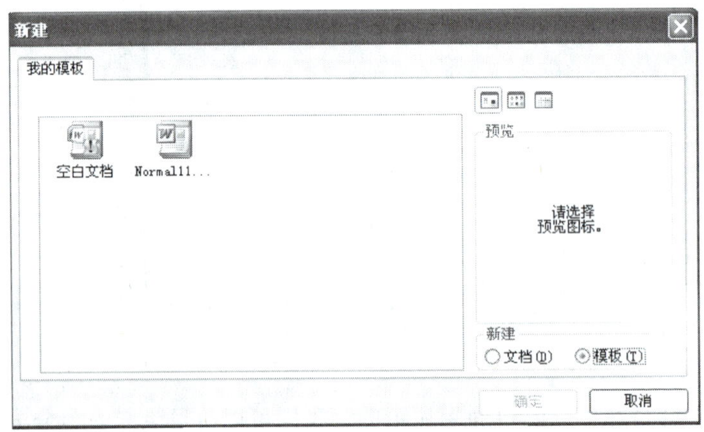

图 2-175 “新建”对话框

第四步：单击 确定 按钮，打开一个新的 Word 文档，在标题栏中显示的文档名为“模板 1”。

第五步：对模板进行页面设置及格式设置。

第六步：完成设置后单击快速访问工具栏上的，弹出“另存为“对话框，将文档保存在默认的位置，命名为“手册”，保存类型为“Word 模板”。这样“手册”模板就生成了。

当我们需要应用时，与新建模板的前三步相同，在打开的“新建”对话框中选择模板“手册”，选择新建栏中的 文档(D)，如图 2-176 所示，单击 确定 按钮，新建的文档就具有了“手册”模板中设置的页面格式。

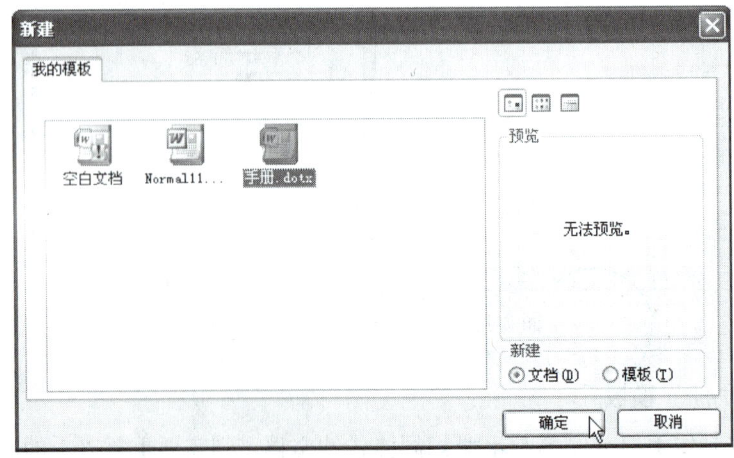

图 2-176 应用“手册”模板

拓展知识

Word 给我们提供了大量的公文文体及日常生活中用到或见到的各种文件模板，可以通过下面的步骤套用模板。

1）启动 Word 2007 程序，单击 Office 按钮，打开“Office”菜单。

2）单击菜单中的 新建(N) 按钮，打开新建菜单，在菜单左侧模板列表中选择模板类型，在打开模板类型列表中选择需要的模板（以套用“奖状”模板为例），如图 2-177 所示。

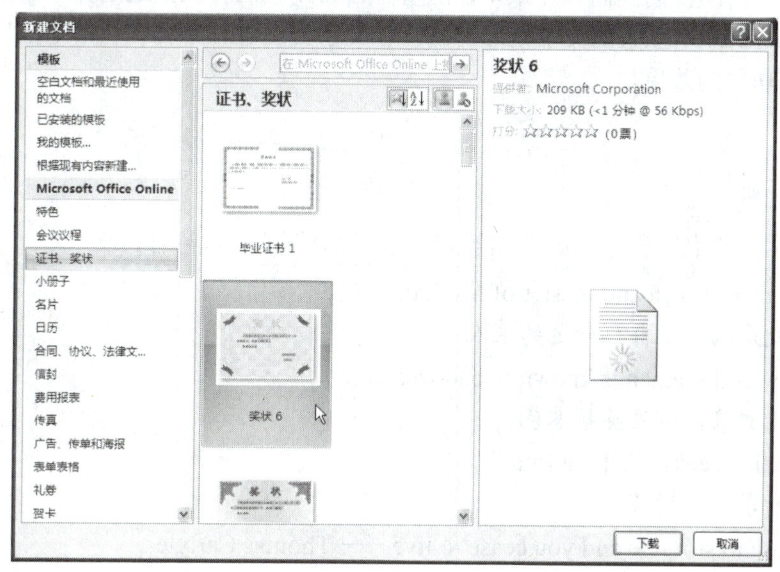

图 2-177　选择模板

3）单击 下载 按钮，稍等片刻，就新建了一个应用了选定模板的文档，如图 2-178 所示。

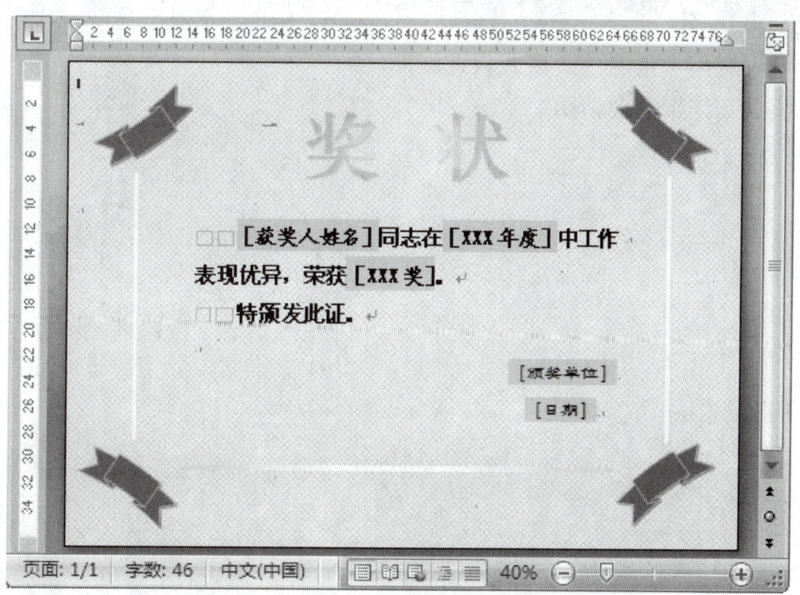

图 2-178　应用模板后的效果

➘ 试一试

练习应用 Word 提供的“贺卡”模板，制作一张中秋节贺卡。

任务小结

在这个求效率的时代，快速高效地完成任务是当务之急，Word 中样式、自动编制目录等许多功能可以帮助我们提高工作效率，随着办公自动化的普及，通过完成本任务，我们更多地了解了 Word 2007 强大的文字处理功能，在文字处理过程中合理巧妙地应用这些功能，可以达到事半功倍的效果。

任务巩固

1．打开文档“名言警名.docx”，给段落加上“🔔”的项目符号。

- 🔔 For man is man and master of his fate.
- 🔔 人就是人，是自己命运的主人。
- 🔔 The good seaman is known in bad weather.
- 🔔 惊涛骇浪，方显英雄本色。
- 🔔 Nothing seek，nothing find.
- 🔔 无所求则无所获。
- 🔔 Cease to struggle and you cease to live.—— Thomas Carlyle
- 🔔 生命不止，奋斗不息。——卡莱尔
- 🔔 He who seize the right moment， is the right man. —— Goethe
- 🔔 谁把握机遇，谁就心想事成。——歌德

2．利用模板制作一张名片，格式自选。

3．利用模板制作聚会邀请函。

第 3 章　Excel 2007 电子表格

Excel 是世界上应用最广泛的电子表格程序，是 Microsoft Office 套件的一部分，到目前为止，Excel 已逐渐成为世界范围内的标准。

Excel 的魅力在于它的通用性，优势是进行数值计算，对于非数值应用也是非常强大。Excel 主要用于数值处理、创建图形和图表、组织列表、访问其他数据、自动化复杂的任务等。

任务1　创建一个简单的“商品销售记录”——初识 Excel 2007

任务目标

通过输入“商品销售记录”数据，我们将初步认识 Excel 2007 的工作界面及特点，并掌握其基本的启动、退出，工作簿的打开、新建和关闭，以及单元格和单元格区域的选取、基本数值的输入等。

任务分析

本节主要任务是 Excel 2007 的基本操作、认识界面和输入“商品销售记录”数据。先掌握 Excel 2007 的基本操作、认识界面，然后学习选取单元格及单元格区域，输入相关项目和销售商品的数据（数值、文本、日期等不同的数据）。还有选择和输入数据的不同方法、技巧等。完成本节任务后掌握的知识或操作主要包括以下几方面。

1）Excel 2007 的基本操作和认识界面。

2）选择单元格和单元格区域的方法。

3）输入数据。

4）时间、日期等特殊数据的输入方法。

相关知识

1. 启动 Excel 2007

单击任务栏上的“开始”按钮，选择并单击“所有程序”→“Microsoft Office”→“Microsoft Office Excel 2007”，启动 Excel 2007 软件，显示工作界面，如图 3-1。

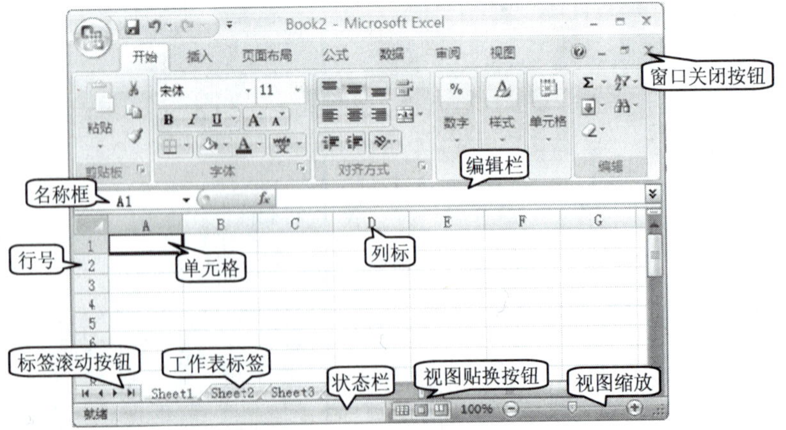

图 3-1　Excel 2007 界面

2．认识界面（见表 3-1）

表 3-1　Excel 2007 的窗口界面

序号	对象名称	说明
1	单元格	Excel 基本组成单位，当前操作的单元格称为活动单元格，以黑色矩形线框表示
2	行号	行的编号，共 1048576 行
3	列标	列的编号，依次用字母 A、B、……、XFD 表示，共 16384 列
4	名称框	通常显示活动单元格的地址，用“列标+行号”表示，如“C9”
5	编辑栏	用于输入或编辑工作表中的数据或公式，也可以显示当前编辑的数据和地址
6	工作表标签	显示工作表名称和选择工作表

拓展知识

工作簿、工作表和单元格

工作簿　一个工作簿就是一个 Excel 文件，文件名就是工作簿名，每个工作簿由一个或多个工作表组成。Excel 2007 的默认扩展名是“.xlsx”。

工作表　工作表是工作簿的组成部分，显示在工作簿窗口中的表格。Excel 默认一个工作簿有三个工作表，名称为 sheet1、sheet2 和 sheet3，当前工作表称为活动工作表。可以添加、删除、移动和重命名等。单击工作表标签即可选择该工作表成为活动工作表。

单元格　工作表中行、列交叉处的小矩形格子就是单元格，是储存数据的基本单位。每个单元格都有唯一的地址，一般由列字母和行号组合表示，如 A1、C3、AC203 等。

小百科

Excel 默认使用“A1 引用样式”表示单元格地址，还有一种就是“R1C1 引用样式”，用“R+行号数字+C+列号数字”，如“B3”可表示为“R3C2”。

3．新建 Excel 工作簿

正常启动 Excel 时，会自动创建一个名为“Book1.xlsx”的新工作簿。如果需要创建另外一个新工作簿可以使用下面的方法。

单击“Office”按钮→“新建”，打开“新建工作簿”对话框，选择“空工作簿”，单击“创建”按钮。按<Ctrl+N>键，可以快速创建一个新工作簿。

拓展知识

利用模板创建 Excel 工作簿

对于经常性的工作和团队协作的项目来说，使用统一的模板作为工作簿或工作表是一种方便快捷的方式，既可以节省设置工作表的时间，又可以统一风格和标准。方法如下：

单击“Office”按钮→“新建”，打开“新建工作簿”对话框→“已安装的模板”，从“已安装的模板”中选择一种，如“贷款分期付款”，单击“创建”按钮。还可以从“我的模板”、“根据现有内容新建”和“Microsoft Office Online”等创建。

实现步骤

制作“商品销售记录”

1. 选取单元格

在单元格内输入数据，首先要选取单元格，如图 3-2 所示。

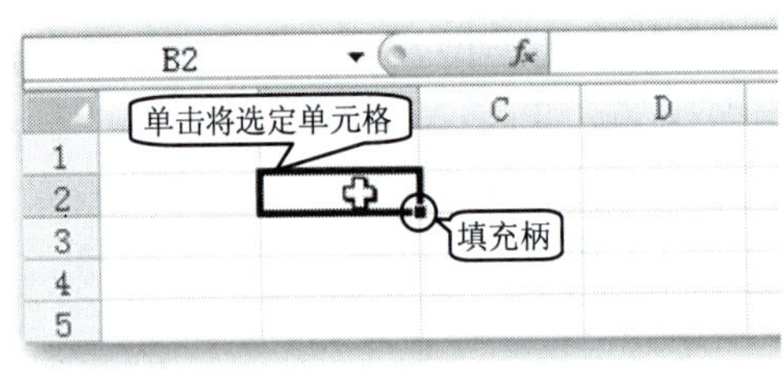

a）

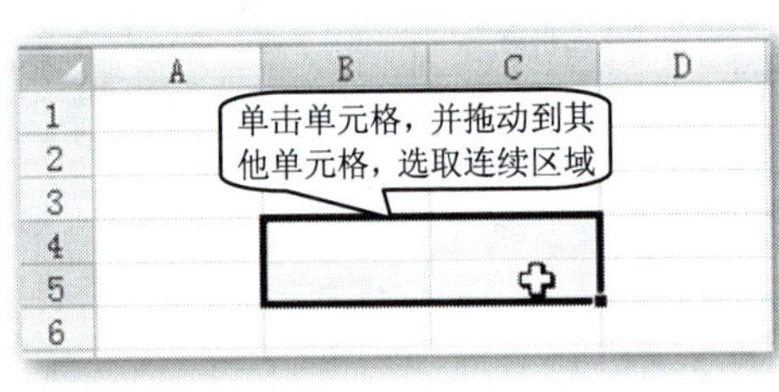

b）

图 3-2 选择单元格及其区域

a）选择一个单元格 b）选择一个单元格区域

拓展知识

改变活动单元格和选取单元格区域

在任何时间内，总有一个单元格是活动单元格，通过加黑的边框识别，“地址”出现在“名称框”中，使用鼠标和键盘都能改变活动单元格。活动单元格的行号和列标用不同的颜色表示，可轻松识别。

一组单元格叫一个单元格区域，用左上角单元格地址、右下角单元格地址、中间用冒号隔开表示，如“A1:B2、D4:G12、F1:F1048576、A6:XFD6”。

要对工作表中一个区域内的单元格进行操作，首先要选择该区域，熟练地操作单元格和单元格区域将节省很多时间和精力。下面列出了几种选择区域的方法。

1）按下鼠标左键并拖动，高亮显示区域。

2）选择一个单元格，按住<Shift>键，单击其他单元格。

3）选择一个单元格，按住<Shift>键，然后用方向键选择区域。

4）在“名称”框中输入单元格或区域的地址并按<Enter>键。

5）鼠标指向行号或列标题，当鼠标指针变为“➡”或“⬇”时单击，选择了整行或整列。

6）按<Ctrl+A>键或单击行和列边界的交叉区域选择所有单元格。

7）按下<Ctrl>键，单击或拖动鼠标可选择不连续的单元格区域。

2. 输入数据

单击选中要输入数据的单元格，使其成为活动单元格。直接输入数据，输入完成后，按<Enter>键或单击其他单元格，确认数据输入完成，如图 3-3 所示输入数据的操作示例，操作如下。

第一步：选择单元格，如 C4 单元格。

第二步：输入数据，如“台式机”。

第三步：按<Enter>键，确认输入数据。

C4 | 台式机

名称框显示当前单元格地址

编辑栏显示当前单元格数据

	A	B	C	D	E	F	G	H	I
1	编号	销售日期	商品	品牌	型号			额	销售人员
2	K001	2009-5-1	服务器	联想	万全 T400				何倩倩
3	K002	2009-5-1	服务器	IBM	System x3850 M2	38250	2		林海
4	K003	2009-5-1	台式机	联想	IdeaCentre K305	8650	24		张一帆
5	K004	2009-5-1	笔记本	ThinkPad	SL400(2743P9C)	5250	8		刘鹏
6	K005	2009-5-2	服务器	IBM	System x3850 M2	38250	4		林海
7	K006	2009-5-2	台式机	联想	家悦 E3600	4699	26		张一帆
8	K007	2009-5-2	笔记本	联想	联想Y450A-TSI(D)	4900	7		刘鹏

图 3-3　输入数据

拓展知识

数据类型

一个单元格可以包含任意 3 种基本数据类型之一，即数值、文本和公式。

数值　代表一些类型的数量，如销售数量（50 箱）、人数（8 人）、重量（16 千克）、成绩（87 分）等。数值也可以是日期（2009-6-12）或时间（下午 3:24）。

输入日期　日期只不过是一个数字。Excel 使用的是一个序列系统处理日期，能识别的最早日期是 1900 年 1 月 1 日，该日期的序号是 1。关系见表 3-2。

表 3-2　日期关系表

日　期	序　号
1900 年 1 月 1 日	1
1900 年 1 月 2 日	2
⋮	⋮
2009 年 5 月 1 日	39934

如果输入 2009 年 5 月 1 日，只需输入“2009 年 5 月 1 日”，也可以用分隔符“-”（短横线）或“/”（斜杠），如输入“2009-5-1”或“2009/5/1”。

输入时间　时间的输入规则比较简单，一般分为 12 小时制和 24 小时制两种。采用 12 小时制时，需要在输入时间时加入表示上午或下午的英文后缀“AM”或“PM”。例如输入“11:15:28 AM”，Excel 识别为上午 11 点 15 分 28 秒，“6:40:55 PM”识别为下午 6 点 40 分 55 秒。如果输入形式中不包含“AM”或“PM”，则默认为 24 小时制来识别时间。

试一试

1. 输入当前系统日期和时间的快捷键。

1）当前系统日期<Ctrl+; >键。

2）当前系统时间<Ctrl+Shift+; >键。

2. 如果我们输入“25:00:00”会怎样？

文本 通常是指一些非数值性的文字、符号等，例如学校和班级的名称、考试科目、姓名、性别等；除此之外，许多不代表数量的、不需要进行数值计算的数字也可作为文本显示，例如身份证号码、电话号码、产品代码等。Excel 将不能理解为数值和公式的数据都视为文本。

公式 是 Excel 中一种非常重要的数据，Excel 作为一种电子数据表格，它的许多强大的计算功能都是由公式来实现的。公式是对工作表中的数值执行计算的等式，以“=”开头。例如，下面的公式将计算“5+3*4”：

=5+3*4

公式由函数、引用、运算符或常量当中的多个组成，例如：

=2*PI()*A1。

3. 序列填充

商品序号是有规律的数据，即为序列。可以利用 Excel 的自动填充功能快速输入。序列可以是数值、日期和文本等，如星期、日期、月份、季度、天干、地支等。

用自动填充功能填充“商品序号”列的数据，比直接输入快许多，如图 3-4 所示。操作方法如下。

第一步：在 A2 单元格中输入“K001”。

第二步：鼠标指针移到 A2 单元格右下角“填充柄”处，指针变为“+”。

第三步：拖曳“填充柄”到 A17 单元格。

第四步：释放鼠标，序列填充单元格。

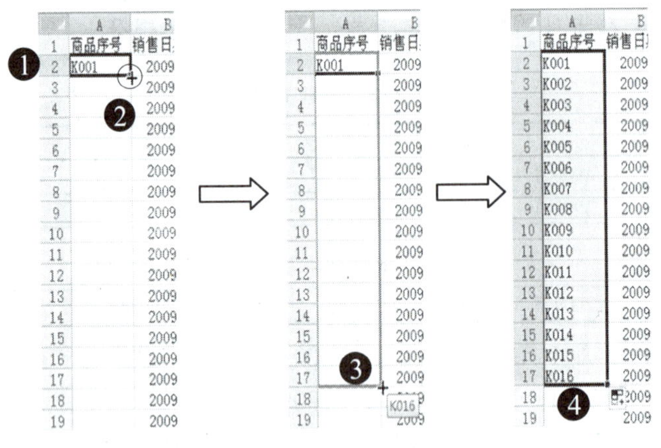

图 3-4 序列填充

4. 保存工作簿

输入完毕后为了防止数据丢失，需要进行保存，操作步骤如下：

第一步：单击“Office”按钮。

第二步：选择“保存”或“另存为”按钮。

第三步：从弹出的“另存为”对话框中“保存位置”处选择保存的位置。

第四步：在“文件名”中输入文件名“商品销售记录”。

第五步：单击“保存”按钮。

如图 3-5 所示，文件将保存在硬盘上。

图 3-5　保存文件

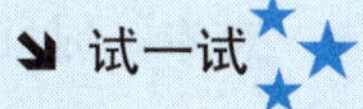

试一试

保存文件的其他操作方法：

① 单击“快速访问工具栏”中的“保存”按钮。

② 按快捷键<Ctrl+S>键或<Shift+F12>键。

5．**退出 Excel 2007**

单击 Excel 20007 窗口的“关闭”按钮，或单击“Office”按钮，从弹出的下拉菜单中单击“退出 Excel”按钮，都可以退出 Excel。

拓展知识

保存为 Excel 早期版本文件

在过去的几年中，Excel 的 XLS 文件格式已成为了行业标准。Excel 2007 仍旧支持该格式，但它现在使用新的基于 XML（可扩展标记语言）的默认文件格式（*.xlsx）。Excel 2007 为了实现兼容性，仍支持旧的文件格式，也可以将 Excel 2007 文档保存为旧的文件格式，如图 3-6 所示。操作如下。

第一步：单击“Office”按钮。

第二步：单击“另存为”右侧的箭头。

第三步： 选择文件格式。

第四步： 从弹出的“另存为”对话框中选择路径、输入文件名，单击“确定”按钮。

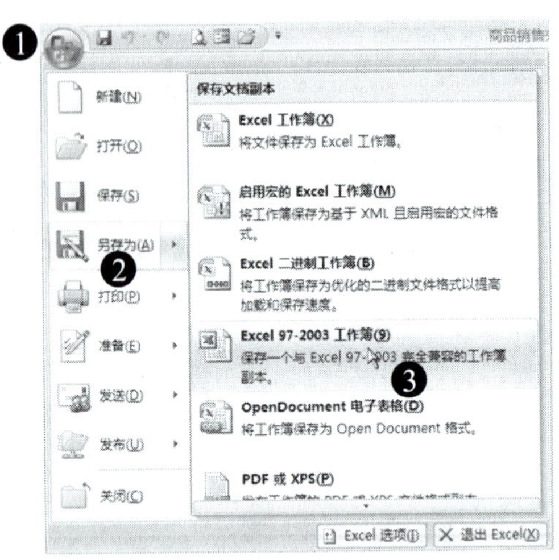

图 3-6　保存为旧的文件格式

任务小结

通过完成“商品销售记录”数据的输入，初步掌握了 Excel 2007 的基本操作、界面认识，学习了 Excel 2007 选择单元格及单元格区域，输入数据，包括数值、文本、时间和日期等。

任务巩固

1．体验不同的选取单元格区域的方法。

2．输入不同类型的数据，并通过填充柄填充数据，观察不同类型数据的显示。

3．了解模板的作用，并利用“贷款分期付款”模板创建“贷款分期付款偿还计划表”，并尝试输入数据。

4．利用 Excel 的帮助系统，学习如何自定义序列。

5．用 Excel 2007 制作一份“班级情况统计表”，图 3-7 是该表的一部分，操作步骤如下。

① 新建一个工作表。

② 保存工作簿名为“班级情况统计表”。

③ 按照图 3-7 所示，在 Sheet1 工作表中输入数据。先在 A1 单元格输入“班级情况统计表”，然后将该表的列标题：学号、专业、姓名、性别、出生日期、入学时间等输入。

④ 输入每一个学生的相关数据。

⑤ 在输入学号时用“填充柄”填充。

⑥ 在输入出生日期时，可能出现“#######”，这表明该单元格不能将日期全部显示，只需调整单元格的列宽即可。

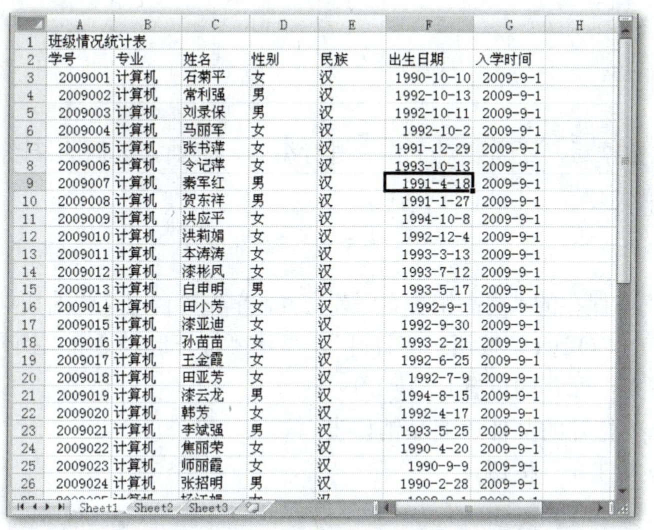

	A	B	C	D	E	F	G	H
1	班级情况统计表							
2	学号	专业	姓名	性别	民族	出生日期	入学时间	
3	2009001	计算机	石菊平	女	汉	1990-10-10	2009-9-1	
4	2009002	计算机	常利强	男	汉	1992-10-13	2009-9-1	
5	2009003	计算机	刘录保	男	汉	1992-10-11	2009-9-1	
6	2009004	计算机	马丽军	女	汉	1992-10-2	2009-9-1	
7	2009005	计算机	张书萍	女	汉	1991-12-29	2009-9-1	
8	2009006	计算机	令记萍	女	汉	1993-10-13	2009-9-1	
9	2009007	计算机	秦军红	男	汉	1991-4-18	2009-9-1	
10	2009008	计算机	贺东祥	男	汉	1991-1-27	2009-9-1	
11	2009009	计算机	洪应平	女	汉	1994-10-8	2009-9-1	
12	2009010	计算机	洪莉娟	女	汉	1992-12-4	2009-9-1	
13	2009011	计算机	本涛涛	女	汉	1993-3-13	2009-9-1	
14	2009012	计算机	漆彬凤	女	汉	1993-7-12	2009-9-1	
15	2009013	计算机	白申明	男	汉	1993-5-17	2009-9-1	
16	2009014	计算机	田小芳	女	汉	1992-9-1	2009-9-1	
17	2009015	计算机	漆亚迪	女	汉	1992-9-30	2009-9-1	
18	2009016	计算机	孙苗苗	女	汉	1993-2-21	2009-9-1	
19	2009017	计算机	王金霞	女	汉	1992-6-25	2009-9-1	
20	2009018	计算机	田亚芳	女	汉	1992-7-9	2009-9-1	
21	2009019	计算机	漆云龙	男	汉	1994-8-15	2009-9-1	
22	2009020	计算机	韩芳	女	汉	1992-4-17	2009-9-1	
23	2009021	计算机	李斌强	男	汉	1993-5-25	2009-9-1	
24	2009022	计算机	焦丽荣	女	汉	1990-4-20	2009-9-1	
25	2009023	计算机	师丽霞	女	汉	1990-9-9	2009-9-1	
26	2009024	计算机	张招明	男	汉	1990-2-28	2009-9-1	

图 3-7　班级情况统计表

任务 2　修改"商品销售记录"—— Excel 2007 的基本编辑

任务目标

在"商品销售记录"工作表中输入基本数据后，还需要对工作表进一步编辑修改。本节将掌握如下内容：

1）行、列的插入和删除。

2）调整行高和列宽。

3）单元格的复制、粘贴和移动。

4）工作簿的管理，有工作表的插入、删除、重命名、复制等。

任务分析

在本任务中通过下列操作来学习 Excel 的基本操作。

1）插入、删除行和列。

2）调整行高和列宽。

3）单元格的复制、粘贴和移动。

4）工作表的插入、删除、重命名、复制、隐藏和给工作表标签加颜色等。

相关知识

使用行和列：Excel 2007 工作表由行和列组成。每个工作表都包括 1 048 576 行和 16 384 列，这些值不能更改。行和列的操作有插入、删除、隐藏，还能改变列宽和行高等。

实现步骤

工作表中输入数据后，还需要对工作表进行编辑，例如，数据的修改、补充以及工作表的管理等。

1. 打开文件

打开“任务 1”中保存的“商品销售记录”文件。单击“自定义快速访问工具栏”中的“打开”按钮，或单击“Office”按钮→“打开”，显示“打开”对话框，操作如图 3-8 所示。

第一步：选择文件保存的位置。

第二步：选择要打开的文件“商品销售表”。

第三步：单击“打开”按钮。

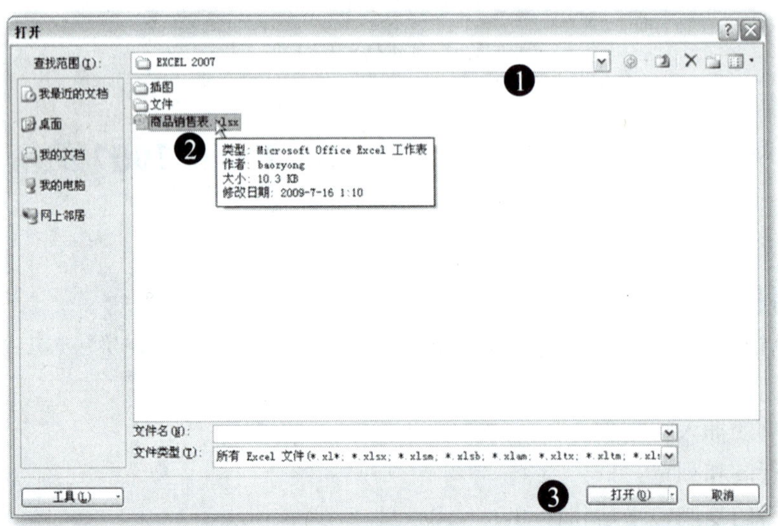

图 3-8 打开文档

> **小百科**
>
> 一般情况下，使用 Excel 早期版本不能打开用 Excel 2007 默认文件格式保存的工作簿。但是，Microsoft 已经为 Office 2003 和 Office XP 发布了免费的兼容包（兼容包可以在网上免费下载）。
>
> Office 2003 或 Office XP 安装了兼容包，就可以打开 Office 2007 默认保存的文件了。

2. 插入行、列

（1）插入行

为了制作“销售记录”工作表的标题“五月份前半月销售记录表”，需在第 1 行插入新行，操作如图 3-9 所示。

第一步：选择第 1 行的任意单元格，如 A1 单元格。

第二步：单击“开始”选项卡中“单元格”组中的“插入”按钮右侧的下拉箭头。

第三步：从下拉列表中选择“插入工作表行”。

第四步：插入了一空白行，并在 A1 单元格输入“五月份前半月销售记录表”。

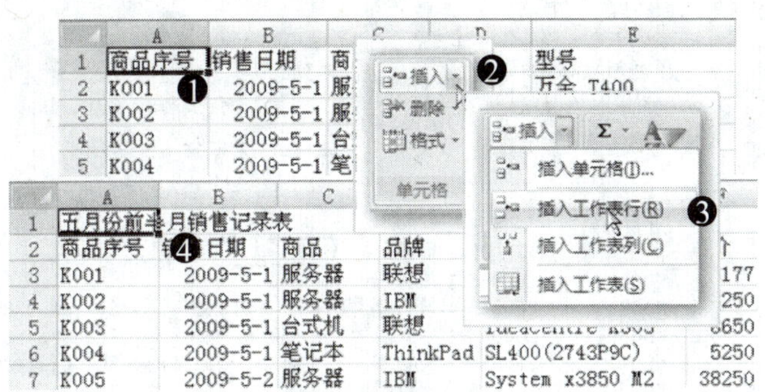

图 3-9　插入行

拓展知识

插入单元格

有时需要插入单元格，其操作如图 3-10 所示。

第一步：选择将要插入单元格的位置，如 C3 单元格。

第二步：单击“开始”选项卡“单元格”组中的“插入”按钮右侧的下拉箭头。

第三步：从下拉列表中选择“插入单元格”。

第四步：从弹出的“插入”对话框中选择“活动单元格下移”，并单击“确定”按钮。

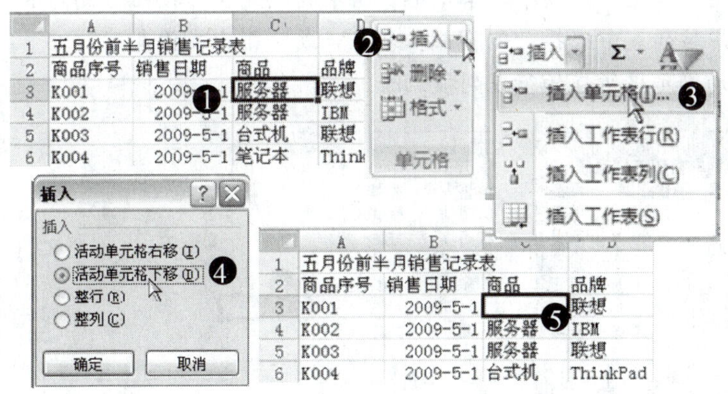

图 3-10　插入单元格

或者直接单击“插入”按钮，以“活动单元格下移”的默认方式插入单元格。

（2）插入列

在“商品”右侧插入一列，输入“销售人员”，操作如图 3-11 所示。

第一步：选择插入列右侧的任一单元格，如 D3 单元格。

第二步：单击“开始”选项卡“单元格”组中的“插入”按钮右侧的下拉箭头。

第三步：从下拉列表中选择“插入工作表列”。

第四步：在 D 列前插入一新列（原先 D 列及其右侧的列向右侧移动），并输入数据。

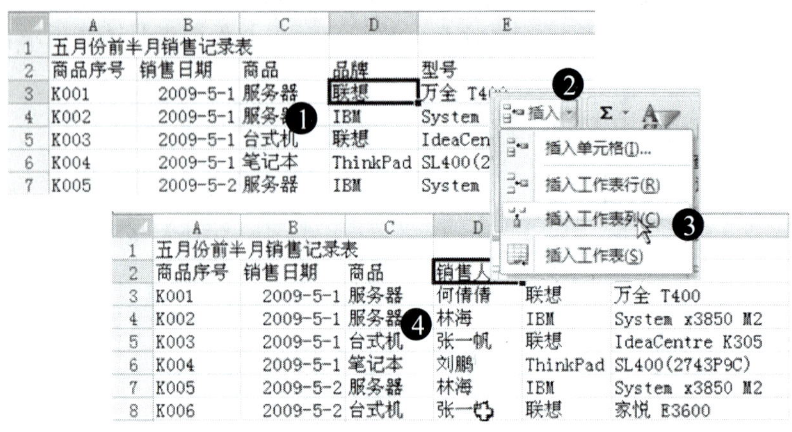

图 3-11　插入列

删除行、列

有时需要删除一些没有用的行或列，如图 3-12 所示的步骤，将删除活动单元格所在的行和列。

第一步：选择要删除的行或列中的任一单元格，如 F7。

第二步：单击“开始”选项卡“单元格”组中的“删除”按钮右侧的下拉箭头。

第三步：从下拉列表中选择“删除工作表行”或“删除工作表列”。

第四步：活动单元格所在的行或列被删除。

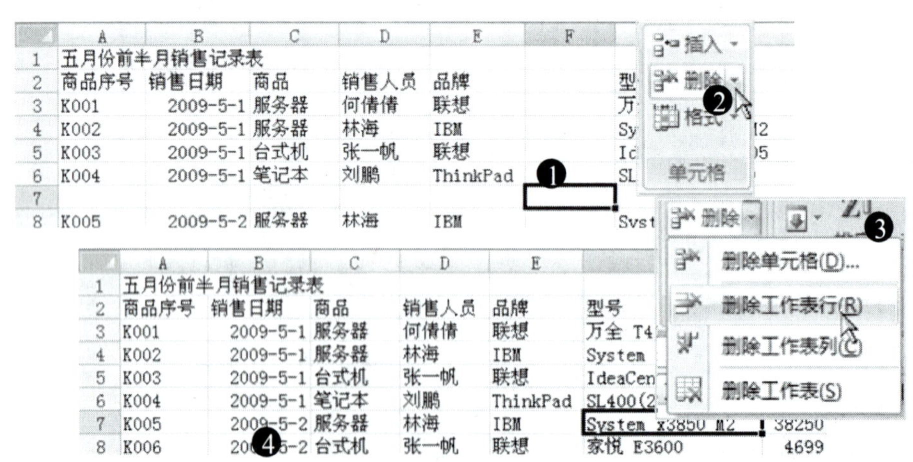

图 3-12　删除行和列

删除单元格

右键单击单元格，从弹出的快捷菜单中单击“删除”，或单击“单元格”组中的“删除单元格”按钮，都会弹出“删除”对话框，如图 3-13 所示。选择不同的删除单元格的操作，有不同的效果。

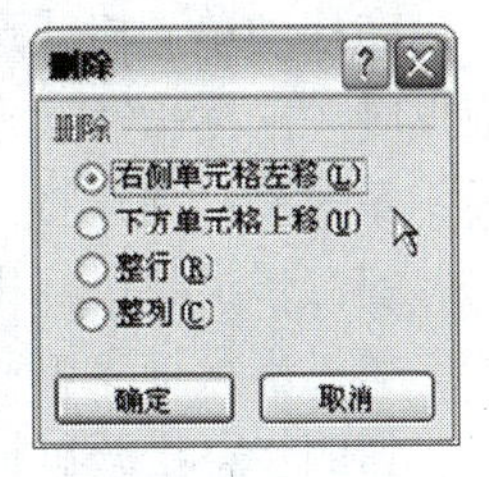

图 3-13 “删除”对话框

3. 复制、粘贴和移动单元格

（1）复制

将工作表中 A2:I2 单元格区域复制到 A40:I40 单元格区域，操作如图 3-14 所示。

第一步：选择复制的单元格区域，如 A2:I2 单元格区域。

第二步：单击“开始”选项卡“剪贴板”组中的“复制”按钮。

第三步：选择粘贴区域的左上角单元格，如 A40。

第四步：单击“开始”选项卡“剪贴板”组中的“粘贴”按钮。

A2:I2 单元格区域的数据及格式复制到 A40:I40 单元格区域内。

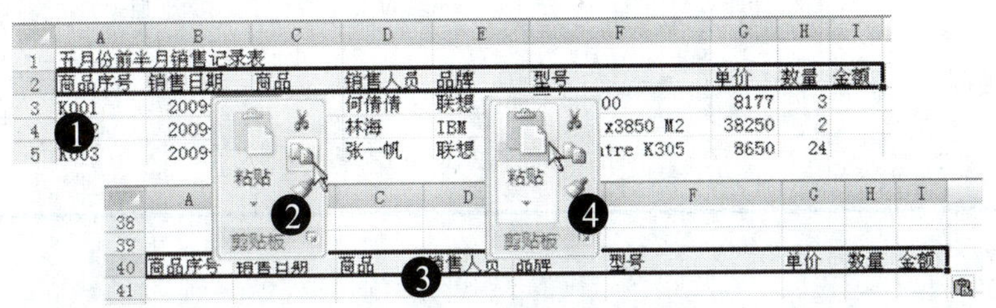

图 3-14 复制、粘贴单元格

试一试

1. 复制、剪贴和粘贴是编辑工作表时常用的几个操作，Excel 提供了相应的快捷键。

➢ Ctrl+C：把所选单元格复制到 Windows 和 Office 剪贴板。

➢ Ctrl+X：把所选单元格剪切到 Windows 和 Office 剪贴板。

➢ Ctrl+V：把 Windows 剪贴板中的内容粘贴到所选单元格或单元格区域内。

2. 在目标单元格或单元格区域上单击鼠标右键，从弹出的快捷菜单中也可以选择复制、剪切和粘贴等命令。

3. 复制到相邻的单元格或单元格区域，还可以使用“填充”。单击“开始”→“编辑”→“填充”→“向下”、“向右”、“向上”和“向左”。

➢ “向下”：在活动单元格或选定区域中填充其上面的数据（Ctrl+D）。

➢ “向右”：在活动单元格或选定区域中填充其左侧的数据（Ctrl+R）。

➢ “向上”：在活动单元格或选定区域中填充其下面的数据。

➢ “向左”：在活动单元格或选定区域中填充其右侧的数据。

（2）移动

移动是将单元格或选定区域移动到新的位置，原单元格或选定区域为空白单元格。移动和复制单元格分为插入和覆盖两种方式。插入方式移动或复制单元格后，目标单元格右移或下移，覆盖方式移动或复制单元格后，目标单元格被覆盖。

在移动单元格或选定区域时，常用鼠标拖动的方法，操作如图 3-15 所示。按住<Ctrl>键拖曳时（鼠标指针变大，右上角带有一个小加号），就是复制单元格或选定区域。

第一步：选择将要移动的单元格或选定区域。

第二步：将鼠标指针移到单元格或选定区域边框处，指针变为✥。

第三步：拖曳单元格或选定区域到目标位置。

第四步：松开鼠标左键，如果目标单元格非空，则弹出提示窗口，单击“确定”按钮将覆盖原内容。

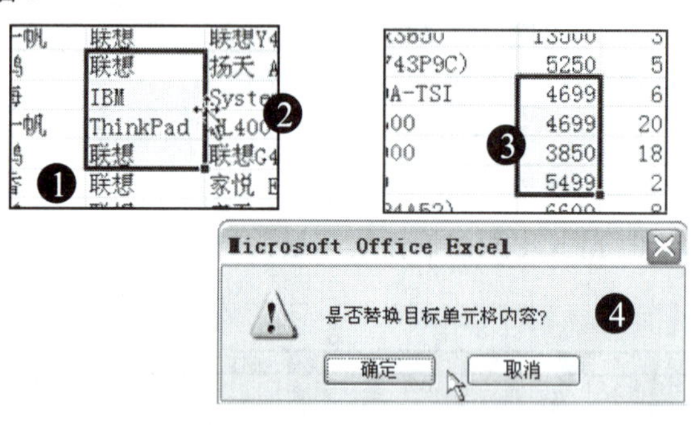

图 3-15　移动单元格

小百科

移动单元格还可以用“剪切”和“粘贴”的方法。即使目标单元格非空，也不会出现“替换目标单元格”对话框的情况，而是直接覆盖。

用插入的方式复制或移动单元格或选定区域。先复制或剪切单元格或选定区域，而后在目标单元格或区域左上角的单元格上单击鼠标右键，从弹出的快捷菜单中选择“插入复制的单元格”或“插入剪切的单元格”，也可以单击“开始”选项卡上“单元格”组中的“插入复制的单元格”或“插入剪切的单元格”按钮（按钮根据操作的不同而变化），从弹出的“插入粘贴”对话框中选择活动单元格右移或下移。

拓展知识

Office 剪贴板

在 Windows 中剪切或复制信息时，Windows 都会把这些信息保存到“Windows 剪贴板”中。每次剪切或复制信息时，Windows 将原先储存在“剪贴板”上的信息替换为剪切或复制的新信息。

而 Office 有它自己的剪贴板“Office 剪贴板”，它只能在 Office 应用程序中使用。无论何时，在 Office 程序中（如 Excel）剪切或复制的信息，程序都会把信息同时放在“Windows 剪贴板”和“Office 剪贴板”中。不同的是当程序把信息附加在“Office 剪贴板”里时，并不是替代其中的信息，而是在其中保存了多个信息条目，可以对信息条目进行选择粘贴。

单击“开始”→“剪贴板”组右下角的对话框启动器，开启或关闭“Office 剪贴板”任务窗格，如图 3-16 所示。

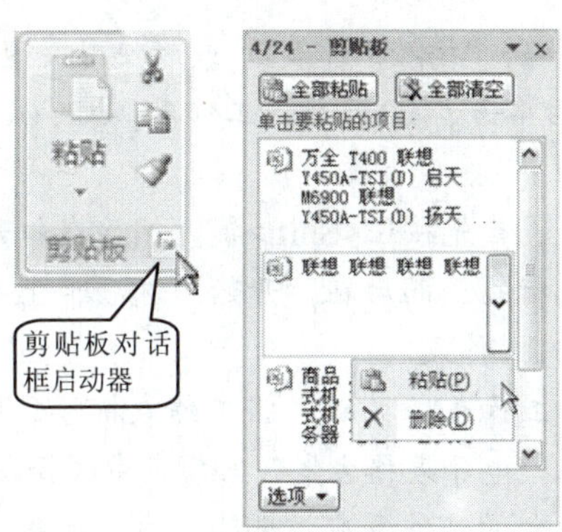

图 3-16　打开剪贴板

在 Excel 中，当复制或剪切一个单元格或区域时，用活动边框（有时称为“蚁行线”）把复制或剪切区域包围。只要边框保持活动状态，复制的信息就可用于粘贴。按<Esc>键或执行一次其他的操作，就会取消活动边框，复制的信息则会从“Windows 剪贴板”中移除。但在“Office 剪贴板”开启的情况下，信息会保存在“Office 剪贴板”中，但不能粘贴，只能用鼠标选择的方式粘贴。

“Office 剪贴板”最多可保存 24 个项目。要粘贴单个项目时，首先选择要粘贴信息的单元格，然后在“Office 剪贴板”的任务窗格中单击信息。要粘贴已复制项的所有项目，单击“全部粘贴”按钮。要清空“Office 剪贴板”里的所有内容，单击“全部清空”按钮。单击信息右侧的下拉按钮，选择“删除”按钮，将删除该信息。

4．工作簿管理

（1）插入工作表

工作簿一般包含三个工作表，经常需要用到更多的工作表。在“商品销售记录”工作簿中插入一个工作表，操作如图 3-17 所示。

第一步：将鼠标指针指向工作表标签右侧的“插入工作表”按钮。

第二步：单击“插入工作表”按钮。在现有工作表的末尾快速插入了“Sheet4”工作表。

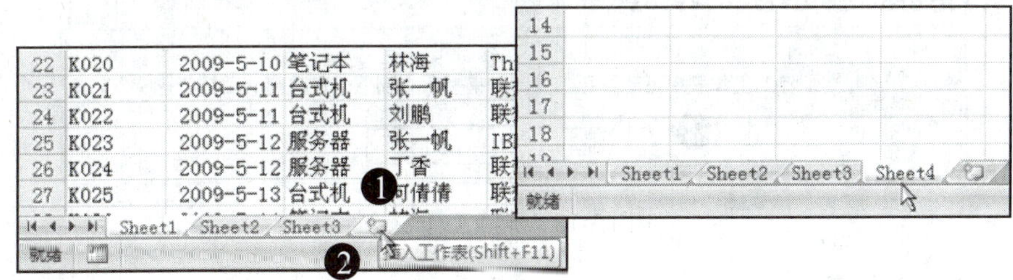

图 3-17　插入工作表

拓展知识

插入工作表的其他方法

若要在现有工作表之前插入新工作表，请选择该工作表，在“开始”选项卡“单元格”组中，单击“插入”按钮，然后单击“插入工作表”，或者使用快捷键<Shift+F11>插入工作表，或者右键单击工作表的标签，然后单击“插入”插入工作表，也可以在“常用”选项卡上，单击“工作表”，然后单击“确定”按钮。

要一次性插入多个工作表，首先按住<Shift>键，然后在打开的工作簿中选择与要插入的工作表数目相同的现有工作表标签。而后在“开始”选项卡上的“单元格”组中，单击“插入”，从下拉菜单中单击“插入工作表”。

插入基于自定义模板的新工作表，右键单击工作表标签，从弹出的快捷菜单中单击“插入”，打开“插入”对话框，在“电子表格方案”选项卡中选择所需的工作表类型的模板即可。

删除工作表，工作簿中多余的工作表应该删除，方便管理。操作如图 3-18 所示。

第一步：选择要删除的工作表。

第二步：单击“开始”选项卡→“单元格”组→“删除”按钮右侧下拉按钮。

第三步：从弹出的下拉菜单中单击“删除工作表”。

第四步：从弹出的对话框中单击“删除”按钮，该工作表即被删除。

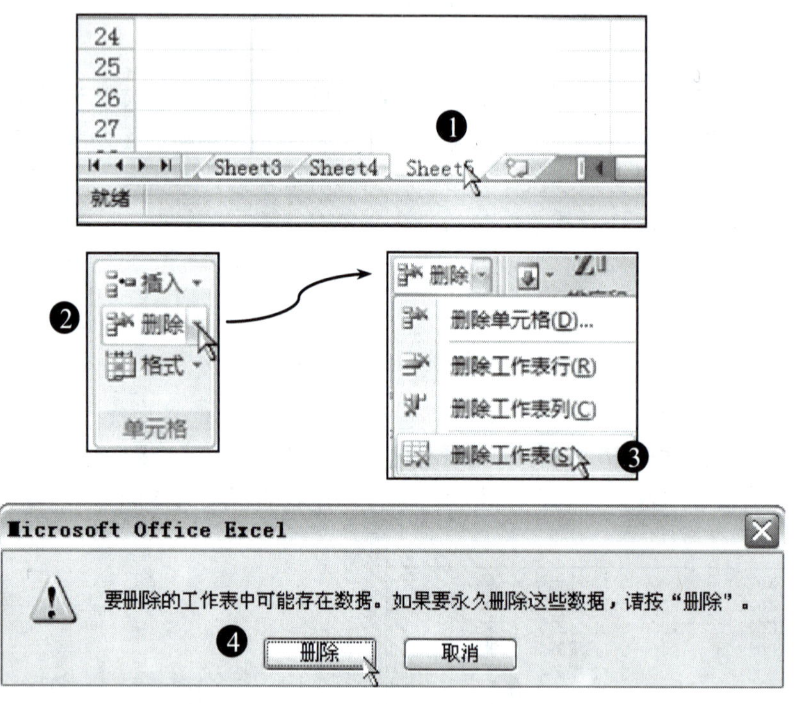

图 3-18　删除工作表

（2）重命名工作表

为了便于管理，应该将工作表标签用相关的名称命名。将“商品销售记录”的“Sheet1”工作表重命名为“销售清单”，操作如图 3-19 所示。

小百科

删除工作表还可以右键单击要删除的工作表的工作表标签，然后单击“删除”。删除多个工作表时，只需选择多个工作表，然后删除。

第一步：在工作表标签“Sheet”上单击鼠标右键。

第二步：从弹出的快捷菜单上单击“重命名”。

第三步：工作表标签反色显示，即为选中状态。

第四步：输入新的工作表名称“销售清单”。

第五步：按<Enter>键或在工作窗口任意位置单击，工作表即被重命名。

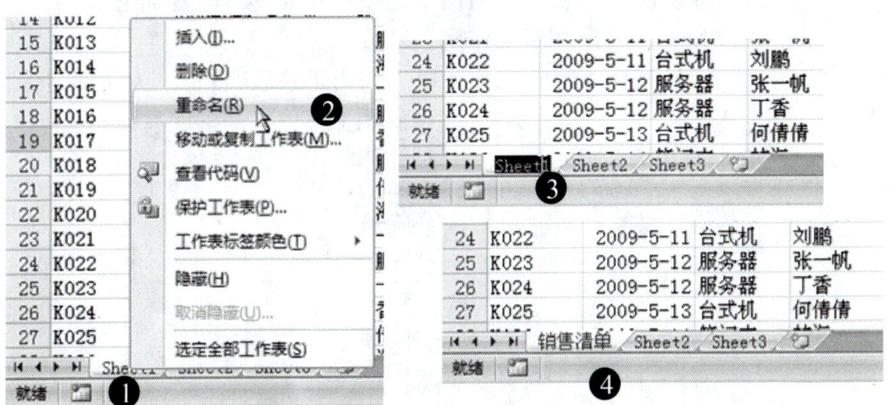

图 3-19 重命名工作表

> **试一试**
>
> 在“开始”选项卡上的“单元格”组中，单击“格式”，然后单击“重命名工作表”，或者双击工作表标签，也可以重命名工作表。
>
> 工作表名称最多可以有 31 个字符，允许有空格，但不允许有冒号（:）、斜杠（/）、反斜杠（\）、问号（?）、星号（*）。较长的名称会导致标签较宽。

（3）复制工作表

在管理工作表时，经常需要复制或移动某张工作表到其他位置，例如，将“销售清单”工作表复制在同一个工作簿中，操作如图 3-20 所示。

第一步：选择“销售清单”工作表。

第二步：按住<Ctrl>键拖曳工作表标签（光标发生了变化）。

第三步：拖曳到目标位置后松开鼠标，该工作表即被复制。

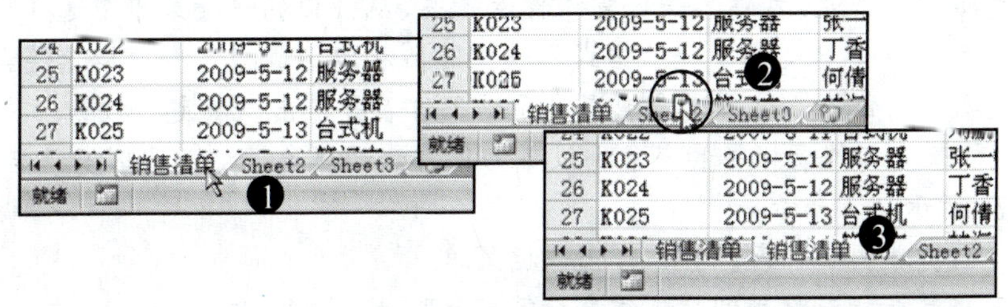

图 3-20 复制工作表

为了防止发生意外，应该将重要数据备份。将“销售清单”工作表复制到“销售记录表_备份”工作簿中，操作如图 3-21 所示。

小百科

不按<Ctrl>键的拖曳是移动工作表。

第一步：在“销售清单”工作表标签上单击鼠标右键。
第二步：从弹出的快捷菜单中单击“移动或复制工作表”。
第三步：在“移动或复制工作表”对话框中选择“建立副本”复选框。
第四步：单击下拉列表，选择“新工作簿”。
第五步：单击“确定”按钮，将新工作簿以“销售记录表_备份”为文件名保存。

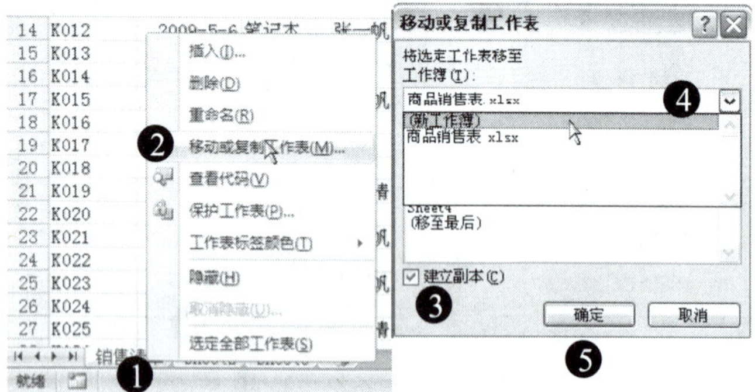

图 3-21　工作表复制到新工作簿

试一试

如果未选中“建立副本”复选框，则为移动工作表。

除了在工作表标签上单击鼠标右键，还可以在“开始”选项卡上的“单元格”组中，单击“格式”，然后单击“复制或移动工作表”，启动该命令。

拓展知识

隐藏工作表

在某些情况下，可能希望隐藏一个或多个工作表（至少有一张工作表必须保持可见）。只需在工作表标签上单击鼠标右键，从弹出的快捷菜单中选择“隐藏”，或者选择“开始”→“单元格”→“格式”→“隐藏和取消隐藏”→“隐藏工作表”，选中的工作表被隐藏。

要显示隐藏的工作表，右键单击任意工作表标签，从弹出的快捷菜单中选择“取消隐藏”，或者选择“开始”→“单元格”→“格式”→“隐藏和取消隐藏”→“取消隐藏工作表”，打开“取消隐藏”对话框，选择需要重新显示的工作表并单击“确定”按钮。

Excel 允许改变工作表标签的颜色，设置为你喜欢的颜色，从而更容易地标识工作表。操作如图 3-22 所示。

第一步：右键单击工作表标签，弹出快捷菜单。
第二步：将鼠标指针移动到“工作表标签颜色”处。
第三步：从弹出的菜单中选择一种颜色即可。

或者选择“开始”→“单元格”→“格式”→“工作表标签颜色”，选择一种颜色，也能改变工作表标签颜色。

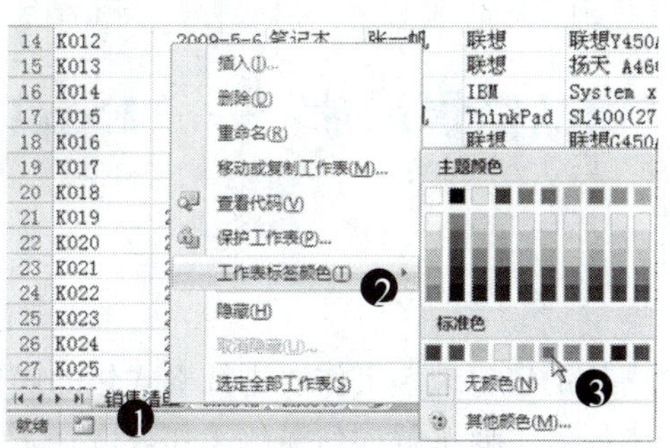

图 3-22　改变工作表标签的颜色

任务小结

通过本任务修改“商品销售记录”，学习了插入和删除行、列以及单元格的操作，复制和移动单元格的方法。还学习了管理工作表、插入、删除、重命名、复制等相关知识和操作。

任务巩固

1．如何一次插入或删除多行、多列。

2．如何复制单元格、行、列和工作表。

3．打开任务 1 保存的“班级情况统计表”，完善“班级情况统计表”，并利用该表制作本班的“班级成绩表”，设计制作要求如下。

1）在“出生日期”前插入一列，并输入列标题“政治面貌”和学生的政治面貌，并保存文件。

2）将“班级情况统计表”另存为“班级成绩表”。

3）清除第 1 行和第 E～H 列中的数据，在 A1 单元格输入“班级成绩表”。

4）在第 3 行插入一空行，输入如图 3-23 所示的列标题。

5）在“平时”列中输入平时成绩，在“期末”列中输入期末成绩。

6）工作表重命名为“班级成绩表”。

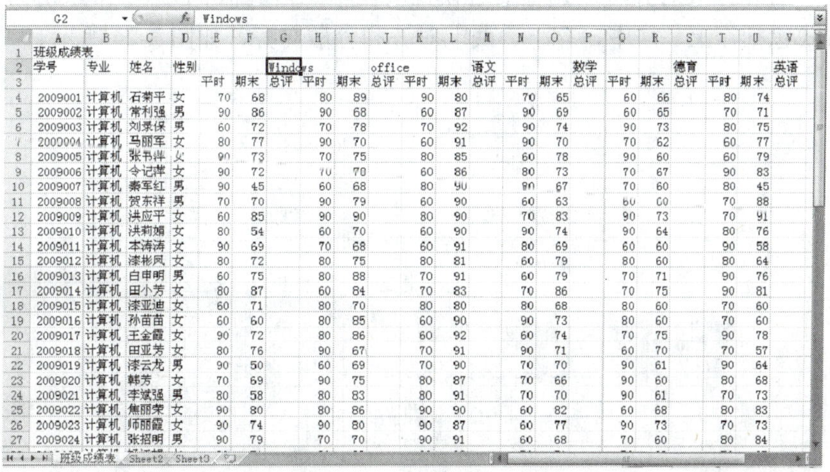

G2　Windows

	A	B	C	D	E	F	G	H	I	J	K	L	M	N	O	P	Q	R	S	T	U	V
1	班级成绩表																					
2	学号	专业	姓名	性别			Windows			office			语文			数学			德育			英语
3					平时	期末	总评	平时	期末	总评	平时	期末	总评	平时	期末	总评	平时	期末	总评	平时	期末	总评
4	2009001	计算机	石菊平	女	70	68		80	89		90	80		70	65		60	66		80	74	
5	2009002	计算机	常利强	男	90	86		90	68		60	87		90	69		60	65		70	71	
6	2009003	计算机	刘景保	男	60	72		70	78		70	92		90	74		90	73		80	75	
7	2009004	计算机	马丽军	女	80	77		90	70		60	91		90	70		70	62		60	77	
8	2009005	计算机	张书洋	女	90	73		70	75		80	85		60	78		90	60		60	79	
9	2009006	计算机	令记洋	女	90	72		70	70		60	86		80	73		70	67		90	83	
10	2009007	计算机	秦军红	男	90	45		60	68		80	90		80	67		70	60		80	45	
11	2009008	计算机	贺东祥	男	70	70		90	79		60	90		60	63		60	60		70	88	
12	2009009	计算机	洪应平	女	60	85		90	90		80	90		70	83		90	73		70	91	
13	2009010	计算机	洪莉娟	女	80	54		60	70		60	90		90	74		90	64		80	76	
14	2009011	计算机	本涛涛	女	90	69		70	68		60	91		80	69		60	60		90	58	
15	2009012	计算机	漆彬凤	女	80	72		80	75		80	81		60	79		80	60		80	64	
16	2009013	计算机	白申明	男	60	75		80	88		70	91		60	79		70	71		90	76	
17	2009014	计算机	田小芳	女	80	87		60	84		70	83		70	86		70	75		90	81	
18	2009015	计算机	漆亚迪	女	60	71		80	70		80	80		80	68		80	60		70	60	
19	2009016	计算机	孙苗苗	女	60	60		80	85		60	90		90	73		80	60		70	60	
20	2009017	计算机	王金霞	女	90	72		80	86		60	92		60	74		70	75		90	78	
21	2009018	计算机	田亚芳	女	80	76		90	67		70	91		90	71		60	70		70	57	
22	2009019	计算机	漆云龙	男	90	50		60	69		70	90		70	70		90	61		90	64	
23	2009020	计算机	韩芳	女	70	69		90	75		80	87		70	66		90	60		80	68	
24	2009021	计算机	李斌强	男	80	58		80	83		80	91		70	70		90	61		70	73	
25	2009022	计算机	焦丽荣	女	90	80		80	86		90	90		60	82		60	68		80	83	
26	2009023	计算机	师丽霞	女	90	74		90	80		90	87		60	77		90	73		70	73	
27	2009024	计算机	张招明	男	90	79		70	70		90	91		60	68		70	60		80	84	

班级成绩表　Sheet2　Sheet3

图 3-23　班级成绩表

任务 3　美化“商品销售记录”—— Excel 2007 格式化

任务目标

在本任务中我们将对“商品销售记录”工作表进行格式化的操作，有对齐方式、数字格式、边框以及主题的应用。本任务主要讲解如何美化工作表，让 Excel 中的数据变得简单、明了、易读，从而更加专业化。

任务分析

本节主要任务是格式化“商品销售记录”工作簿。先调整行高和列宽，格式化单元格，如字体、字号、字形、颜色，还有数字格式化，然后合并单元格、设置单元格边框，并应用单元格样式和主题快速格式化工作表，涉及到的知识或操作如下。

1）调整行高和列宽。

2）数据格式化。

3）单元格合并、颜色设置等。

4）应用单元格样式和主题。

相关知识

1. 对齐方式

在 Excel 中，单元格中的内容可以水平和垂直方向对齐。默认情况下，在 Excel 水平方向，数字向右对齐而文本向左对齐，而垂直方向居中对齐。

水平对齐方式包括常规、靠左、居中、靠右、填充、两端对齐、跨列居中和分散对齐。其中靠左、靠右和分散对齐可以调整缩进设置（在单元格边框和文本之间添加空白部分）。垂直对齐方式包括靠上、居中、靠下、两端对齐和分散对齐，如图 3-24 所示。

水平对齐
（垂直对齐为居中）

常规	靠左（缩进1）	居中
靠右	填充填充填充填充	
跨列居中		
两端对齐，两端对齐，两端对齐	分　散　对　齐（缩进0）	
	分　散　对　齐	（两端分散对齐）

垂直对齐
（水平对齐为常规）

靠上
居中
靠下
两端对齐，两端对齐，两端对齐，两端对齐
分散对齐，分散对齐，分散对齐，分散对齐

图 3-24　对齐方式

2．**文本控制**

“文本控制”栏包括以下项目：

1）自动换行。在单元格中输入的数据超出单元格宽度时自动换行。

2）缩小字体填充。单元格宽度不变，将字体缩小填充进单元格，使其全部显示。

3）合并单元格。将单元格区域合并为一个单元格，其单元格地址为左上角单元格地址。

如图 3-25 所示显示的不同效果。

默认情况下超出单元格

这就是“自动换行”

这是“缩小字体填充”

合并单元格

图 3-25　文本控制

3．**文字方向**

在 Excel 中可以改变单元格内文字的方向。效果如图 3-26 和图 3-27 所示。

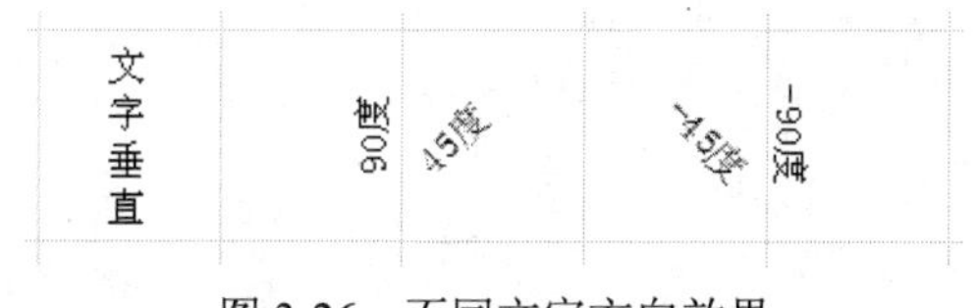

图 3-26　不同文字方向效果

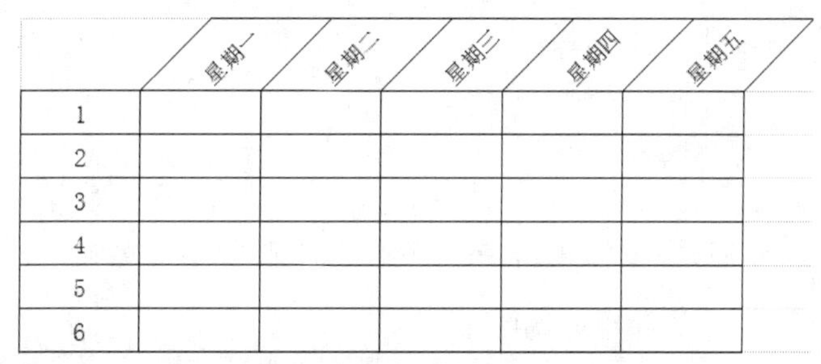

图 3-27　简单课程表（设置了边框）

4．**数字格式按钮**

数字格式指的是改变包含在单元格中的数值外观。Excel 提供了非常广泛的格式选项，能够快速改变工作表的外观。通常，输入单元格中的数值是未格式化的，换句话说，它们仅仅是由一串数字组成，因此需要对数字进行格式化，这样更便于阅读等。

Excel 非常智能化，能够自动执行某些格式化。例如，如果在单元格中输入 15.6%，Excel 就知道用户想使用百分比格式，并自动应用此格式。如果用户用逗号分隔千位（如 123,456），Excel 会应用千位分隔样式。如果在数值前面加上“￥”，单元格将被格式化为货币格式。

功能区中“开始”选项卡“数字”组中的“数字格式”按钮使用说明见表 3-3。

表 3-3　“数字格式”按钮使用

按　钮	名　称	原显示样式	格式化后的效果
	会计数字格式	1234.5	￥1,234.50
%	百分比样式	0.18	18%
,	千位分隔符样式	1234.5	1,234.50
	增加小数位数	25.3	25.30
	减少小数位数	2.53	2.5

5．数字格式

大多数情况下，数字格式可以从“开始”选项卡的“数字”组进行访问。然而，有时需要对数值显示进行更多的控制。Excel 利用“设置单元格格式”对话框提供了有关数字格式的设置。对于数字格式的设置，需要使用“数字”选项卡。单击“开始”选项卡“数字”组中的对话框启动器，打开“设置单元格格式”对话框，如图 3-28 所示。

图 3-28 “设置单元格格式”对话框中的“数字”选项卡

表 3-4 是数字格式的分类和用途说明。

表 3-4 数字格式的分类和用途说明

分　类	用　途
常规	默认格式，没有任何特定的数字格式
数值	用于一般数字表示，可以设置小数位数、是否使用逗号分隔千位，以及如何显示负数（用负号、红色、括号或者同时使用红色和括号）
货币	用于一般货币数值，可以设置小数位数、选择货币符号，以及显示负数，如￥-20.5
会计专用	可对一列数值进行货币符号和小数点对齐、设置
日期	设置各种日期的表示方法，如“2009-8-25”，显示为“2009 年 8 月 25 日”
时间	设置各种时间的表示方法，如上午 10 点 20 分，显示为“10:20:00”
百分比	将单元格中的数值乘以 100，并以百分数形式显示，如 0.2 显示为“20.00%”
分数	可以从 9 种分数格式中选择一种分数格式，如 0.4 显示为“2/5”
科学记数	将数值以科学记数的形式显示，如“24515200”显示为“2.45E+07”
文本	将数值以文本的格式处理
特殊	包括邮政编码、中文小写数字和中文大写数字，如 123 可以设置为“壹佰贰拾叁”
自定义	可以自定义前面没有包括的数字格式

6．边框

在单元格周围可以设置不同的边框改变视觉效果。边框通常用于组成一个有相同单元格的区域或绘制行或列。Excel 预置了 13 种边框样式，如图 3-29 所示的“开始”选项卡“字体”组中“边框”的下拉列表。

绘制边框而不是选择一种边框样式，可使用“开始”选项卡“字体”组中“边框”的下拉列表上的“绘图边框”或“绘图边框网格”命令。选择其中一个命令就可以拖曳鼠标来创建边框。使用“线条颜色”或“线型”可更改颜色和样式。当完成绘制边框后，按<Esc>键取消边框绘制模式。

另一种应用边框的方式是使用“设置单元格格式”对话框中的“边框”选项卡，可以设置更多的单元格边框，如图 3-30 所示。显示该对话框的另一个方法是从“边框”下拉列表中选择“其他边框”。

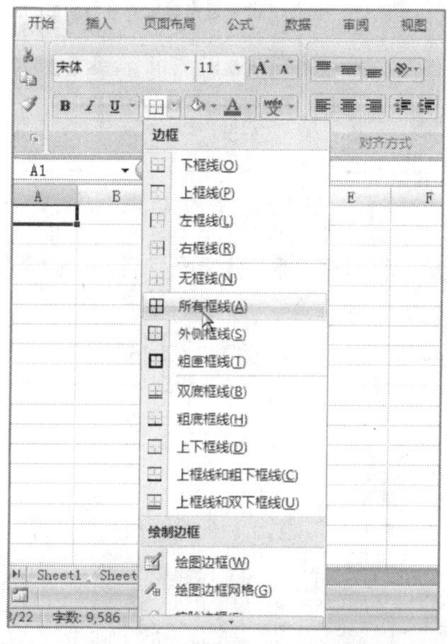

图 3-29　使用“边框”下拉列表添加边框

图 3-30　“设置单元格格式”窗口的“边框”选项卡

7. 填充

通过给表格添加边框和设置单元格中内容的格式，使数据表格规范整齐。此外，还可以给表格添加背景颜色和图案，以区分数据。单击“开始”选项卡中“字体”组中的“填充颜色”按钮，如图 3-31 所示。

还可以按<Ctrl+1>快捷键打开“设置单元格格式”对话框，选择“填充”选项卡，设置更多的背景色和图案，如图 3-32 所示。

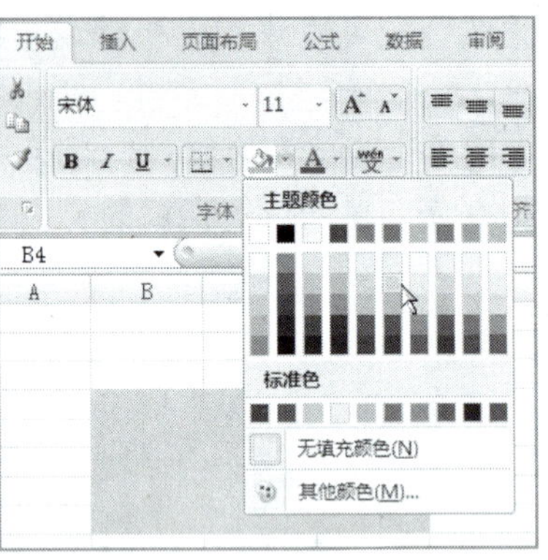

图 3-31　颜色填充

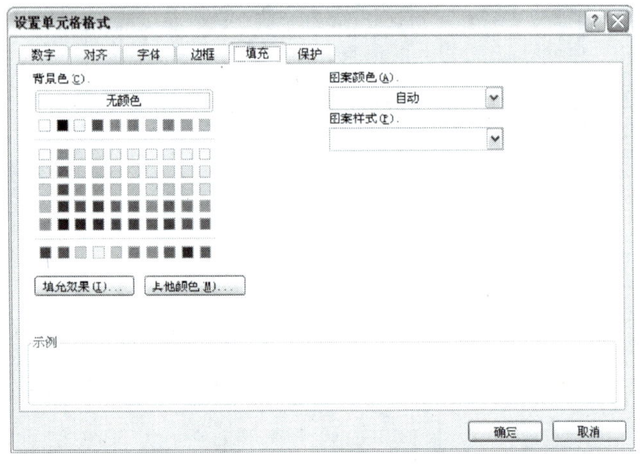

图 3-32　“设置单元格格式”窗口的“填充”选项卡

8．样式和主题

Office 2007 的“文档主题”能创建更专业的文档外观。其主题有指定的颜色、字体和文档中的各种图形效果，最重要的是能非常轻松地改变整个文档的外观。只要鼠标单击“页面设置”选项卡“主题”工作组中的“主题”按钮，从弹出的列表中选择一种主题，就可改变工作簿的外观。

实现步骤

1．调整行高和列宽

在制作工作表的过程中，经常出现行高和列宽不适合，影响单元格的显示，因此，需要调整行高和列宽。

（1）简单调整行高和列宽

简单调整工作表中的行高和列宽，操作如图 3-33 所示。

第一步：将鼠标指针移动到两行或两列之间。

第二步：当鼠标指针改变为“✛”或“✛”时，拖曳鼠标即可调整行高或列宽。

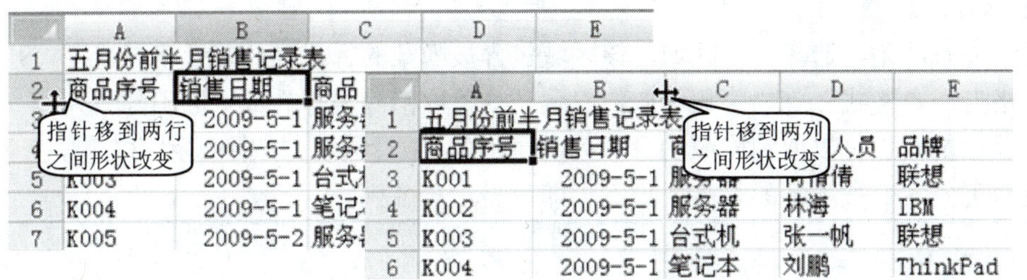

图 3-33　简单调整行高和列宽

拓展知识

隐藏行和列

隐藏行和列　操作如图 3-34 所示。

第一步：选择要隐藏的单元格、区域、行或列。

第二步：单击“开始”选项卡→“单元格”组→“格式”按钮右侧下拉按钮，弹出下级菜单。

第三步：将鼠标指针移动到“隐藏和取消隐藏”按钮处，弹出下级菜单。

第四步：选中“隐藏行”或“隐藏列”。

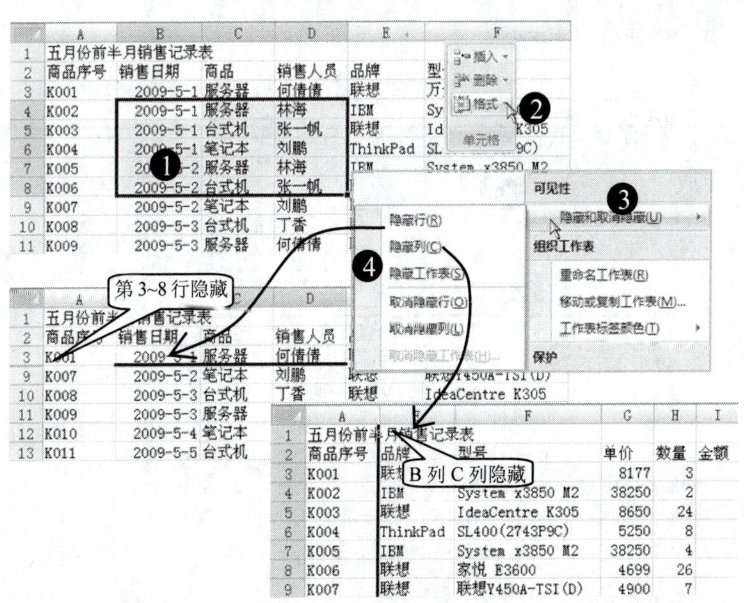

图 3-34　隐藏行和列

隐藏的行实际是高度设为零的行。同样，隐藏的列就是宽度设为零的列。

取消隐藏的行和列的操作需要一些技巧，因为选择被隐藏的行或列比较困难。解决方法是选择与被隐藏的行或列相近的行区域或列区域（区域包含被隐藏的行或列），然后在该区域上单击鼠标右键，从弹出的快捷菜单中选择“取消隐藏”。例如，G 列被隐藏，可选择 F～H 列的区域。

另一种方法是，选择一个区域，该区域包含被隐藏的行或列的单元格。选择“开始”→“单元格”→“格式”→“隐藏和取消隐藏”→“取消隐藏行”或“取消隐藏列”。

用鼠标拖曳也可以取消隐藏的行和列，光标在隐藏行的下方或隐藏列的右侧，变为‡或⇹时拖曳即可。改变被隐藏的行高或列宽，即可显示行或列。

试一试

选择多行或多列，然后调整行高或列宽，可同时调整多行或多列。

光标移到两行或两列之间形状变为✛或✛时，双击鼠标，Excel 会自动调整行高或列宽。

单击“开始”→“单元格”→“格式”→“自动调整行高”或“自动调整列宽”。

（2）精确调整行高和列宽

将工作表中第 3～18 行的行高调整为 28，D 列的列宽调整为 9.5，调整行高操作步骤如图 3-35 所示。

第一步：选择第 3～18 行。

第二步：单击“开始”选项卡→“单元格”组→“格式”按钮右侧的下拉按钮，弹出下级菜单。

第三步：将鼠标指针移动到“行高”处单击。

第四步：从弹出的“行高”对话框中输入行高数值“18”。

第五步：单击“确定”按钮。

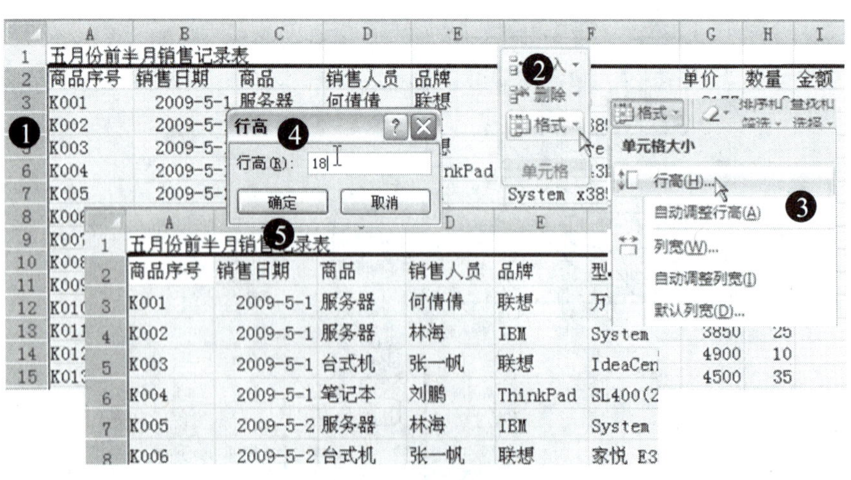

图 3-35 精确调整行高

在 Excel 中行高用像素表示，而列宽用字符表示。

> **小百科**
>
> Excel 的行高和列宽使用了不同的数值单位。行高的单位是磅，默认为 13.5 磅。而列宽的单位是字符，列宽的数值是指适合于单元格的“标准字体”的数字 0～9 的平均值，宽度约等于该列单元格中可以显示容纳的半角字符个数。

2. 字符格式化

在表格中输入的数据都使用了默认的字体、字形、字号、颜色等，为了更加美观、统一，应该为不同的数据设置不同的格式。

设置“商品销售记录表”标题的字体和字号，操作如图 3-36 所示。

第一步：选中 A1 单元格。

第二步：单击“开始”选项卡→“字体”组→“字体”右侧的下拉箭头。

第三步：从弹出的下拉菜单中选择“楷体_GB2312”。

第四步：单击“开始”选项卡→“字体”组→“字号”右侧的下拉箭头。

第五步：从弹出的下拉菜单中选择“16”。

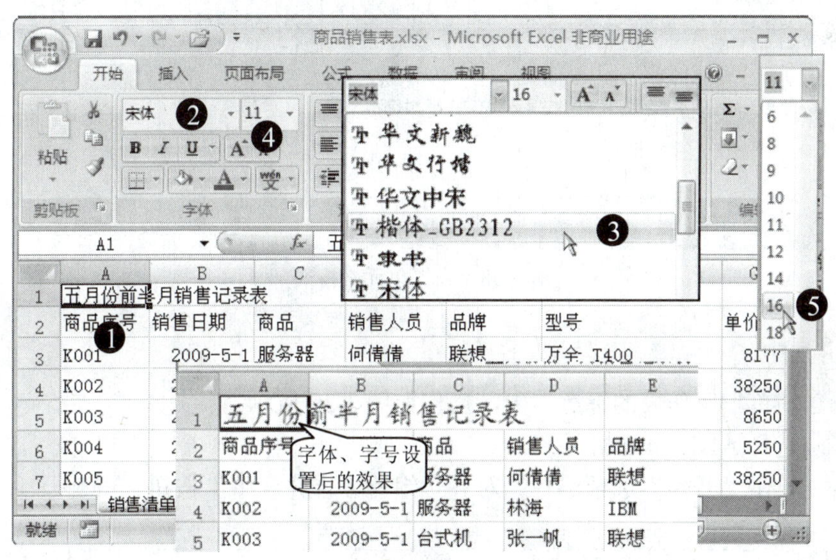

图 3-36 设置字体和字号

拓展知识

字体的更多设置

在“字体”组中还有其他设置，如图 3-37 所示。

还可以在“设置单元格格式”对话框中设置。单击“字体”组中的“对话框启动器”，打开“设置单元格格式”对话框，如图 3-38 所示。

用同样的方法设置第 2 行标题行的格式为黑体，12 号。

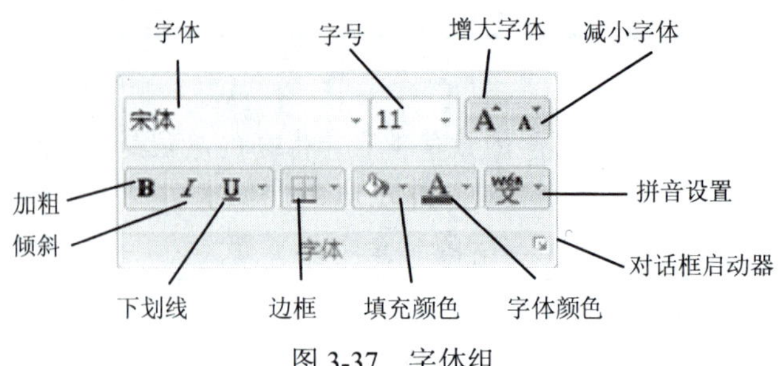

图 3-37　字体组

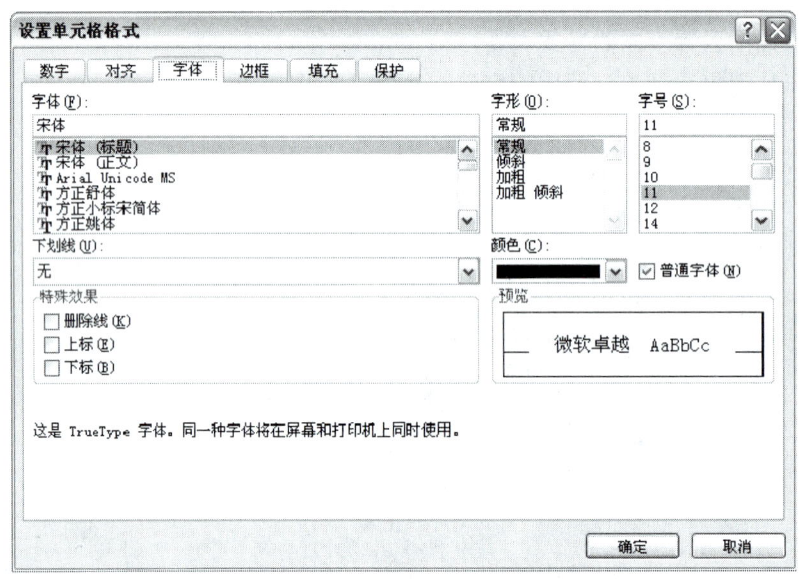

图 3-38　设置单元格格式

3．合并居中

将“销售清单”工作表的标题居中，操作如图 3-39 所示。

第一步：选择 A1:I1 单元格区域。

第二步：单击“开始”选项卡→“对齐”组→“合并居中”按钮。

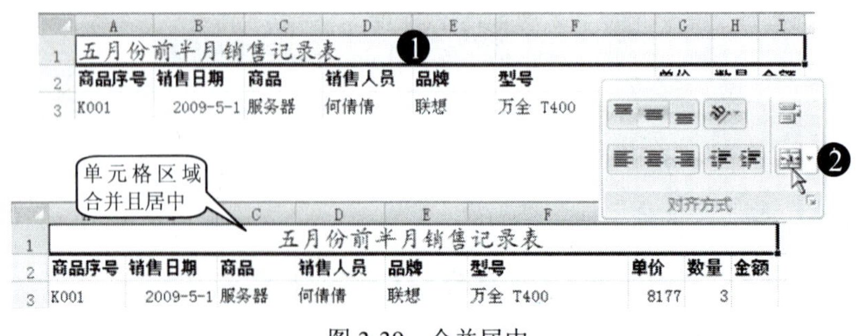

图 3-39　合并居中

4．数字格式化

将“销售清单”工作表“G3:G18”单元格区域设置为会计专用、货币符号为“￥”、2

位小数位数（默认会计专用格式），操作如图 3-40 所示。

第一步：选择“G3:G18”单元格区域；

第二步：单击“开始”选项卡→“数字”组→“会计专用”按钮。

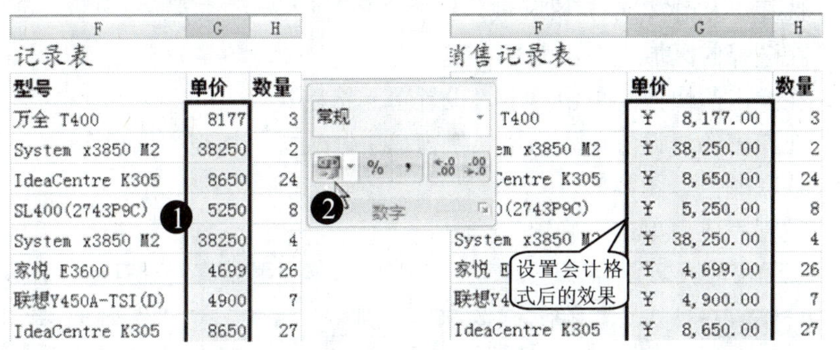

图 3-40　设置会计专用格式

5. 设置边框

为“销售清单”工作表添加外边框和内部线，操作如图 3-41 所示。

第一步：选择 A2:I18 单元格区域。

第二步：按<Ctrl+1>键，打开“设置单元格格式”窗口。

第三步：选择“边框”选项卡。

第四步：选择线条样式。

第五步：选择线条颜色。

第六步：单击“外边框”。

第七步：单击“内部”。

第八步：设置完成后单击“确定”按钮。

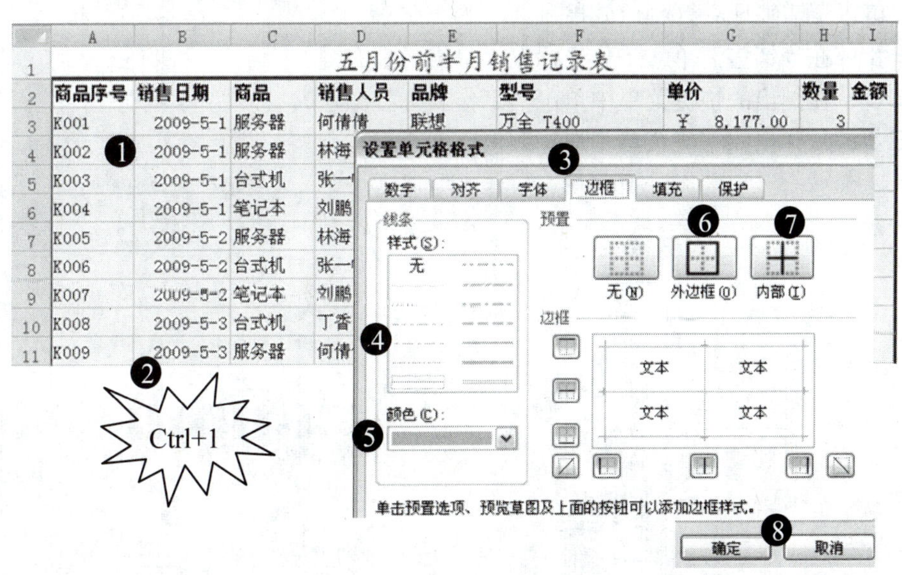

图 3-41　设置边框

第3章 Excel 2007电子表格

6. 设置颜色

1）在工作表中设置单元格底纹、颜色和标签颜色，可以标识重点，加强视觉美感。在“销售清单”工作表中设置单元格颜色，操作如图 3-42 所示。

第一步：选择“A2:I2”单元格区域。

第二步：在选择的区域上单击鼠标右键。

第三步：在弹出的快捷菜单中单击“设置单元格格式”。

第四步：在弹出的“设置单元格格式”窗口中，选择“填充”选项卡。

第五步：选取颜色、图案等。

第六步：设置完成后单击“确定”按钮。

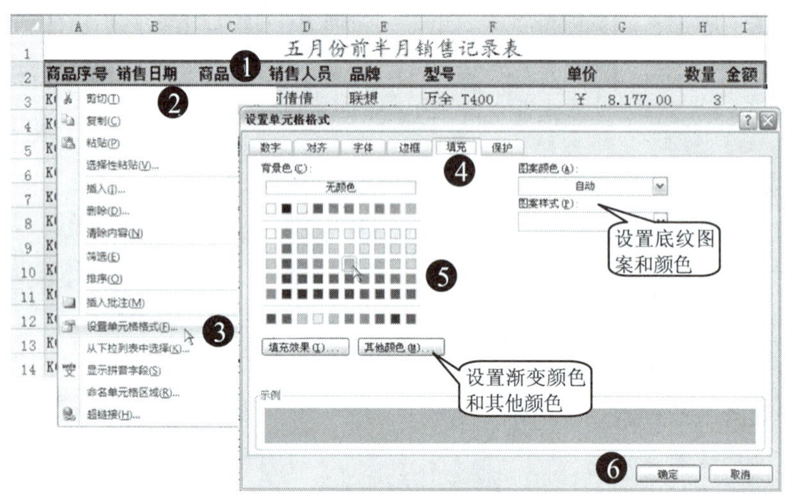

图 3-42　单元格区域填充颜色

2）设置工作表标签颜色，如图 3-43 所示。工作表标签颜色设置后，切换到工作簿的其他工作表可以更清晰地看到颜色效果。

第一步：在“销售清单”工作表标签上单击鼠标右键。

第二步：在弹出的快捷菜单中单击“工作表标签颜色”。

第三步：从弹出的下级菜单中选择颜色。

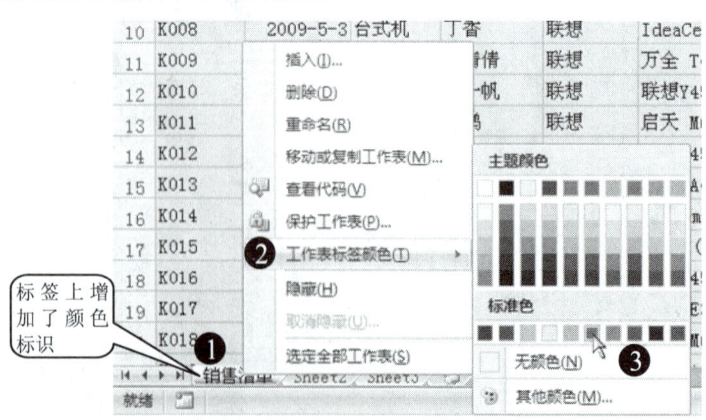

图 3-43　设置工作表标签颜色

用同样的方法设置其他数据单元格区域。

试一试

删除单元格背景色和底纹

1. 选择含有填充颜色或填充图案的单元格。

2. 在“开始”选项卡上的“字体”组中，单击“填充颜色”旁边的箭头，然后单击“无填充”，将删除单元格底纹。

7. 应用单元格样式

使用单元格样式很容易对一个单元格或单元格区域应用一组 Excel 中的预定义样式，不但可以节约时间，还有利于保证外观的一致性。

下面应用“样式”设置单元格区域，操作如图 3-44 所示。

第一步：选择单元格区域。

第二步：单击“开始”选项卡→“样式”组→“单元格样式”。

第三步：选择一种单元格样式。

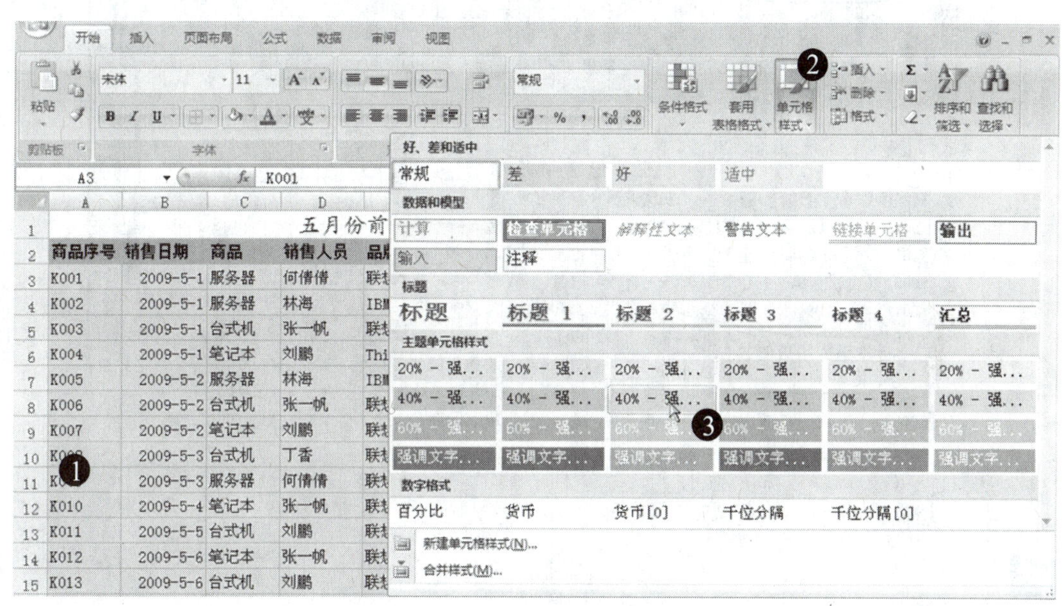

图 3-44 应用单元格样式

小百科

一种单元格样式由 6 个部分组成，即数字格式、字体（字形、字号和颜色）、对齐、边框、填充和保护。

若改变样式的某一部分，所有使用该样式的单元格会自动发生改变。当改变工作表中的一组单元格应用样式时，使用这种特点样式的所有单元格会自动更改。

> **试一试**
>
> Excel 中也可以根据现在的单元格格式建立新样式。单击“单元格样式”中的“新建单元格格式”，弹出“样式”对话框。同样也可以修改样式。

8．应用主题

为“销售清单”工作表应用“沉稳”主题，如图 3-45 所示。

第一步：单击“页面设置”选项卡。

第二步：单击“主题”组→“主题”按钮。

第三步：选择“沉稳”主题。

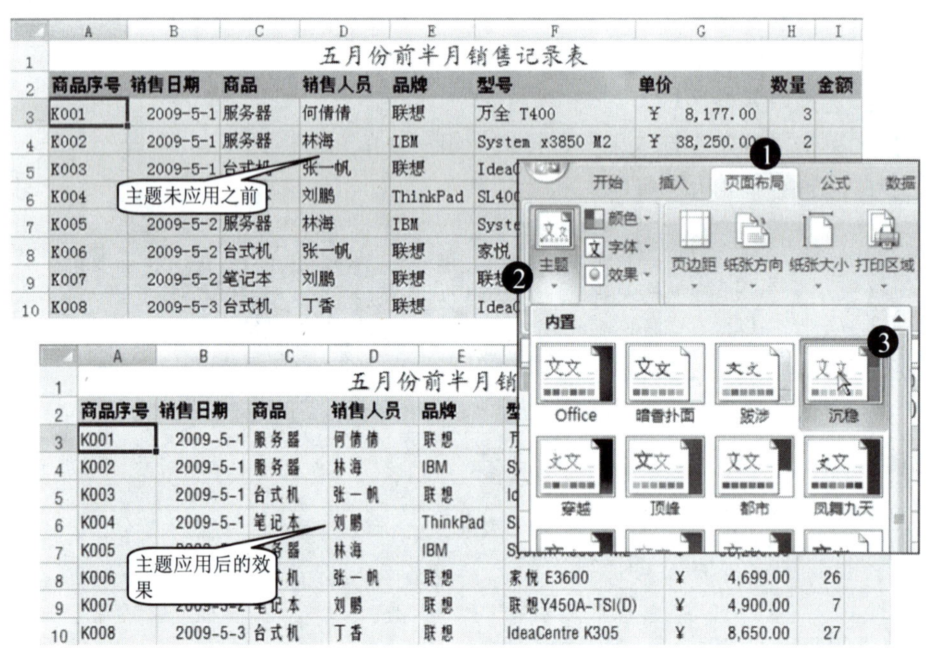

图 3-45　应用主题

拓展知识

条件格式

条件格式是 Excel 2007 最强大的功能之一，可以对单元格应用条件格式，使得单元格与众不同。

条件格式以单元格的内容为基础，有选择或自动应用单元格格式。例如，可以将区域中的负值背景颜色全部设为浅黄色。当输入或修改这一区域的数值时，Excel 会对数值进行检查并核对单元格的条件格式规则。如果数值为负，背景将变为浅黄色，如果为正，单元格将不会应用格式。图 3-46 为设置了不同条件格式的显示效果。

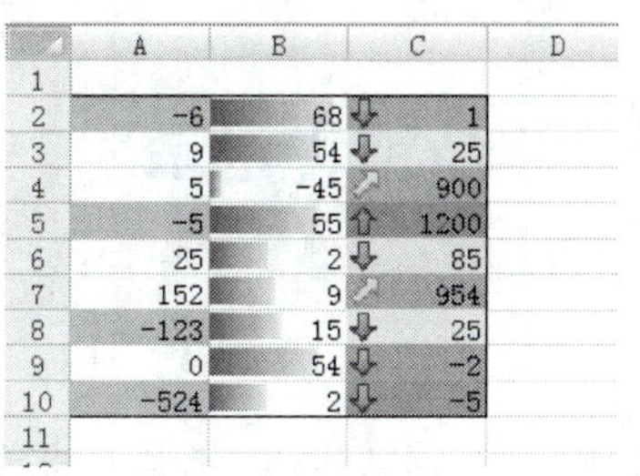

	A	B	C
1			
2	-6	68	1
3	9	54	25
4	5	-45	900
5	-5	55	1200
6	25	2	85
7	152	9	954
8	-123	15	25
9	0	54	-2
10	-524	2	-5

图 3-46　设置不同条件格式的显示效果

任务小结

通过本节任务，我们学习了格式化工作表的基本知识和操作，包括调整行高和列宽、字符格式化、数字格式化、设置边框和底纹、应用单元格样式和主题等。

任务巩固

1. 如何使用选项按钮和对话框设置表格格式。

2. 如何使用格式刷快速设置格式。

3. 打开任务 1 中保存的“班级情况统计表”，格式化该工作表，如图 3-47，要求如下：

1）单元格区域 A1:V1 合并居中，并设置为“黑体”、16 号。

2）将单元格区域 A2:A3、B2:B3、C2:C3、D2:D3、E2:G2、H2:J2、K2:M2、N2:P2、Q2:S2、T2:V2 合并居中。

3）将单元格区域 A2:P3 加粗显示。

4）第 4～43 行居中对齐，字号 12 磅。

5）单元格区域 A2:V43 设置边框。

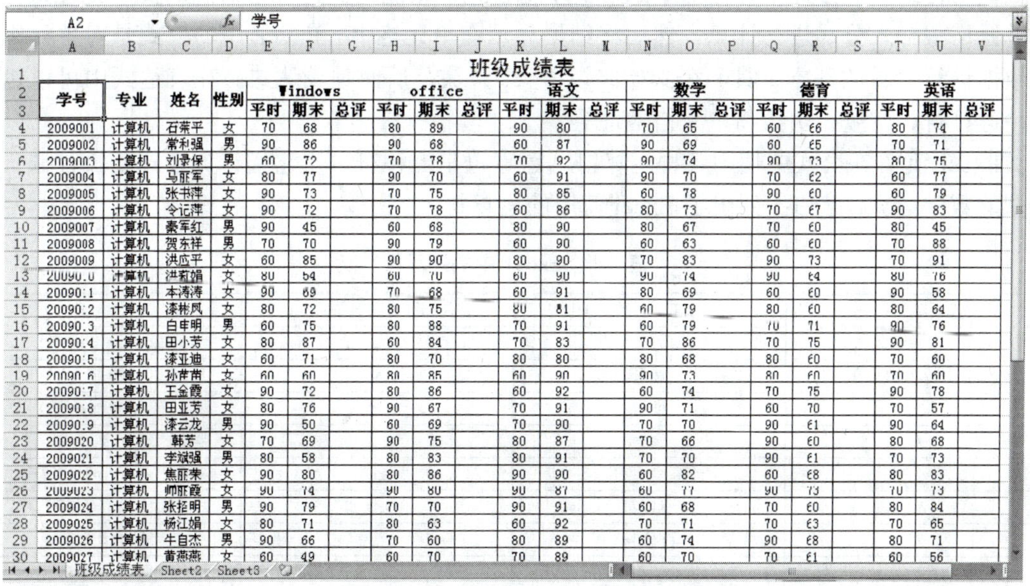

A2　学号

班级成绩表

学号	专业	姓名	性别	Windows			office			语文			数学			德育			英语		
				平时	期末	总评	平时	期末	总评	平时	期末	总评	平时	期末	总评	平时	期末	总评	平时	期末	总评
2009001	计算机	石莱平	女	70	68		80	89		90	80		70	65		60	66		80	74	
2009002	计算机	常利强	男	90	86		90	68		60	87		90	69		60	65		70	71	
2009003	计算机	刘录保	男	60	72		70	78		70	92		90	74		90	73		80	75	
2009004	计算机	马丽军	女	80	77		90	70		60	91		90	70		70	62		60	77	
2009005	计算机	张书萍	女	90	73		70	75		80	85		60	78		90	60		60	79	
2009006	计算机	令记萍	女	90	72		70	78		60	86		80	73		70	67		90	83	
2009007	计算机	秦军红	男	90	45		60	68		80	90		80	67		70	60		80	45	
2009008	计算机	贺东祥	男	70	70		90	79		60	90		60	63		60	60		70	88	
2009009	计算机	洪应平	女	60	85		90	90		80	90		70	83		90	73		70	91	
2009010	计算机	洪莉娟	女	80	54		60	70		60	90		90	74		90	64		80	76	
2009011	计算机	本涛涛	女	90	69		70	68		60	91		80	69		60	60		90	58	
2009012	计算机	漆彬凤	女	80	72		80	75		80	81		60	79		80	60		80	64	
2009013	计算机	白串明	男	60	75		80	88		70	91		60	79		70	71		90	76	
2009014	计算机	田小芳	女	80	87		60	84		70	83		70	86		70	75		90	81	
2009015	计算机	漆亚迪	女	60	71		80	70		80	80		80	68		80	60		70	60	
2009016	计算机	孙茜茜	女	60	60		80	85		60	90		90	73		80	60		70	60	
2009017	计算机	王金霞	女	90	72		80	86		60	92		60	74		70	75		90	78	
2009018	计算机	田亚芳	女	80	76		90	67		70	91		90	71		60	70		70	57	
2009019	计算机	漆云龙	男	90	50		60	69		70	90		70	70		90	61		90	64	
2009020	计算机	韩芳	女	70	69		90	75		80	87		70	66		90	60		80	68	
2009021	计算机	李斌强	男	80	58		80	83		80	91		70	70		90	61		70	73	
2009022	计算机	焦丽荣	女	90	80		80	86		90	90		60	82		60	68		80	83	
2009023	计算机	帅丽霞	女	90	74		90	80		90	87		60	77		90	73		70	73	
2009024	计算机	张招明	男	90	79		70	70		90	91		60	68		70	60		80	84	
2009025	计算机	杨江娟	女	80	71		80	63		60	92		70	71		70	63		70	65	
2009026	计算机	牛自杰	男	90	66		70	60		80	89		60	74		90	68		80	71	
2009027	计算机	黄燕燕	女	60	49		60	70		70	89		60	70		70	61		60	56	

班级成绩表　Sheet2　Sheet3

图 3-47　格式化的班级成绩表

任务 4　统计“商品销售记录”——公式和函数

任务目标

Excel 除了具有强大的表格处理能力外，还具有强大的数据计算能力。本任务将完成“商品销售记录”数据计算工作，并介绍 Excel 的常用数据处理功能，还有公式和函数的基本使用方法。

任务分析

在本任务中将分别使用公式和函数计算“金额”和“金额汇总”，相关知识和操作如下：

1）使用公式。

2）使用函数，如 sum( )函数。

3）相对引用和绝对引用。

相关知识

Excel 提供了对数据的统计、计算及其管理功能。可以使用系统提供的运算符和函数创建公式，系统将按公式自动进行计算。如果参与计算的相关数据发生变化，Excel 会自动更新结果。

Excel 中的数据计算有两种方式，一种是使用自定义公式，另一种是使用函数。

1．公式

在 Excel 中，公式非常有用，如果不使用公式，只能是支持表格信息的文字处理软件。在单元格中输入公式进行计算，然后将结果显示在单元格中。Excel 中的公式是对单元格中的数据进行计算的基本工具。公式始终以“=”开头，后面是表达式。在表达式中可以包含各种运算符、常量、函数和单元格地址等。

Excel 允许在公式中使用各种运算符。运算符是一种符号，它们告诉公式要执行哪一种类型的数学运算。表 3-5 列出了 Excel 使用的运算符。

表 3-5　Excel 中的运算符

运 算 符	名 称	运 算 符	名 称
+	加号	=	逻辑比较（相等）
–	减号	>	逻辑比较（大于）
*	乘号	<	逻辑比较（小于）
/	除号	>=	逻辑比较（大于或等于）
^	幂运算符	<=	逻辑比较（小于或等于）
&	连接符	<>	逻辑比较（不等于）
%	百分号	:	区域运算符
		,	联合运算符
		（空格）	交叉运算符

Excel 按照公式中每个运算符的特定次序从左到右计算公式。如果一个公式中有若干个运算符，Excel 将按表 3-6 中的次序进行计算。如果一个公式中的若干个运算符具有相同的优先顺序（例如，如果一个公式中既有乘号又有除号），Excel 将从左到右进行计算。如果有括号，则先进行括号内运算，后进行括号外计算。

表 3-6　优先级

运 算 符	说　明	优 先 级
:（冒号）	引用运算符	
（单个空格）		
,（逗号）		
–	负数（如-1）	
%	百分比	
^	乘方	高
*和/	乘和除	
+和–	加和减	低
&	连接两个文本字符串（串连）	
=	比较运算符	
<>		
<=		
>=		
<>		

2．函数

函数就是 Excel 已经定义好的公式，参数用括号括起来放在函数名后面，如求和函数 sum()。Excel 内置有大量的函数，这些函数形成 Excel 强大的数据处理能力。选择函数的参数时应该使计算结果有效，否则会出现错误信息或提示，这时需要修改参数重新计算。

3．引用

一个单元格中的数据被其他单元格的公式使用称为引用，该单元格地址称为引用地址。通过引用可以在一个公式中使用不同工作表的数据。

引用同一个工作表中的单元格地址，或者同一个工作簿中其他工作表中的单元格地址称为内部引用；引用其他工作簿中的单元格地址称为外部引用，外部引用使不同的 Excel 文件中的数据关联。

单元格地址引用的标识方式见表 3-7。

表 3-7　单元格地址引用的标识方式

引 用 描 述	标 识 方 式
列 A 和行 10 交叉处的单元格	A10
列 E 中行 5 到行 25 的单元格区域	E5:E25
行 15 中列 C 到列 H 的单元格区域	C15:H15
行 8 的所有单元格	8:8
从行 8 到行 10 的所有单元格	8:10
列 H 的所有单元格	H:H
列 H 到列 K 的所有单元格	H:K
从单元格 A10 到 E20 的单元格区域	A10:E20

在公式中使用单元格（或单元格区域）引用时，有三种类型的引用可以使用。

相对引用：当把公式复制到其他单元格中时，行和列引用就会改变，因为引用的是当前行和列的实际偏移量，如 A3:C5。在默认情况下，Excel 在公式中创建相对单元格引用。

绝对引用：当复制公式时，行和列引用不会改变，因为引用的是单元格的实际地址。绝对引用在地址中使用两个“$”符号：一个在列字母前，一个在行号前，如$A$3:$B$5。

混合引用：行或列中有一个是相对引用，另一个是绝对引用，如 A$3:$B5。

实现步骤

1. 使用公式计算

在“销售清单”工作表中使用公式计算销售金额，操作如图 3-48 所示。

第一步：在 I3 单元格中输入公式“=G3:H3”。

第二步：输入完成后按<Enter>键，显示计算结果。

第三步：拖曳“填充柄”向下复制公式。

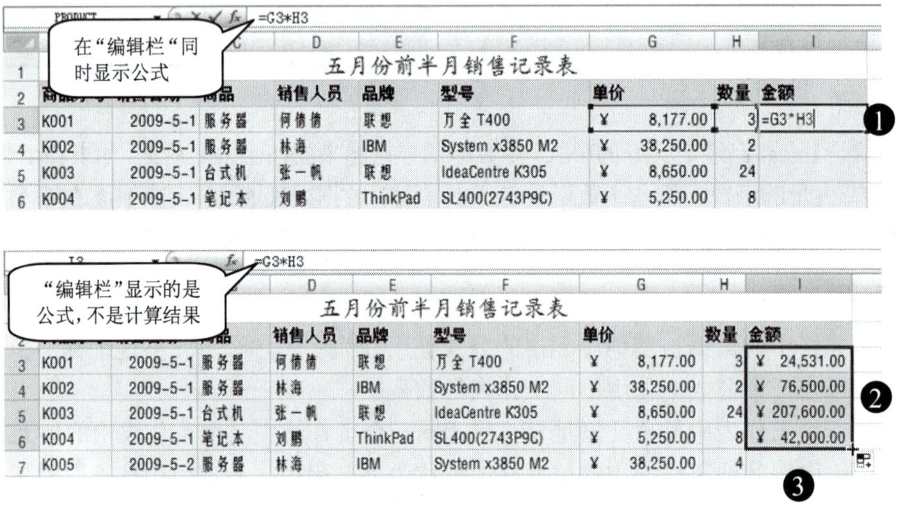

五月份前半月销售记录表

		商品	销售人员	品牌	型号	单价	数量	金额
K001	2009-5-1	服务器	何倩倩	联想	万全 T400	¥ 8,177.00	3	=G3*H3
K002	2009-5-1	服务器	林海	IBM	System x3850 M2	¥ 38,250.00	2	
K003	2009-5-1	台式机	张一帆	联想	IdeaCentre K305	¥ 8,650.00	24	
K004	2009-5-1	笔记本	刘鹏	ThinkPad	SL400(2743P9C)	¥ 5,250.00	8	

五月份前半月销售记录表

		商品	销售人员	品牌	型号	单价	数量	金额
K001	2009-5-1	服务器	何倩倩	联想	万全 T400	¥ 8,177.00	3	¥ 24,531.00
K002	2009-5-1	服务器	林海	IBM	System x3850 M2	¥ 38,250.00	2	¥ 76,500.00
K003	2009-5-1	台式机	张一帆	联想	IdeaCentre K305	¥ 8,650.00	24	¥ 207,600.00
K004	2009-5-1	笔记本	刘鹏	ThinkPad	SL400(2743P9C)	¥ 5,250.00	8	¥ 42,000.00
K005	2009-5-2	服务器	林海	IBM	System x3850 M2	¥ 38,250.00	4	

图 3-48 使用公式计算

试一试

在单元格或“编辑栏”中输入公式，首先输入“=”，公式中的加、减、乘、除以及小数点、百分号等都可以从键盘上直接输入。公式输入完成后，按<Enter>键或单击“编辑栏”的“输入”按钮获得计算结果。如果后面输入的公式相同，则拖曳“填充柄”实现公式的复制。如果使用的是相对引用或混合引用，则随着位置的变化，公式所引用的单元格地址也在变化。绝对引用的单元格地址不会发生变化。

在公式中，引用的单元格地址用不同的颜色字符表示，对应的单元格边框显示为相应的颜色，并且四角会出现小方块，如图 3-49 所示。

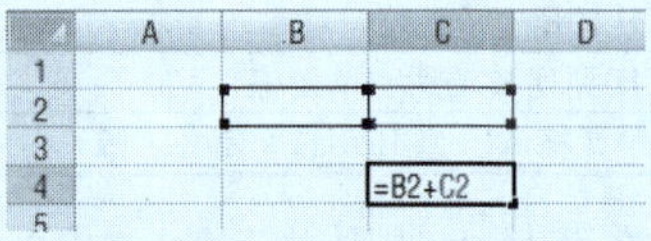

图 3-49 单元格引用标识

2. 使用函数计算

使用“乘积（PRODUCT）”函数对日销售计算，操作如图 3-50 所示。

第一步：选择 I3 单元格。

第二步：选择“公式”选项卡。

第三步：单击“函数库”组→“数学和三角函数”按钮。

第四步：从下拉列表中选择“PRODUCT”函数（乘积）。

第五步：从弹出的窗口中输入参数或者用鼠标选择引用的单元格。

第六步：单击“确定”按钮，显示计算结果。

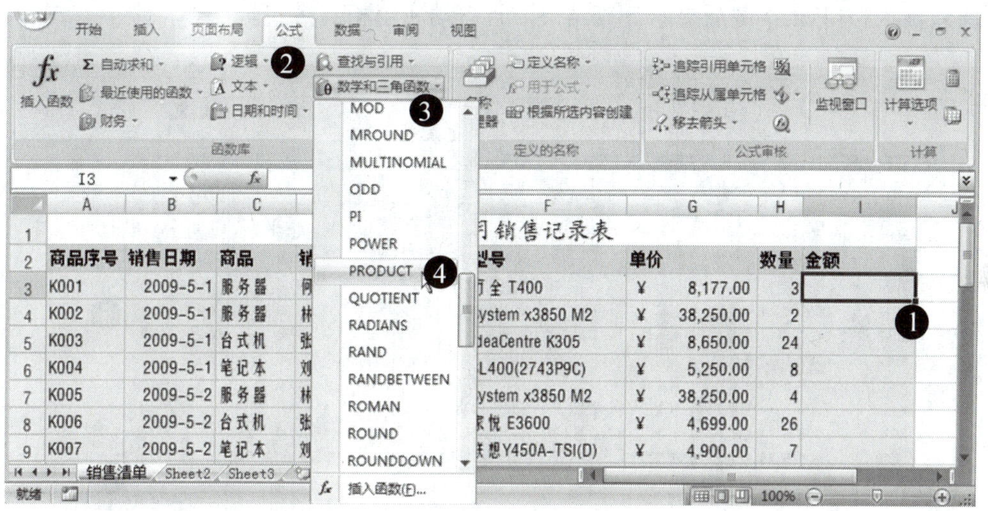

a）

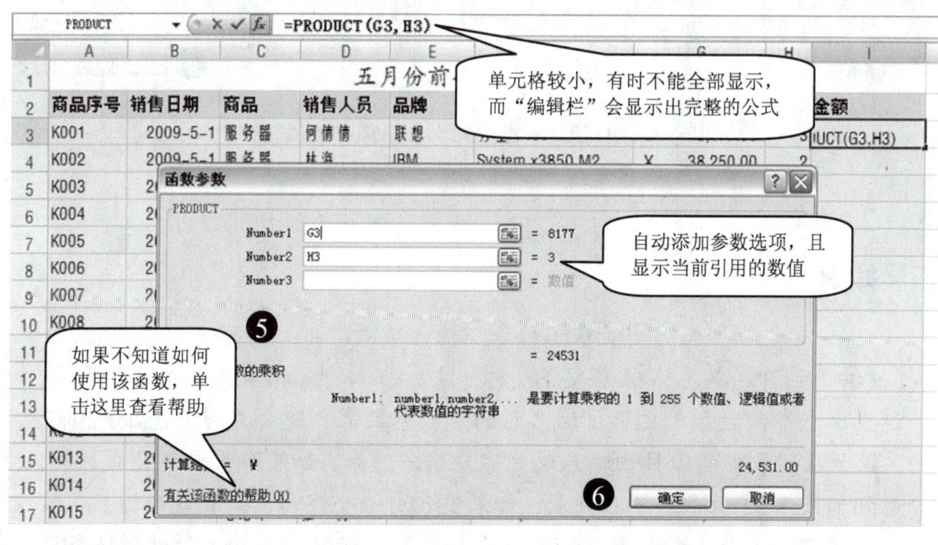

b）

图 3-50　使用函数计算的操作步骤

输入的参数为单元格地址时，可以逐个输入，如“PRODUCT(G3, H3)”（各参数之间用“,”分隔），也可以输入为单元格区域“PRODUCT(G3: H3)”。

使用“自动求和（SUM）”按钮计算销售金额的总和，操作如图 3-51 所示。

第一步：在单元格 A31 中输入“金额合计”。

第二步：选择单元格 I31。

第三步：选择“开始”选项卡→“编辑”组→“自动求和”的下拉按钮，或者“公式”选项卡→“函数库”组→“自动求和”下拉按钮。

第四步：从弹出的下拉菜单中选择“求和”。

第五步：自动选择了求和范围，也可以用鼠标选择或直接输入求和范围。

第六步：按<Enter>键后显示计算结果，且自动应用相关格式。

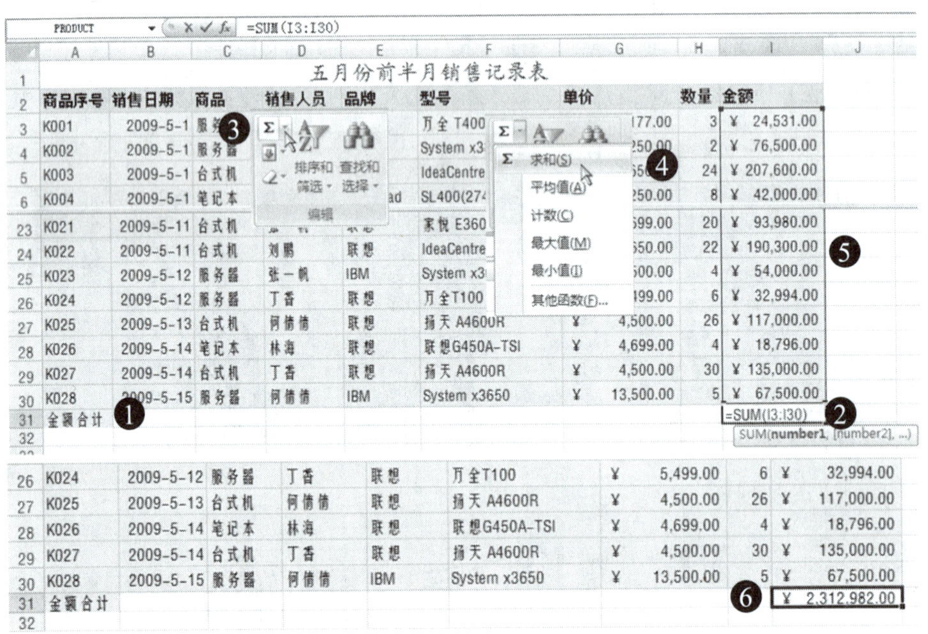

图 3-51　使用“自动求和”按钮进行求和计算

拓展知识

在工作表中输入公式

Excel 提供了两种在单元格中输入公式的方法，手工输入和单击单元格引用。

当通过显示含有函数和单元格区域名称的下拉列表来创建公式时，Excel 2007 会提供额外的帮助。显示在列表中的项目由输入的内容决定。例如，如果输入一个公式并键入字母 T，那么将会看到如图 3-52 所示的下拉列表；如果键入另一个字母，列表就会缩短，仅仅显示匹配的函数。要使 Excel 在此列表中自动完成一个条目，可使用上下方向键到该条目，然后按<Tab>键，或用鼠标双击该条目。

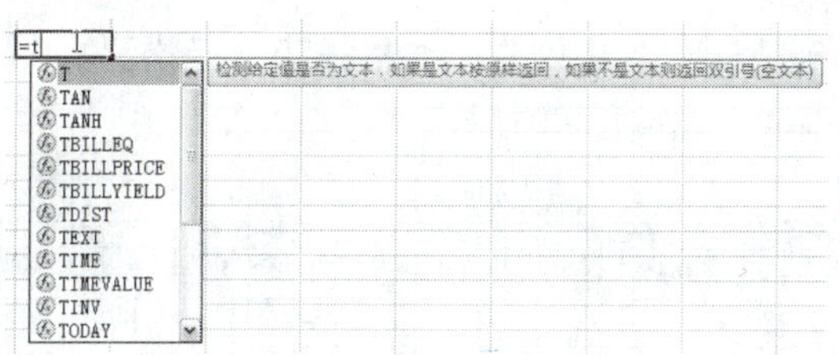

图 3-52　当输入一个公式时，Excel 2007 会显示一个下拉列表

（1）手工输入公式

手工输入公式也就是人工输入公式。在选定的单元格中输入一个等号（=），然后输入公式。输入时，字符会同时出现在单元格和编辑栏中。输入公式时使用常用编辑键。

（2）通过单击输入公式

尽管手工输入可以输入整个公式，但 Excel 也提供了另外一种输入公式的方法。这种方法更简单、快速、更不容易出现问题。虽然这种方法仍然有一些手工输入的地方，不过可以直接单击单元格引用，因而不完全靠手工输入。

（3）将区域名称粘贴到公式中

如果公式中使用了命名单元格或区域，可以输入名称来代替地址或从列表中选择名称，并让 Excel 自动插入名称。

（4）向公式中插入函数

向公式中输入函数的最简单的一个方法就是使用下拉列表，当输入公式时 Excel 会显示一个下拉列表。但是，要使用这个方法就必须至少知道函数名称的第一个字母。

插入函数的另一个方法就是使用“公式”选项卡上的“函数库”组。

任务小结

通过本节任务的学习，我们掌握了公式和函数的相关知识，如公式的输入方法、运算符的使用、函数的使用等。

任务巩固

1．比较相对引用、绝对引用和混合引用。

2．函数在使用时有几种方法？分别应如何使用。

3．打开“班级成绩表”，在右侧增加“总分”、“均分”和“名次”三列数据，并格式化，而后计算各科总评、总分、均分和名次，如图 3-53 所示，操作要求如下：

1）各科“总评”=“平时”×30%+“期末”×70%，并用“白色，背景 1，深色 15%”填充颜色。

2）用 SUM( )函数计算学生的“总分”。

3）用 AVERAGE( )函数计算学生的“均分”。

4）用 RANK( )函数排名，如“=RANK(W4,$W$4:$W$43,0)”。

5）“总分”和“均分”的数据保留一位有效数字。

6）用 AVERAGE( )函数计算各科均分，并格式化单元格。

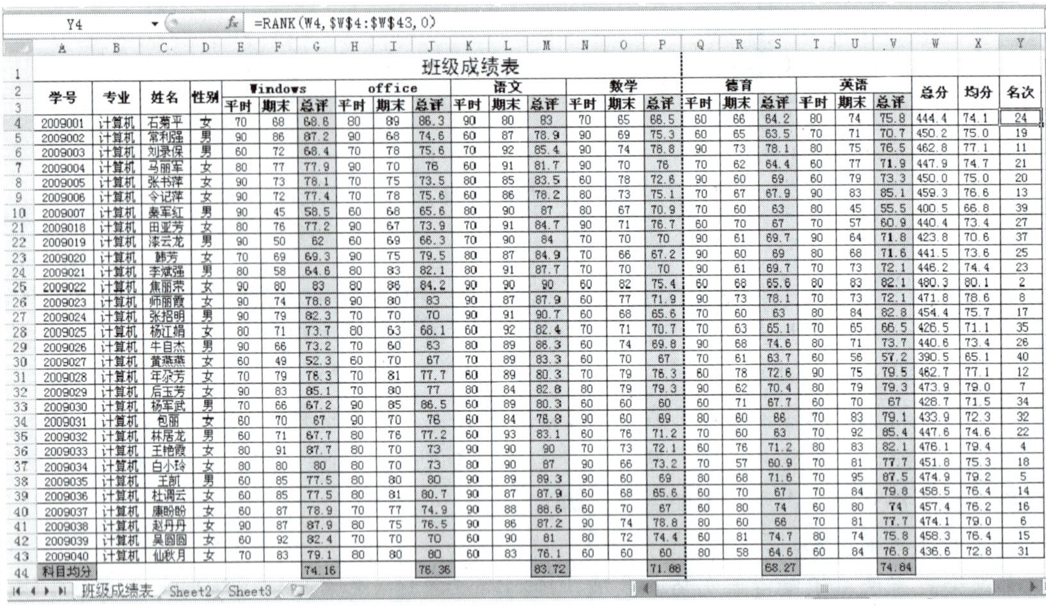

Y4　=RANK(W4,$W$4:$W$43,0)

	A	B	C	D	E	F	G	H	I	J	K	L	M	N	O	P	Q	R	S	T	U	V	W	X	Y
1	班级成绩表																								
2	学号	专业	姓名	性别	Windows			office			语文			数学			德育			英语			总分	均分	名次
3					平时	期末	总评	平时	期末	总评	平时	期末	总评	平时	期末	总评	平时	期末	总评	平时	期末	总评			
4	2009001	计算机	石菊平	女	70	68	68.6	80	89	86.3	90	80	83	70	65	66.5	60	66	64.2	80	74	75.8	444.4	74.1	24
5	2009002	计算机	常利强	男	90	86	87.2	90	68	74.6	60	87	78.9	90	69	75.3	60	65	63.5	70	71	70.7	450.2	75.0	19
6	2009003	计算机	刘录保	男	60	72	68.4	70	78	75.6	70	92	85.4	90	74	78.8	90	73	78.1	80	75	76.5	462.8	77.1	11
7	2009004	计算机	马丽军	女	80	77	77.9	90	70	76	60	91	81.7	90	70	76	70	62	64.4	60	77	71.9	447.9	74.7	21
8	2009005	计算机	张书萍	女	90	73	78.1	70	75	73.5	80	85	83.5	60	78	72.6	90	60	69	60	79	73.3	450.0	75.0	20
9	2009006	计算机	令记萍	女	90	72	77.4	70	78	75.6	60	86	78.2	80	73	75.1	70	67	67.9	90	83	85.1	459.3	76.6	13
10	2009007	计算机	秦军红	男	90	45	58.5	60	68	65.6	80	90	87	80	67	70.9	70	60	63	80	45	55.5	400.5	66.8	39
21	2009018	计算机	田亚芳	女	80	76	77.2	90	67	73.9	70	91	84.7	90	71	76.7	60	70	67	70	57	60.9	440.4	73.4	27
22	2009019	计算机	漆云龙	男	90	50	62	60	69	66.3	70	90	84	70	70	70	90	61	69.7	90	64	71.8	423.8	70.6	37
23	2009020	计算机	韩芳	女	70	69	69.3	90	75	79.5	80	87	84.9	70	66	67.2	90	60	69	80	68	71.6	441.5	73.6	25
24	2009021	计算机	李斌强	男	80	58	64.6	80	83	82.1	80	91	87.7	70	70	70	90	61	69.7	70	73	72.1	446.2	74.4	23
25	2009022	计算机	焦丽荣	女	90	80	83	80	86	84.2	90	90	90	60	82	75.4	60	68	65.6	80	83	82.1	480.3	80.1	2
26	2009023	计算机	师丽霞	女	90	74	78.8	90	80	83	90	87	87.9	60	77	71.9	90	73	78.1	70	73	72.1	471.8	78.6	8
27	2009024	计算机	张招明	男	90	79	82.3	70	70	70	90	91	90.7	60	68	65.6	70	60	63	80	84	82.8	454.4	75.7	17
28	2009025	计算机	杨江娟	女	80	71	73.7	80	63	68.1	60	92	82.4	70	71	70.7	70	63	65.1	70	65	66.5	426.5	71.1	35
29	2009026	计算机	牛自杰	男	90	66	73.2	70	60	63	80	89	86.3	60	74	69.8	90	68	74.6	80	71	73.7	440.6	73.4	26
30	2009027	计算机	黄燕燕	女	60	49	52.3	60	70	67	70	89	83.3	60	70	67	70	61	63.7	60	56	57.2	390.5	65.1	40
31	2009028	计算机	年尕芳	女	70	79	76.3	70	81	77.7	60	89	80.3	70	79	76.3	60	78	72.6	90	75	79.5	462.7	77.1	12
32	2009029	计算机	后玉芳	女	90	83	85.1	70	80	77	80	84	82.8	80	79	79.3	90	62	70.4	80	79	79.3	473.9	79.0	7
33	2009030	计算机	杨军武	男	70	66	67.2	90	85	86.5	60	89	80.3	60	60	60	60	71	67.7	60	70	67	428.7	71.5	34
34	2009031	计算机	包丽	女	60	70	67	90	70	76	60	84	76.8	90	60	69	80	60	66	70	83	79.1	433.9	72.3	32
35	2009032	计算机	林居龙	男	60	71	67.7	80	76	77.2	60	93	83.1	60	76	71.2	70	60	63	70	92	85.4	447.6	74.6	22
36	2009033	计算机	王艳霞	女	80	91	87.7	80	70	73	90	90	90	70	73	72.1	60	76	71.2	80	83	82.1	476.1	79.4	4
37	2009034	计算机	白小玲	女	80	80	80	80	70	73	80	90	87	90	66	73.2	70	57	60.9	70	81	77.7	451.8	75.3	18
38	2009035	计算机	王凯	男	60	85	77.5	80	80	80	90	89	89.3	90	60	69	80	68	71.6	70	95	87.5	474.9	79.2	5
39	2009036	计算机	杜调云	女	60	85	77.5	80	81	80.7	90	87	87.9	60	68	65.6	60	70	67	70	84	79.8	458.5	76.4	14
40	2009037	计算机	康盼盼	女	60	87	78.9	70	77	74.9	90	88	88.6	60	70	67	60	80	74	60	80	74	457.4	76.2	16
41	2009038	计算机	赵丹丹	女	90	87	87.9	80	75	76.5	90	86	87.2	90	74	78.8	80	60	66	70	81	77.7	474.1	79.0	6
42	2009039	计算机	吴圆圆	女	60	92	82.4	70	70	70	60	90	81	80	72	74.4	60	81	74.7	80	74	75.8	458.3	76.4	15
43	2009040	计算机	仙秋月	女	70	83	79.1	80	80	80	60	83	76.1	60	60	60	80	58	64.6	60	84	76.8	436.6	72.8	31
44	科目均分						74.16			76.36			83.72			71.88			68.27			74.84			

班级成绩表 / Sheet2 / Sheet3

图 3-53　计算“班级成绩表”中的各数据

任务 5　数据管理

任务目标

在本任务中将用排序和筛选分析和管理“商品销售记录”，让数据有规律地排列和显示。学完本任务后，读者将会掌握数据的不同排序方法，熟练地使用“自动筛选”和“高级筛选”，学会使用“分类汇总”，提高工作效率。

任务分析

“商品销售记录”通过排序、筛选、分类汇总等操作管理数据，相关知识和操作如下：

1）将“商品销售记录”按照“销售人员”为升序和“商品”为降序的次序排列数据行。

2）分别使用“自动筛选”和“高级筛选”筛选数据。

3）汇总“销售人员”的“数量”和“金额”。

相关知识

1. 排序

Excel 中的排序是指数据行按照某种属性的递增或递减规律重新排列，该属性称为关键字，递增或递减规律称为升序或降序。

用户经常需要执行以下操作：将名称列表按字母顺序排列，按从高到低的顺序编制产品存货水平列表，按颜色或图标对行进行排序等。对数据进行排序有助于快速直观地显示数据并更好地理解数据，有助于组织并查找所需数据，有助于最终做出更有效的决策。

2．排序规则

Excel 中默认排序次序见表 3-8。

表 3-8　默认排序次序

对　象	效　果
数字	数字按从最小的负数到最大的正数进行排列
日期	日期按从最早的日期到最晚的日期进行排序
文本	文本按从左到右的顺序逐字进行排序。例如，如果一个单元格中包含文本“A100”，Excel 会将这个单元格放在含有“A1”的单元格的后面，含有“A11”的单元格的前面
逻辑	在逻辑中，FALSE 排在 TRUE 之前
错误	所有错误值（如#NUM!和#REF!）的优先级相同
空白单元格	无论是按升序还是降序排序，空白单元格总是放在最后（空白单元格是空单元格，它不同于包含一个或多个空格字符的单元格）

3．排序条件

单个关键字排序就是利用一个关键字进行排序。如果需要排序的条件不止一个，则使用多个关键字排序，现在可以按颜色和 3 个以上（最多为 64 个）级别来对数据排序。对多个关键字排序时，如果第一个关键字字段相同，则比较第二个关键字，依次类推。如果工作表中有标题行并且标题行不参加排序，则应该在排序时设置标题行。

按单元格颜色或字体颜色手动或有条件地设置了单元格区域格式，则可以按这些颜色进行排序。此外，还可以按某个图标集进行排序，这个图标集是通过条件格式创建的。

4．筛选

Excel 中的筛选是指让某些符合条件的数据行显示出来，而暂时隐藏不符合条件的数据行，这样可以更加清楚地显示需要的数据。Excel 筛选分为自动筛选和高级筛选两种。

使用自动筛选可以创建三种筛选类型，即按列表值、按格式和按条件筛选。对于每个单元格区域或列表来说，这三种筛选类型是互斥的。例如，不能既按单元格颜色又按数字列表进行筛选，而只能在两者中任选其一；也不能既按图标又按自定义进行筛选，只能在两者中任选其一。

5．分类汇总

在 Excel 排序后，可以将相同类别的数据归纳在一起（汇总），按类别对数据进行计算。

实现步骤

1．数据排序

将“销售清单”工作表复制为“销售清单（管理）”工作表，在“销售清单（管理）”工作表中按照“销售人员”为升序和“商品”为降序的次序排列数据行，操作如图 3-54 所示。

第一步： 选择排序的单元格区域 A2:I18。

第二步： 单击“开始”选项卡→“编辑”组→“排序和筛选”按钮。

第三步：从弹出的下拉菜单中选择“自定义排序”，显示“排序”窗口。
第四步：选择主要关键词为“销售人员”。
第五步：单击“添加条件”按钮添加第二个条件。
第六步：选择次要关键词为“商品”。
第七步：选择次要关键词的次序为“降序”。
第八步：单击“确定”按钮。

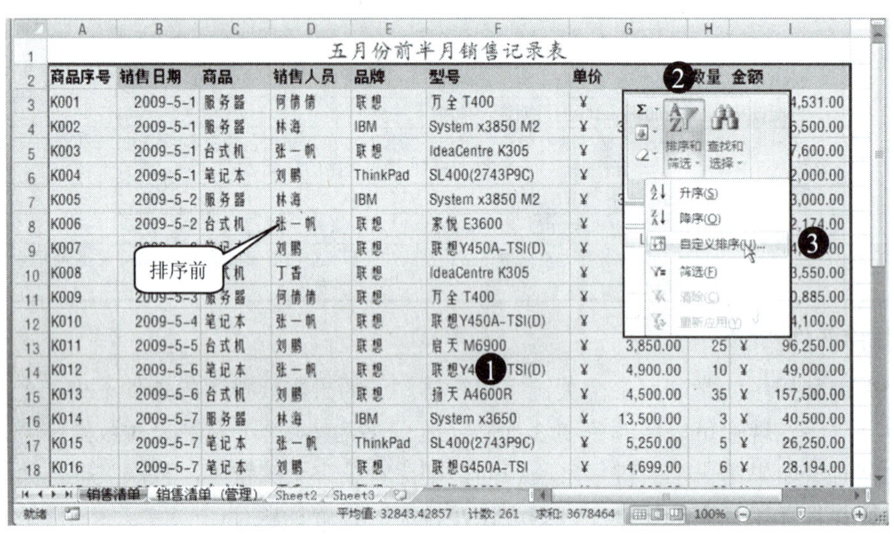

a）

b）

图 3-54　数据排序

2．数据筛选

（1）自动筛选

使用自动筛选来筛选数据，可以快速而又方便地查找和使用单元格区域的相关数据。在

"销售清单（管理）"工作表进行自动筛选，操作如图 3-55 所示。

第一步：选择筛选单元格区域的任一单元格。

第二步：单击"开始"选项卡→"编辑"组→"排序和筛选"按钮。

第三步：从弹出的下拉菜单中选择"筛选"，在标题行出现了下拉按钮。

第四步：单击标题行"商品"右侧的下拉按钮，弹出下拉菜单。

第五步：选中"笔记本"。

第六步：单击"确定"按钮。

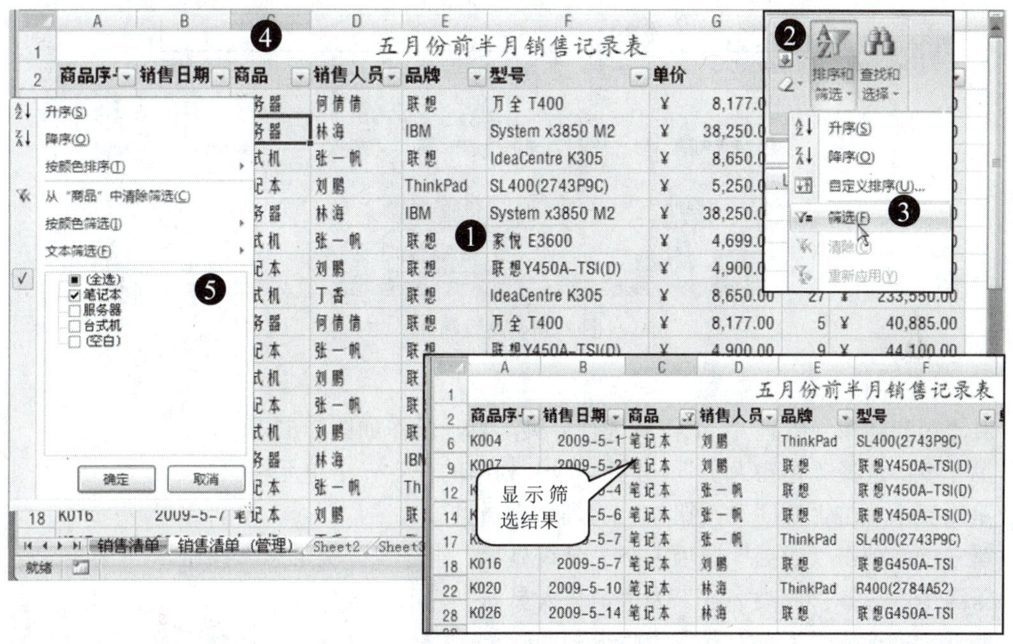

图 3-55　筛选操作

（2）高级筛选

若要通过复杂的条件来筛选单元格区域，请使用"数据"选项卡上"排序和筛选"组中的"高级"命令，即使用高级筛选一次完成。

在"销售清单（管理）"工作表中筛选出笔记本销售金额大于等于 40 000 的销售情况，使用高级筛选的操作如图 3-56 所示。

第一步：建立条件区域（如图 3-56 所示）。

第二步：单击"数据"选项卡→"排序和筛选"组→"高级"按钮。

第三步：输入或选择"列表区域"为"A2:I31"，"条件区域"为"C33:I34"。

第四步：单击"确定"按钮。

试一试

在"高级筛选"对话框中选择"将筛选结果复制到其他位置"，并在"复制到"中输入单元格地址，则将筛选结果复制到输入单元格所在的区域中。

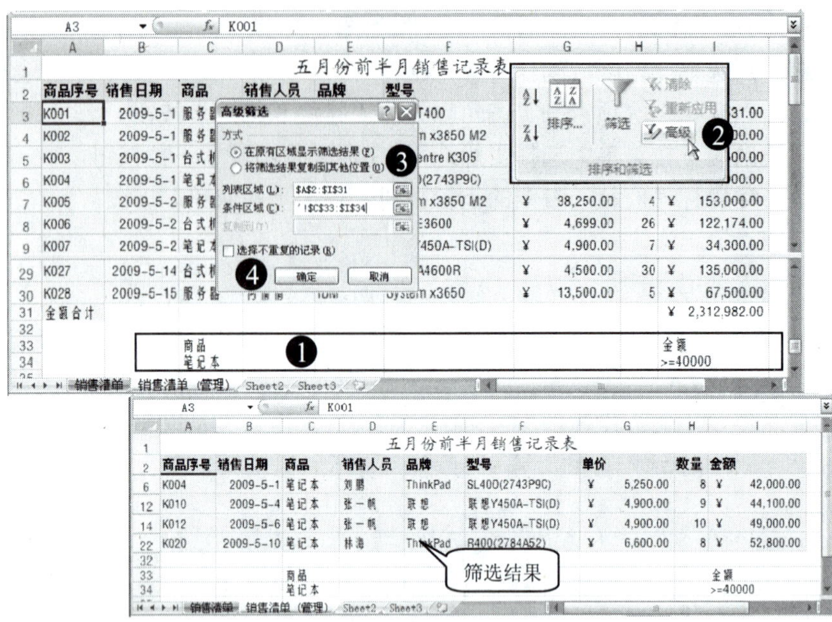

图 3-56 高级筛选

3．分类汇总

对“销售清单（管理）”工作表进行分类汇总，操作如图 3-57 所示。

第一步：选择“销售人员”（分类字段）列中的任意一个单元格。

第二步：单击“升序”按钮，将销售人员排序。

第三步：单击“数据”选项卡→“分级显示”组→“分类汇总”按钮。

第四步：选择“分类字段”为“销售人员”。

第五步：选择“汇总方式”为“求和”。

第六步：在“选定汇总项”中选中“数量”和“金额”。

第七步：单击“确定”按钮。

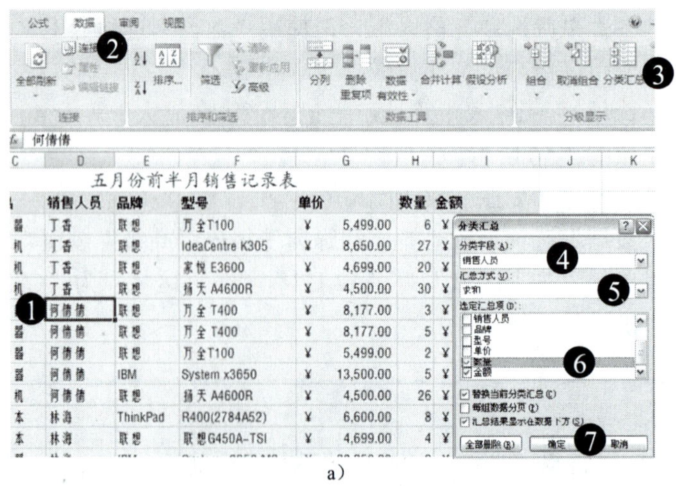

a）

图 3-57 分类汇总

a）分类汇总之前先进行排序

	A	B	C	D	E	F	G	H	I
1	五月份前半月销售记录表								
2	商品序号	销售日期	商品	销售人员	品牌	型号	单价	数量	金额
3	K024	2009-5-12	服务器	丁香	联想	万全T100	¥ 5,499.00	6	¥ 32,994.00
4	K008	2009-5-3	台式机	丁香	联想	IdeaCentre K305	¥ 8,650.00	27	¥ 233,550.00
5	K017	2009-5-8	台式机	丁香	联想	家悦 E3600	¥ 4,699.00	20	¥ 93,980.00
6	K027	2009-5-14	台式机	丁香	联想	扬天 A4600R	¥ 4,500.00	30	¥ 135,000.00
7				丁香 汇总				83	¥ 495,524.00
8	K001	2009-5-1	服务器	何倩倩	联想	万全 T400	[illegible]	3	¥ 24,531.00
9	K009	2009-5-3	服务器	何倩倩	联想	万全 T400	[illegible]	5	¥ 40,885.00
10	K019	2009-5-10	服务器	何倩倩	联想	万全T100	¥ 5,499.00	2	¥ 10,998.00
11	K028	2009-5-15	服务器	何倩倩	IBM	System x3650	¥ 13,500.00	5	¥ 67,500.00
12	K025	2009-5-13	台式机	何倩倩	联想	扬天 A4600R	¥ 4,500.00	26	¥ 117,000.00
13				何倩倩 汇总				41	¥ 260,914.00
14	K020	2009-5-10	笔记本	林海	ThinkPad	R400(2784A52)	¥ 6,600.00	8	¥ 52,800.00
15	K026	2009-5-14	笔记本	林海	联想	联想G450A-TSI	¥ 4,699.00	4	¥ 18,796.00
16	K002	2009-5-1	服务器	林海	IBM	System x3850 M2	¥ 38,250.00	2	¥ 76,500.00
17	K005	2009-5-2	服务器	林海	IBM	System x3850 M2	¥ 38,250.00	4	¥ 153,000.00
18	K014	2009-5-7	服务器	林海	IBM	System x3650	¥ 13,500.00	3	¥ 40,500.00
19				林海 汇总				21	¥ 341,596.00
20	K004	2009-5-1	笔记本	刘鹏	ThinkPad	SL400(2743P9C)	¥ 5,250.00	8	¥ 42,000.00

汇总结果

销售清单 销售清单（管理） 销售透视表 销售清单（表格） Sheet3

就绪 100%

b）

图 3-57　分类汇总（续）

b）对“销售人员”分类汇总并对“数量”和“金额”求和

试一试

单击“分类汇总”对话框中的“全部删除”按钮，即可删除分类汇总的结果。

任务小结

通过本节任务，学习了数据管理的相关概念和操作。

1）排序是指数据行按照某种属性的递增或递减规律重新排列。该属性称为关键字，递增或递减规律称为升序或降序。

2）筛选是指让某些符合条件的数据行显示出来，而暂时隐藏不符合条件的数据行，这样可以更加清楚地显示需要的数据。

3）排序后，可以将相同类别的数据归纳在一起（汇总），按类别对数据进行计算。

任务巩固

1．如何使用“笔画排序”？

2．比较自动筛选和高级筛选。

3．在进行数据分类汇总时应注意哪些问题？

4．打开“班级成绩表”，将“班级成绩表”工作表中的相关数据复制到“Sheet2”工作表，如图 3-58 所示。各科成绩为“班级成绩表”中的“总评”成绩，要求如下。

1）用 SUM( )函数计算“总分”列。

2）用 AVERAGE( )函数计算“均分”列。

3）用 RANK( )函数计算“名次”列。

4）将“总分”降序排序，如图 3-59a 所示。

5）“自动筛选”工作表。

6）筛选出“均分”大于或等于 80 的数据，如图 3-59b 所示。

A1　　f_x　学号

	A	B	C	D	E	F	G	H	I	J	K	L	M	N
1	学号	专业	姓名	性别	Windows	office	语文	数学	德育	英语	总分	均分	名次	
2	2009001	计算机	石菊平	女	68.6	86.3	83	66.5	64.2	75.8				
3	2009002	计算机	常利强	男	87.2	74.6	78.9	75.3	63.5	70.7				
4	2009003	计算机	刘录保	男	68.4	75.6	85.4	78.8	78.1	76.5				
5	2009004	计算机	马丽军	女	77.9	76	81.7	76	64.4	71.9				
6	2009005	计算机	张书萍	女	78.1	73.5	83.5	72.6	69	73.3				
7	2009006	计算机	令记萍	女	77.4	75.6	78.2	75.1	67.9	85.1				
8	2009007	计算机	秦军红	男	58.5	65.6	87	70.9	63	55.5				
9	2009008	计算机	贺东祥	男	70	82.3	81	62.1	60	82.6				
10	2009009	计算机	洪应平	女	77.5	90	87	79.1	78.1	84.7				
11	2009010	计算机	洪莉娟	女	61.8	67	81	78.8	71.8	77.2				
12	2009011	计算机	本涛涛	女	75.3	68.6	81.7	72.3	60	67.6				
13	2009012	计算机	漆彬凤	女	74.4	76.5	80.7	73.3	66	68.8				
14	2009013	计算机	白申明	男	70.5	85.6	84.7	73.3	70.7	80.2				
15	2009014	计算机	田小芳	女	84.9	76.8	79.1	81.2	73.5	83.7				
16	2009015	计算机	漆亚迪	女	67.7	73	80	71.6	66	63				
17	2009016	计算机	孙苗苗	女	60	83.5	81	78.1	66	63				
18	2009017	计算机	王金霞	女	77.4	84.2	82.4	69.8	73.5	81.6				
19	2009018	计算机	田亚芳	女	77.2	73.9	84.7	76.7	67	60.9				
20	2009019	计算机	漆云龙	男	62	66.3	84	70	69.7	71.8				
21	2009020	计算机	韩芳	女	69.3	79.5	84.9	67.2	69	71.6				
22	2009021	计算机	李斌强	男	64.6	82.1	87.7	70	69.7	72.1				
23	2009022	计算机	焦丽荣	女	83	84.2	90	75.4	65.6	82.1				
24	2009023	计算机	师丽霞	女	78.8	83	87.9	71.9	78.1	72.1				
25	2009024	计算机	张招明	男	82.3	70	90.7	65.6	63	82.8				
26	2009025	计算机	杨江娟	女	73.7	68.1	82.4	70.7	65.1	66.5				
27	2009026	计算机	牛自杰	男	73.2	63	86.3	69.8	74.6	73.7				

班级成绩表　管理　Sheet3

图 3-58　复制后的“管理”工作表

K2　　f_x　=SUM(E2:J2)

	A	B	C	D	E	F	G	H	I	J	K	L	M	N
1	学号	专业	姓名	性别	Window	offic	语文	数学	德育	英语	总分	均分	名次	
2	2009009	计算机	洪应平	女	77.5	90	87	79.1	78.1	84.7	496	83	1	
3	2009022	计算机	焦丽荣	女	83	84.2	90	75.4	65.6	82.1	480	80	2	
4	2009014	计算机	田小芳	女	84.9	76.8	79.1	81.2	73.5	83.7	479	80	3	
5	2009033	计算机	王艳霞	女	87.7	73	90	72.1	71.2	82.1	476	79	4	
6	2009035	计算机	王凯	男	77.5	80	89.3	69	71.6	87.5	475	79	5	
7	2009038	计算机	赵丹丹	女	87.9	76.5	87.2	78.8	66	77.7	474	79	6	
8	2009029	计算机	后玉芳	女	85.1	77	82.8	79.3	70.4	79.3	474	79	7	
9	2009023	计算机	师丽霞	女	78.8	83	87.9	71.9	78.1	72.1	472	79	8	
10	2009017	计算机	王金霞	女	77.4	84.2	82.4	69.8	73.5	81.6	469	78	9	
11	2009013	计算机	白申明	男	70.5	85.6	84.7	73.3	70.7	80.2	465	78	10	
12	2009003	计算机	刘录保	男	68.4	75.6	85.4	78.8	78.1	76.5	463	77	11	
13	2009028	计算机	年尕芳	女	76.3	77.7	80.3	76.3	72.6	79.5	463	77	12	
14	2009006	计算机	令记萍	女	77.4	75.6	78.2	75.1	67.9	85.1	459	77	13	
15	2009036	计算机	杜调云	女	77.5	80.7	87.9	65.6	67	79.8	459	76	14	
16	2009039	计算机	吴圆圆	女	82.4	70	81	74.4	74.7	75.8	458	76	15	

a）

L2　　f_x　=AVERAGE(E2:J2)

	A	B	C	D	E	F	G	H	I	J	K	L	M	N
1	学号	专业	姓名	性别	Window	offic	语文	数学	德育	英语	总分	均分	名次	
2	2009009	计算机	洪应平	女	77.5	90	87	79.1	78.1	84.7	496	83	1	
3	2009022	计算机	焦丽荣	女	83	84.2	90	75.4	65.6	82.1	480	80	2	
42														
43														

b）

图 3-59　“管理”工作表的“排序”和“筛选”

a）排序后　b）筛选后

任务6　分析“商品销售记录”——数据分析

任务目标

Excel 有强大的数据分析功能。在本任务中将学会创建表，并用表分析和管理数据，学会利用表创建“数据透视表”和图表。理解表、数据透视表、图表的相关概念和操作。

任务分析

先将“商品销售记录”转换为表，然后利用表创建“数据透视表”和“图表”，再分析“商品销售记录”，相关知识和操作如下。

1）表的创建。

2）数据透视表的创建和相关概念。

3）图表的创建和相关概念。

相关知识

1．表格

Excel 2007 最重要的新增功能之一就是表格。表格是一个矩形的数据区域，一般包含一行文本标题用于描述每列内容。Excel 一直都支持表格，但新版的功能使普通任务变得更为简单，而且外观也非常漂亮，如图 3-60 所示，其特性如下。

1）通过单击自动设置格式。

2）轻松地在表格的汇总行中插入公式。

3）如果列中的每个单元格包含相同的公式，当编辑其中一个公式时，其他的自动进行更改。

4）轻松地在表格的行标题和汇总行切换显示。

5）轻松地删除重复项。

6）已扩展“自动筛选”和“排序”。

7）如果根据表格创建一张图表，则图表总是反映表中的数据，即使添加新行也会立即反映出来。

8）如果向下滚动一张表，以致标题行不再可见，则工作表列字母自动被列标题替换显示。

2．数据透视表

数据透视表是 Excel 中技术最完善的组件。只需要简单的鼠标操作，就能按照许多不同的方式切分数据表，得出希望的任何汇总数据，如图 3-61 所示，其本质是从数据中产生一个动态的汇总报表。数据透视表可以把无穷多的行列数据转换成有意义的数据表示。

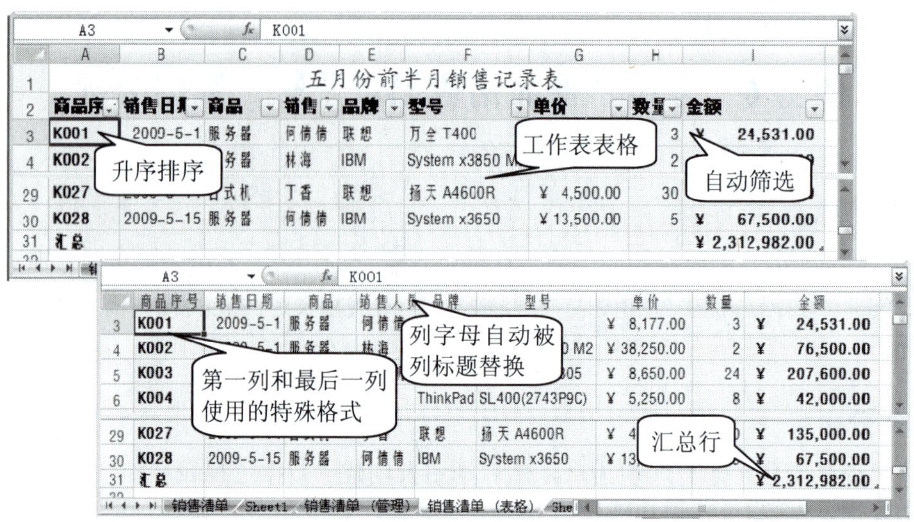

图 3-60　表格

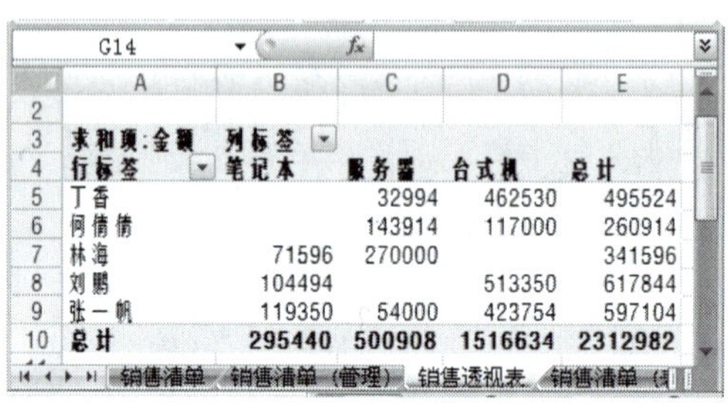

求和项:金额	列标签			
行标签	笔记本	服务器	台式机	总计
丁香		32994	462530	495524
何倩倩		143914	117000	260914
林海	71596	270000		341596
刘鹏	104494		513350	617844
张一帆	119350	54000	423754	597104
总计	295440	500908	1516634	2312982

图 3-61　简单的销售数据透视表

3．图表

Excel 能以图表形式提供可视化的数据，图表是数值的可视化表示，能让表格中显示的数据更加容易理解。

Excel 中有许多图表类型，如柱形图、折线图、饼图、条形图、面积图、XY 散点图、股价图、曲面图、圆环图、气泡图和雷达图等。选择正确的图表类型通常是信息表达效果的一个关键因素。因此，在使用时应根据数据的不同选择最好的图表类型。

实现步骤

1．创建表格

制作数据透视表之前应先插入表格。在制作前先将“销售清单（管理）”工作表复制，并重命名为“销售清单（表格）”，而后创建表格。创建表格的操作如图 3-62 所示。

第一步：选择转换为表格的任意一个单元格。

第二步：单击“插入”选项卡。

第三步：单击“表”组→“表”按钮，弹出“创建表”窗口。

第四步：选择“表数据的来源”为“$A$2:$I$30”。

第五步：单击“确定”按钮。

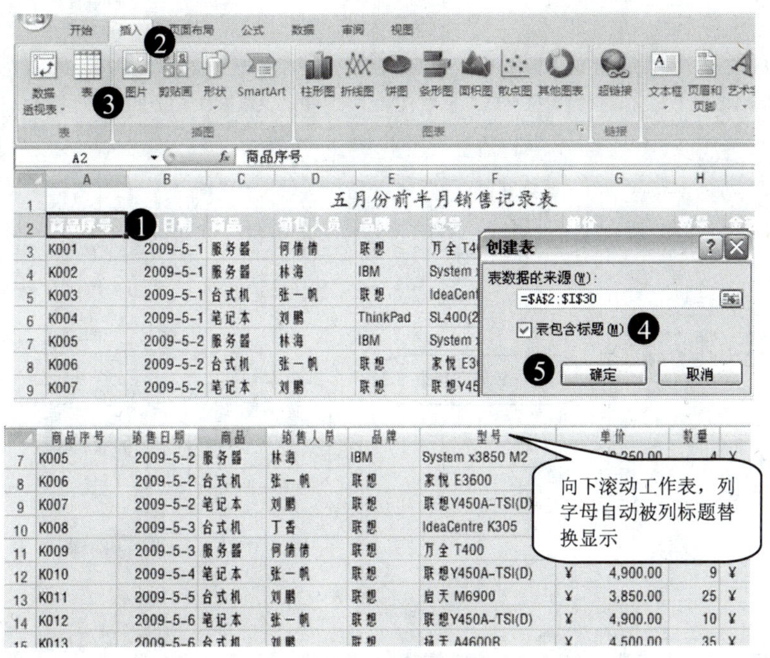

图 3-62　创建表格

2．创建数据透视表

为了了解销售人员的销售情况，下面用数据透视表分析数据。表创建完成后，创建数据透视表，可以由表或单元格区域创建。下面用表创建为例进行介绍，操作如图 3-63 所示。

第一步：选择表中的任意一个单元格。

第二步：单击“插入”选项卡→“表”组→“数据透视表”按钮。

第三步：在“创建数据透视表”窗口“表/区域”中选择“表 1”，默认为活动单元格所在的表，还可选择其他表。

第四步：单击“确定”按钮。

第五步：将新建的工作表重命名为“销售透视表”。

第六步：将“商品”字段拖入“列标签”，“销售人员”字段拖入“行标签”，将“金额”字段拖入“数字”。

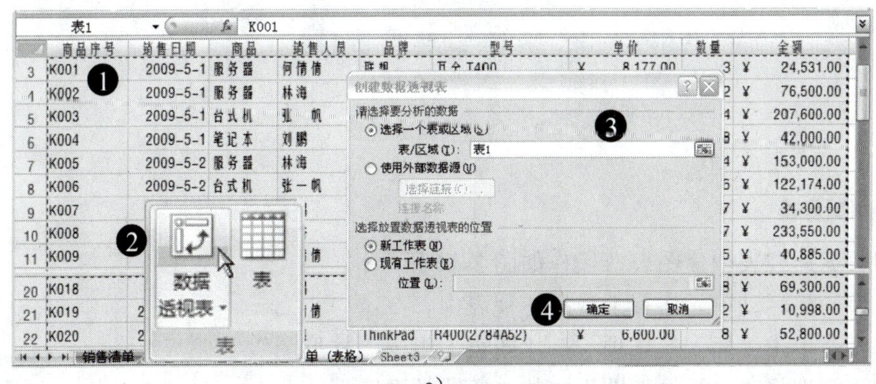

a）

图 3-63　创建数据透视表

第 3 章 Excel 2007 电子表格

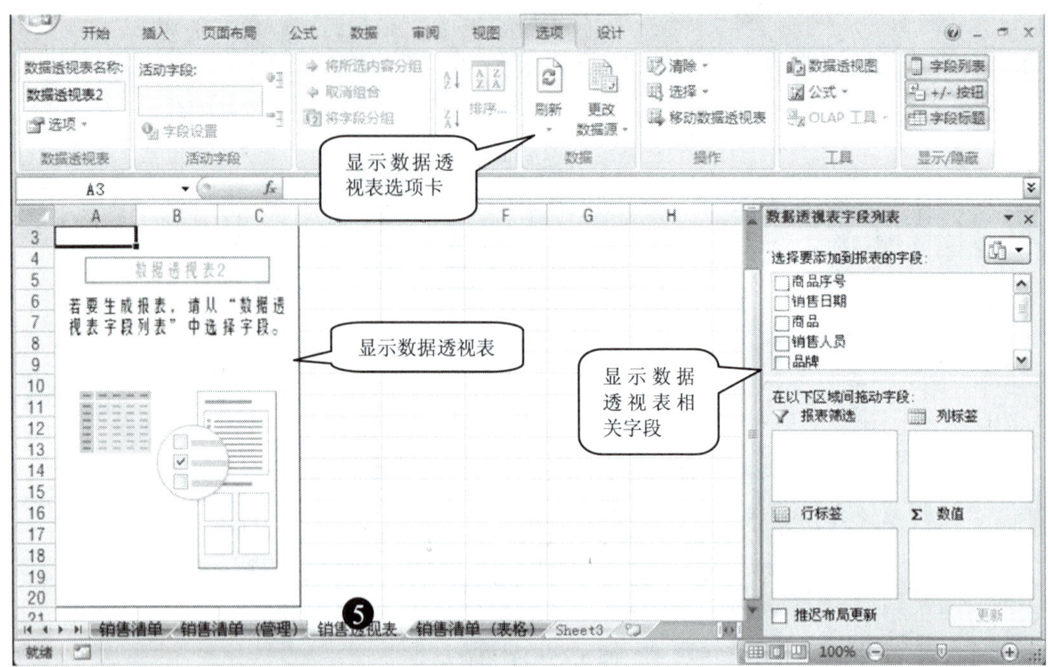

b）

	A	B	C	D	E
3	求和项:金额	列标签			
4	行标签	笔记本	服务器	台式机	总计
5	丁香		32994	462530	495524
6	何倩倩		143914	117000	260914
7	林海	71596	270000		341596
8	刘鹏	104494		513350	617844
9	张一帆	9350	54000	423754	597104
10	总计	5440	500908	1516634	2312982

在透视表中显示并汇总出了销售人员的销售情况

c）

图 3-63　创建数据透视表（续）

3．制作图表

利用数据透视表创建图表，操作如图 3-64 所示。

第一步：将活动单元格置于数据透视表中。

第二步：单击“插入”选项卡→“图表”组→“柱形图”。

第三步：选择“二维柱形图”中的“簇状柱形图”。

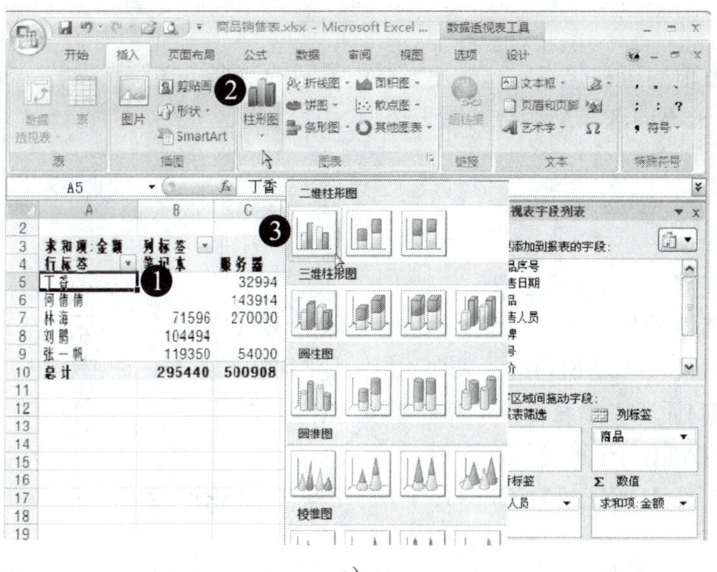

a）

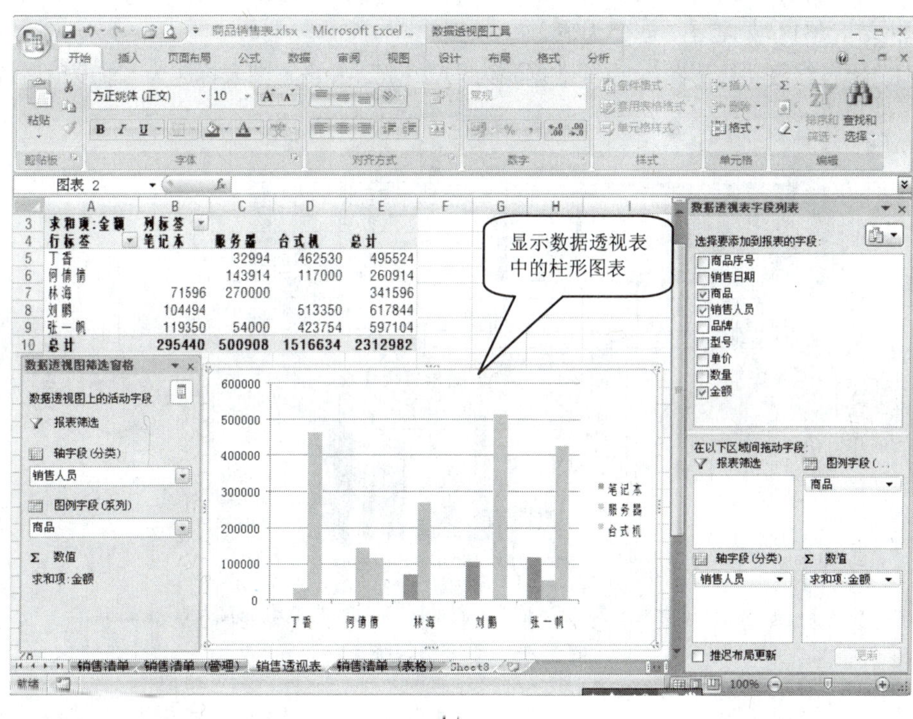

b）

图 3-64　利用数据透视表创建图表

任务小结

通过本节任务的学习，我们已掌握以下内容。

1）表格是一个矩形的数据区域，一般包含一行文本标题用于描述每列内容。

2）数据透视表是 Excel 中技术最完善的组件。通过拖动字段来切分数据表，得出希望的汇总数据。

3）图表是数值的可视化表示，能使表格中显示的数据更加容易理解。Excel 中有许多图表，应根据数据的不同选择最适合的图表类型。

任务巩固

1．图表的格式是否可以更改？

2．图表能否单独打印？

3．用公式计算“季度销售统计表”，并格式化和插入图表。如图 3-65 所示，要求如下：

1）用 SUM( )计算“季度合计”和“年度合计”。

2）用 AVERAGE( )计算“年平均值”。

3）用 MIN( )、MAX( )和 COUNT( )分别计算“最低销售额”、“最高销售额”和“产品种类数”。

4）“年平均值”大于或等于 45，则“评价”为“畅销”，小于为“一般”。

5）将单元格区域 A2:E7 创建为表。

6）插入“三维簇状柱形图”，设置数据源为“A2:E7”，并设置图表标题为“季度销售统计表”。

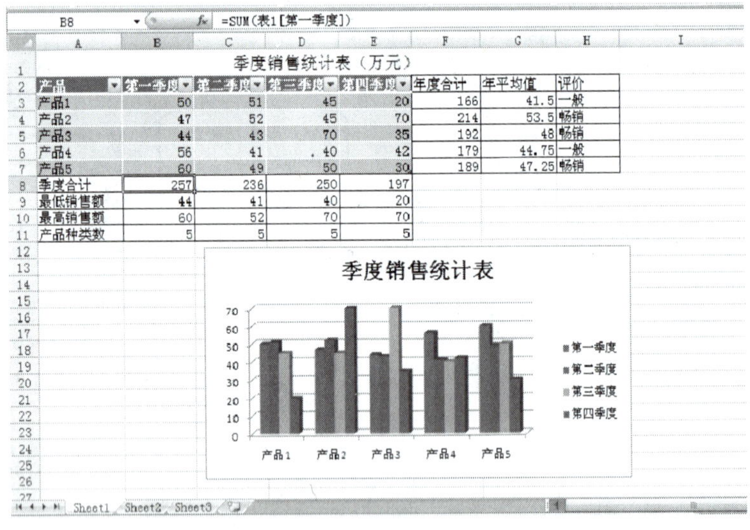

B8 =SUM(表1[第一季度])

季度销售统计表（万元）

产品	第一季度	第二季度	第三季度	第四季度	年度合计	年平均值	评价
产品1	50	51	45	20	166	41.5	一般
产品2	47	52	45	70	214	53.5	畅销
产品3	44	43	70	35	192	48	畅销
产品4	56	41	40	42	179	44.75	一般
产品5	60	49	50	30	189	47.25	畅销
季度合计	257	236	250	197			
最低销售额	44	41	40	20			
最高销售额	60	52	70	70			
产品种类数	5	5	5	5			

图 3-65　季度销售统计表

任务 7　打印“商品销售记录”——打印工作表

任务目标

工作表制作完成后可通过“页面设置”→“打印预览”→“打印”，将工作表打印出来。

1）通过本任务中设置页面的学习，我们将能掌握纸张大小和方向、页边距、页眉页脚、分页符、打印标题等的设置。

2）通过打印预览观察打印效果。

3）掌握选择打印机、设置打印范围、选择打印内容和打印份数。

任务分析

首先进行页面设置，有纸张大小和方向、页边距、页眉页脚、分页符、打印标题等，而后用打印预览观察打印效果，最后打印输出，相关知识和操作如下。

1）完成“销售清单”工作表的页面设置。

2）打印预览“销售清单”工作表。

3）打印“销售清单”工作表。

相关知识

页面视图

Excel 2007 的视图分别是“普通”、“分页布局”和“分页预览”。

1）“普通”视图：工作表的默认视图，能显示分页符。

2）“页面布局”视图：显示单个页面的视图。Excel 2007 的新特性之一就是“页面布局”视图，它将工作表分成页面来显示，也就是说，在工作时可以看到打印外观，如图 3-66 所示。

3）“分页预览”视图：可以手工调整分页符的视图，如图 3-67 所示。

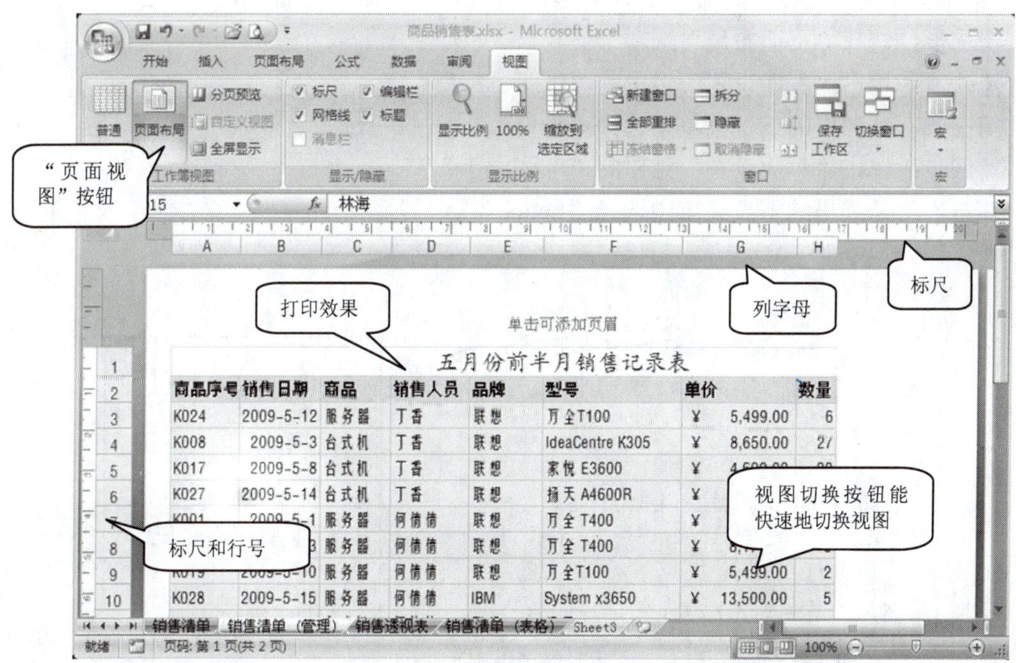

图 3-66　分页布局

-月销售记录表

型号	单价	数量	金额
万全T100	¥ 5,499.00	6	¥ 32,994.00
IdeaCentre K305	¥ 8,650.00	27	¥ 233,550.00
家悦 E3600	¥ 4,699.00	20	¥ 93,980.00
扬天 A4600R	¥ 4,500.00	30	¥ 135,000.00
万全 T400	¥ 8,177.00	3	¥ 24,531.00
万全 T400	¥ 8,177.00	5	¥ 40,885.00
万全T100	¥ 5,499.00	2	¥ 10,998.00
System x3650	¥ 13,500.00	5	¥ 67,500.00
扬天 A4600R	¥ 4,500.00	26	¥ 117,000.00
R400(2784A52)	¥ 6,600.00	8	¥ 52,800.00
联想G450A-TSI	¥ 4,699.00	4	¥ 18,796.00
System x3850 M2	¥ 38,250.00	2	¥ 76,500.00
System x3850 M2	¥ 38,250.00	4	¥ 153,000.00
System x3650	¥ 13,500.00	3	¥ 40,500.00
SL400(2743P9C)	¥ 5,250.00	8	¥ 42,000.00
联想Y450A-TSI(D)	¥ 4,900.00	7	¥ 34,300.00
联想G450A-TSI	¥ 4,699.00	6	¥ 28,194.00

图 3-67　分页预览视图

实现步骤

在 Excel 中打印输出工作表的操作流程与在 Word 中打印文档基本相同。但是，在 Excel 中的关于打印图表、分页、标题设置方面与 Word 不同。

工作表制作完成后，如果要打印出来，可以使用 Excel 2007 系统默认的设置进行打印，也可以自己进行设置。在打印工作表之前都要根据实际需要对页面进行设置。

1．设置纸张的大小和方向

打印之前要根据实际情况设置纸张的大小和方向。如将“销售清单”的页面设置为“横向”，纸张大小为“Letter”。操作如图 3-68 所示。

第一步：选择“页面布局”选项卡。

第二步：单击“页面设置”组中的“纸张方向”。

第三步：从弹出的下拉菜单中选择“横向”。

第四步：单击“页面设置”组中的“纸张大小”。

第五步：从弹出的下拉菜单中选择“Letter”。

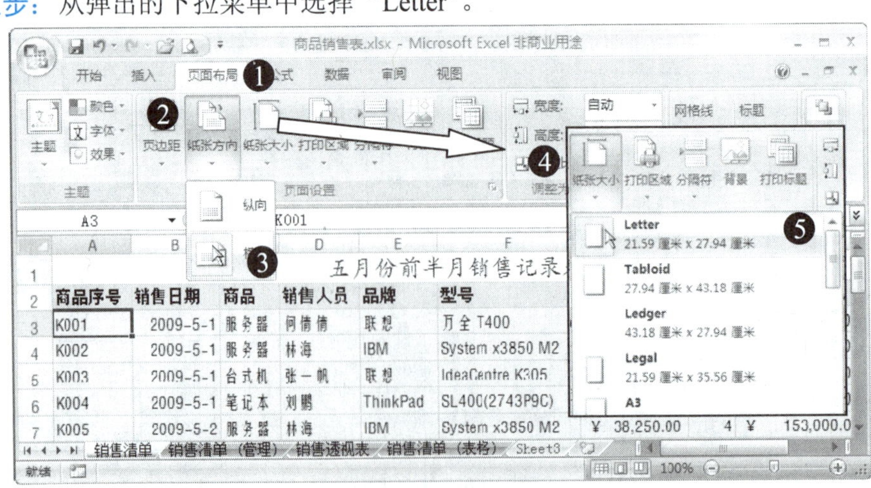

图 3-68　设置纸张的大小和方向

2. 设置页边距

设置页边距，操作如图 3-69 所示。

第一步：选择“页面布局”选项卡。

第二步：单击“页面设置”组→“页边距”。

第三步：从下拉菜单中选择“普通”选项。

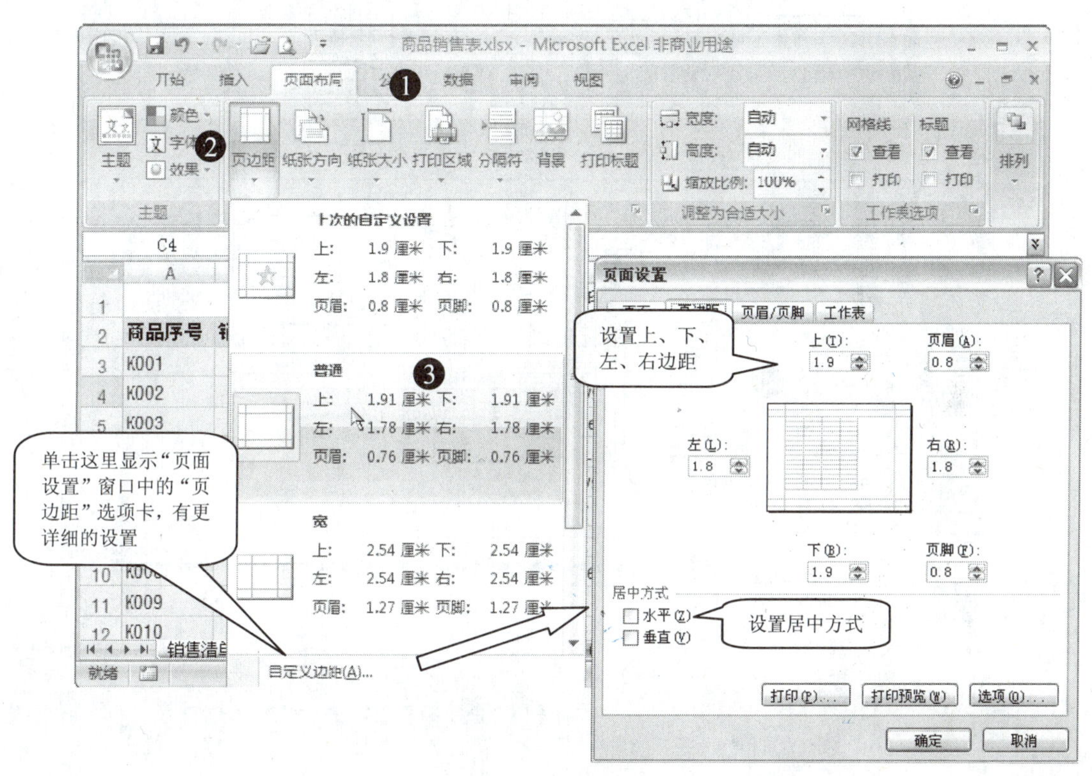

图 3-69 设置页边距

3. 设置页眉页脚

页眉位于文档顶端，主要用来显示表格名称、标题等内容，页脚位于文档底端，显示页码、日期和时间等信息。设置页眉和页脚的操作如图 3-70 所示。

第一步：在“视图切换区”单击“页面布局”按钮，切换到“页面布局”视图。

第二步：单击页脚中的“单击可添加页脚”所在区域。

第三步：单击“页眉和页脚工具”→“设计”选项卡→“页眉和页脚”组→“页脚”按钮。

第四步：从下拉菜单中选择“第 1 页，共？页”。

第五步：单击右侧的“页眉”区域。

第六步：单击“页眉和页脚工具”→“设计”选项卡→“页眉和页脚元素”组→“文件路径”按钮。

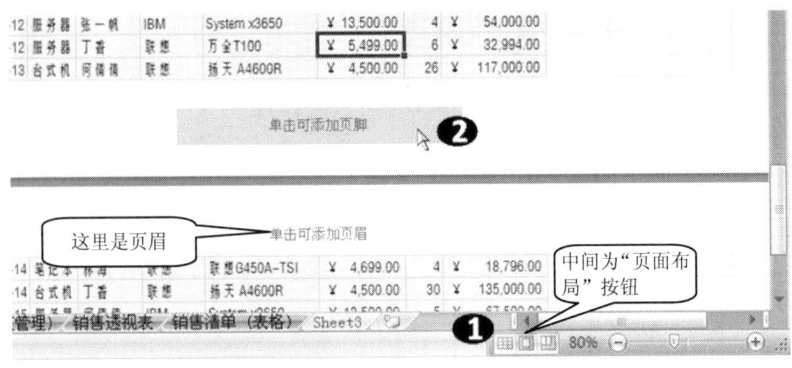

a）

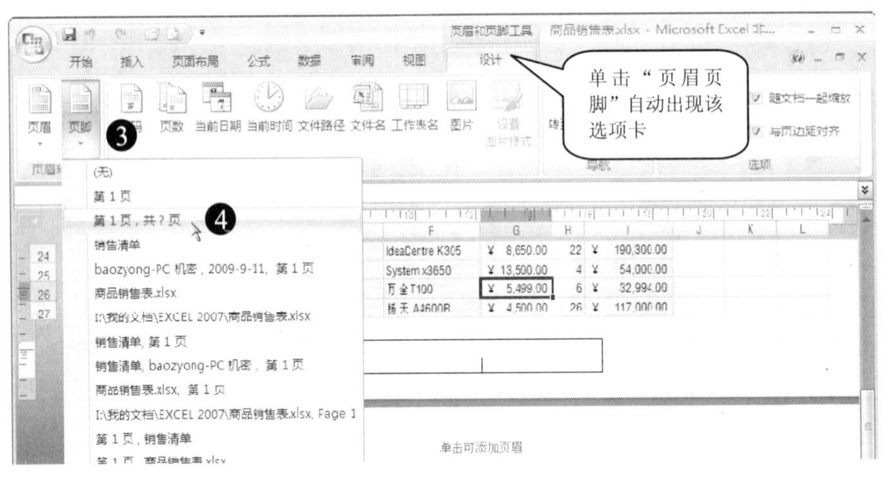

b）

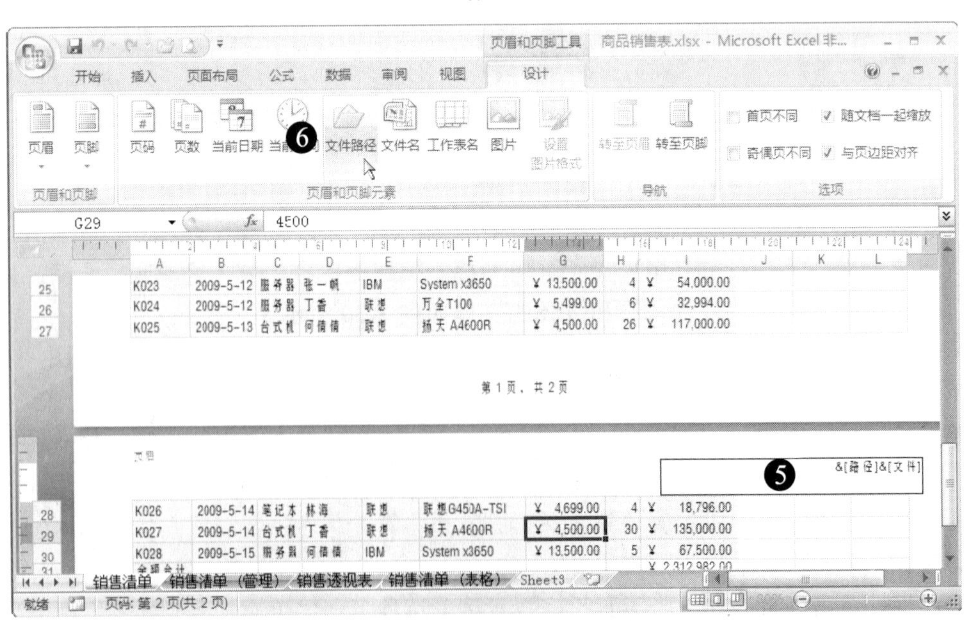

c）

图 3-70　设置页眉页脚

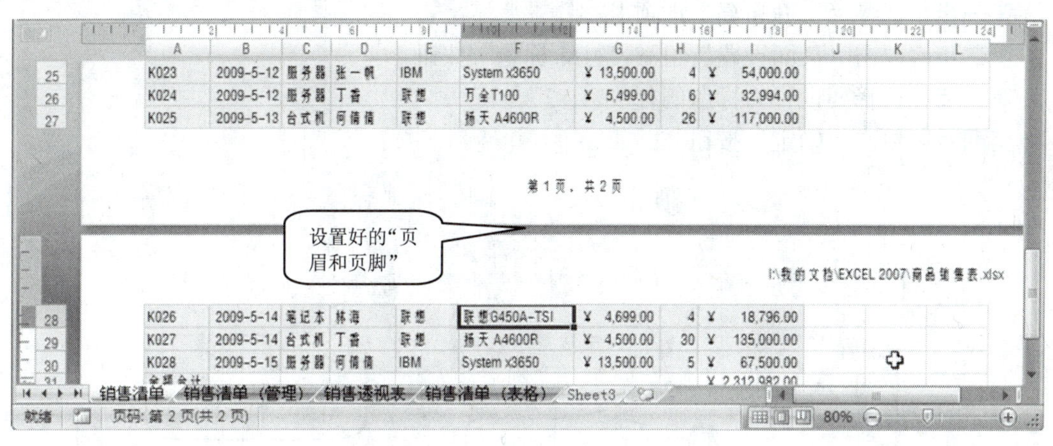

d）

图 3-70　设置页眉页脚（续）

4．插入分页符

制作表格时，经常遇到数据太多、表格太长的情况，可以根据自己的需要，并结合纸张大小合理地插入分页符。操作如图 3-71 所示。

第一步：选择要插入“分页符”的单元格，如单元格 A24。

第二步：选择“页面布局”选项卡。

第三步：单击“页面设置”→“分页符”。

第四步：从下拉菜单中选择“插入分页符”。

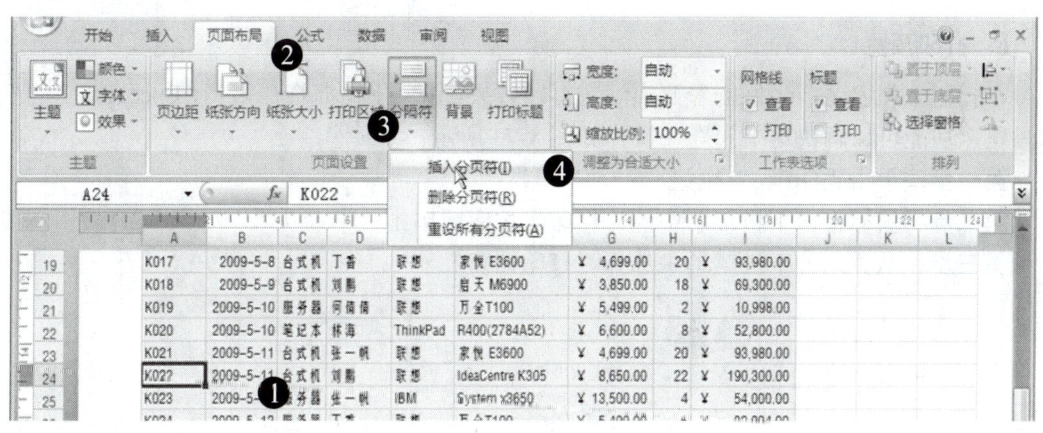

图 3-71　插入分页符

5．设置打印标题

在实际生活中，我们经常会遇到制作的表格数据很多，打印表格时需要打印多张纸，但通过打印的多张表格中只有第一张有表头（表格名称和标题行），给分析和使用数据带来极大的不便。Excel 2007 能够实现让打印的多张纸都有表头，这就需要使用“打印标题”功能，操作如图 3-72 所示。

第一步：选择“页面布局”选项卡。

第二步：单击“页面设置”组→“打印标题”按钮。

第三步：选择要设置为标题的行“$1:$2”。

第四步：单击“确定”按钮。

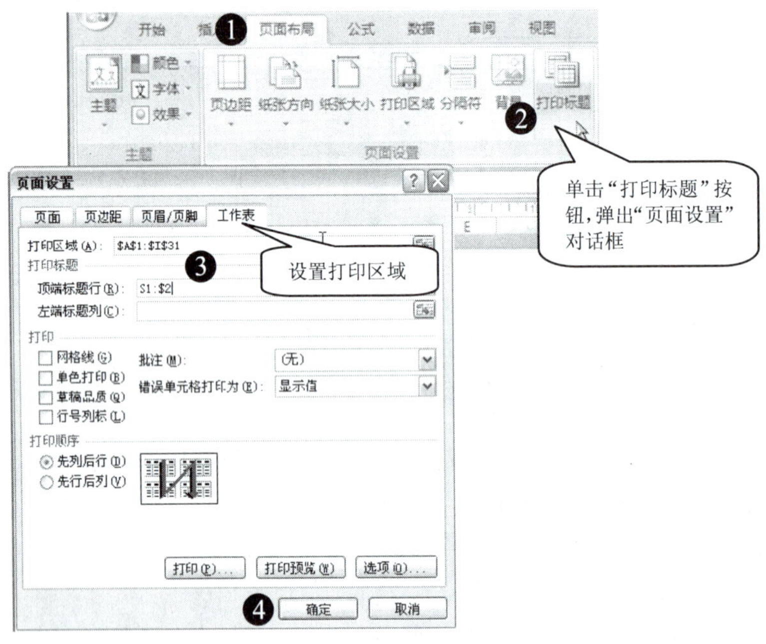

图 3-72　设置打印标题

6. 打印预览

在打印工作表之前最好能看到实际的打印效果，以免出错而造成浪费，Excel 2007 的“打印预览”功能可以解决这个问题，操作如图 3-73 所示。

第一步：单击“Office”按钮。

第二步：鼠标指向下拉菜单中的“打印”按钮或单击“小箭头”。

第三步：从弹出的下级菜单中选择“打印预览”。

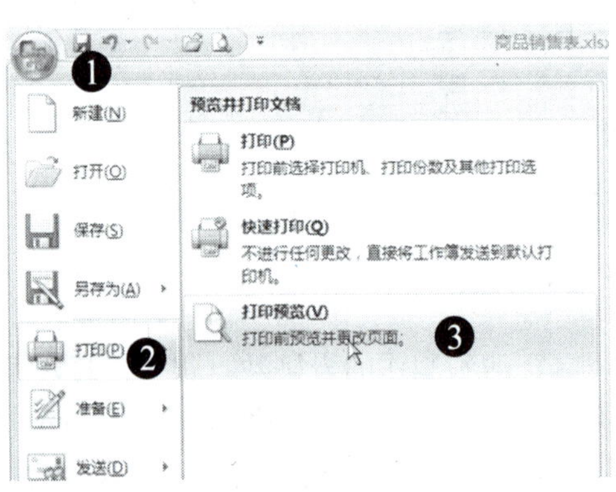

图 3-73　打印预览

7．打印工作表

单击图 3-73 中的“快速打印”，Excel 将不进行任何设置，以默认的打印机、页数等打印工作表。

单击图 3-73 中的“打印”，弹出“打印内容”窗口。设置“打印内容”的操作如图 3-74 所示。

第一步：选择打印机。

第二步：选择打印范围。

第三步：选择打印内容。

第四步：选择打印份数。

第五步：单击“确定”按钮。

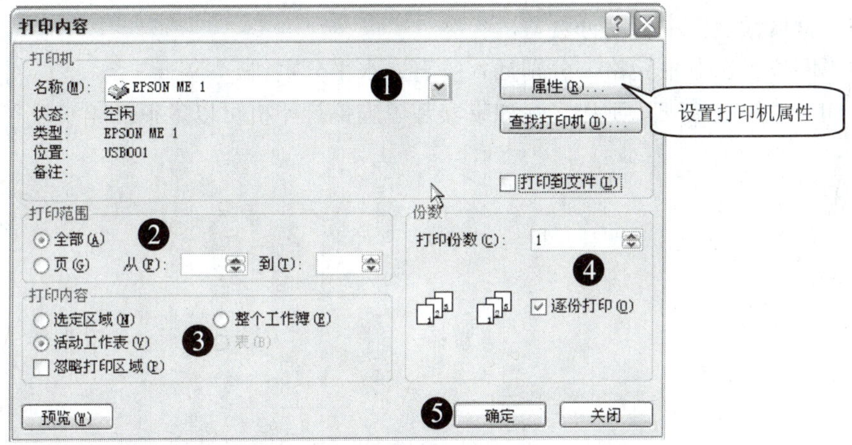

图 3-74　打印设置

小百科

不同打印机支持的纸张不同，会影响页面设置，如纸张等与打印机有关的内容因此应该先选择好打印机。单击“Office”按钮→“打印”，从“打印内容”对话框中选择打印机，单击“关闭”按钮即可。

任务小结

通过本节任务我们学习了以下 Excel 2007 打印工作表的相关知识和操作。

1）页面设置，包括对纸张大小和方向、页边距、页眉页脚、分页符、打印标题等的设置。

2）打印预览。

3）打印工作表的相关方法和选项设置。

任务巩固

1．如何打印工作表中的部分内容？

2. 说说打印标题的意义。

3. 比较 Word 和 Excel 中“页面设置”、“打印预览”、“打印”等功能的异同。

4. 打开“班级成绩表”工作簿文件，完成下面操作。

1）“班级成绩表”工作表的页面设置的要求见表 3-9。

表 3-9 页面设置要求

设 置 项 目	设置内容参数
页面	横向、缩小 95%、A4 纸张、600 点/英寸，起始页码为自动
页边距	左、右边距 1.5cm，上、下边距 2.5cm，水平居中方式、页眉页脚 0.8cm
创建自定义页眉/页脚	页眉：左边为日期，右边为时间 页脚：中间为页码以及总页数，右边为文件路径、文件名

2）预览设置的工作表。

3）在“分页预览”中移动分页符。

4）在不同位置选取单元格，分别插入垂直、水平分页符。

5）打印“班级成绩表”工作表（如果安装了虚拟打印机可以虚拟打印）。

第 4 章　PowerPoint 2007 演示文稿

PowerPoint 2007 是一款专门制作演示文稿的应用软件，可以制作出集文字、图形、图像以及视频等为一体的多媒体演示文稿。PowerPoint 被广泛应用在演讲、报告、各种会议、产品演示和多媒体课件制作等众多领域。通过本章的学习，可以帮助读者快速建立美观、专业的演示文稿。

任务1 创建演示文稿“宠物连连看”画册封面——初识 PowerPoint 2007

任务目标

通过制作“宠物连连看”画册封面，可以使我们初步对 PowerPoint 2007 的特点、工作界面有所了解，并熟练掌握 PowerPoint 2007 的启动、退出和演示文稿创建、保存的方法，同时学会在幻灯片中添加文本、编辑文本、插入图片及给幻灯片设置背景的方法。

任务分析

为了完成创建“宠物连连看”演示文稿画册的任务，首先我们要对 PowerPoint 2007 的基本操作和工作界面有所了解，同时要为制作封面幻灯片准备素材，然后开始动手创建演示文稿。我们需要掌握的知识点主要有。

1）PowerPoint 2007 的启动和退出。

2）熟悉 PowerPoint 2007 的界面。

3）演示文稿的新建、保存和退出。

4）在幻灯片中添加文本、编辑文本及格式化文本。

5）在幻灯片中插入图片背景。

相关知识

1．PowerPoint 2007 的启动和退出

（1）启动 PowerPoint 2007

PowerPoint 2007 和其他应用软件一样，常用的启动方法有两种，即“开始”菜单启动和桌面快捷图标启动。

1）“开始”菜单启动。“开始”菜单启动在 Windows 操作系统中是最常用的一种方法。启动步骤为：

单击“开始”按钮，打开“开始”菜单→选择“所有程序”，打开程序列表→在程序列表中选择“Microsoft Office”→在弹出的菜单中单击“Microsoft Office PowerPoint 2007”。通过以上方法即可启动 PowerPoint 2007，如图 4-1 所示。

2）桌面快捷图标启动。如果桌面上有 PowerPoint 2007 演示文稿图标，则可以直接双击桌面上的图标快速启动 PowerPoint 2007 程序。

（2）退出

退出 PowerPoint 2007 程序时，通常要先保存文档然后再退出，使用下面几种方法都可以退出程序。

1）单击“Office”按钮，打开“Office”开始菜单，再单击“Office”开始菜单右下角的“退出 PowerPoint(X)”按钮，即可关闭文档退出程序。

图 4-1　启动 PowerPoint 2007

2）单击标题栏最右端的 × 按钮退出。

3）通过组合键<Alt+F4>退出。

2．认识 PowerPoint 2007 工作界面

启动 PowerPoint 2007 的同时，就打开了 PowerPoint 2007 工作界面，我们会看到，工作界面主要包括标题栏、Office 按钮、快速访问工具栏、功能选项卡、功能区、编辑区、状态栏和视图栏等几部分，如图 4-2 所示。

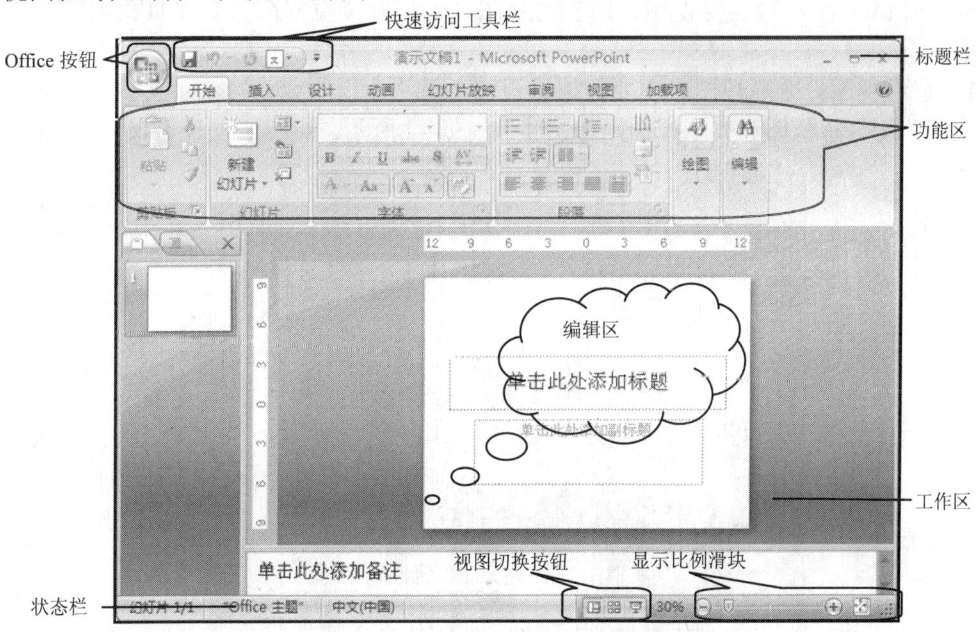

图 4-2　PowerPoint 2007 工作界面

（1）窗口组成

1）标题栏。标题栏位于工作界面的顶端。在它的中部显示当前应用程序的名称和演示文稿的名称，左端是快速访问工具栏和“Office”按钮，右端有三个按钮，作用依次是实现最小化、最大化（还原）和关闭。

2）Office 按钮。“Office”按钮位于上述 Microsoft Office 程序的左上角。单击“Office”按钮时，会打开菜单和列表，将看到在左侧列出了打开、保存、打印和发布文件等基本命令，在右侧列出了最近使用过的文档。

3）快速访问工具栏。快速访问工具栏位于“Office”按钮右侧，它为用户提供了最常用的命令按钮，如“保存”、“撤销”、“恢复”等按钮。快速访问工具栏是一个可自定义的工具栏，用户还可以根据需要向快速访问工具栏中添加命令按钮。添加命令按钮的方法是单击“自定义快速访问工具栏”右端的按钮，打开“自定义快速访问工具栏”菜单，然后选择需要的命令即可；也可以直接把功能区上显示的命令向快速访问工具栏中添加，方法是右键单击要添加的命令按钮，这时会打开一个快捷菜单，单击此菜单上的“添加到快速访问工具栏”命令即可。

4）功能区。功能区由多个选项卡组成，命令被组织集中在选项卡中。它们是“开始”选项卡、“插入”选项卡、“设计”选项卡、“动画”选项卡、“幻灯片放映”选项卡、“审阅”选项卡、“视图”选项卡和加载项选项卡等。

5）幻灯片编辑区。编辑区是幻灯片制作的主要工作区，幻灯片的编辑和显示都是在这个区域完成，它是工作界面中最大的一部分。

6）其他区域。另外，位于工作界面底端的是状态栏，在它的左端显示当前演示文稿的工作状态和常用参数，在它的右端依次是视图切换按钮和显示比例滑块，单击相应的视图切换按钮可以使用不同的模式查看演示文稿内容，比例滑块用来调节编辑区的显示比例。

（2）视图形式

PowerPoint 有 4 种主要视图，即普通视图、幻灯片浏览视图、备注页视图和幻灯片放映视图。

1）普通视图。普通视图是主要的编辑视图，可用于撰写或设计演示文稿。它又分为两种形式，即幻灯片视图和大纲视图，如图 4-3、图 4-4 所示。

图 4-3　幻灯片视图

2）幻灯片浏览视图。幻灯片浏览视图是以缩略图形式显示幻灯片的视图，如图 4-5 所示。

3）备注页视图。用户可以在“备注”窗格中键入备注说明文字，该窗格位于“普通”视图中“幻灯片”窗格的下方，如图 4-6 所示。

4）幻灯片放映视图。幻灯片放映视图就是实际放映演示文稿时的视图。

图 4-4　大纲视图

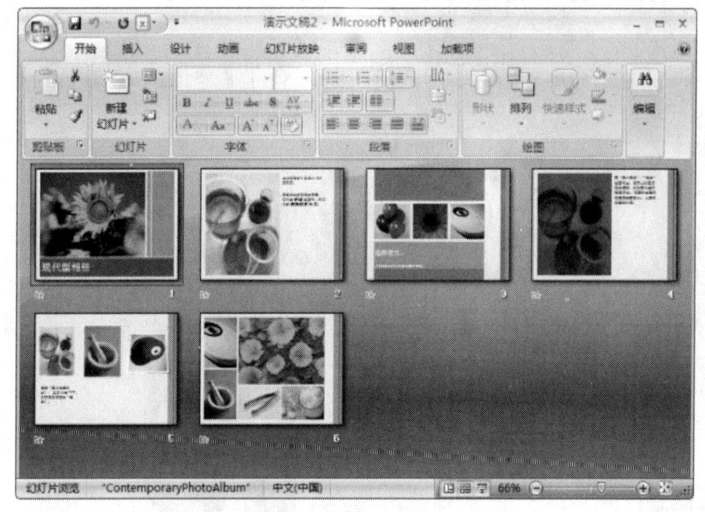

图 4-5　幻灯片浏览视图

图 4-6　备注页视图

3．演示文稿的基本操作

在 PowerPoint 2007 中，演示文稿和幻灯片是两个不同的概念，它们之间既有区别，又有联系。我们把 PowerPoint 2007 创建的文件叫演示文稿，而演示文稿中的每一页叫幻灯片。

（1）新建演示文稿

新建演示文稿的方法有多种，常用的方法有创建一个空白演示文稿、根据已安装的模板新建和根据已安装的主题新建等。其中，创建空白演示文稿是最常用的一种创建演示文稿的方法，下面所讲的是创建空白演示文稿的方法，具体操作步骤如下。

1）单击“Office”按钮，打开“Office 开始”菜单→选择“新建”按钮并单击。

2）在打开的“新建演示文稿”对话框中，选择“新建演示文稿”活动窗口左侧“模板”列表中的“空白文档和最近使用过的文档”选项→在活动窗口中间单击选择“空白演示文稿”→单击活动窗口右下角的创建按钮。如图 4-7 所示。

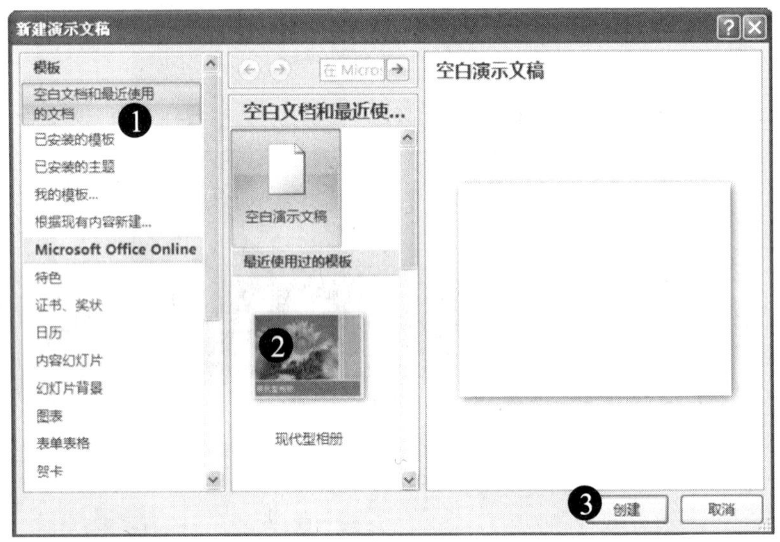

图 4-7　新建空白演示文稿

通过上述步骤创建的空白演示文稿如图 4-8 所示。出现在工作区的就是该演示文稿的第一张幻灯片即标题幻灯片。

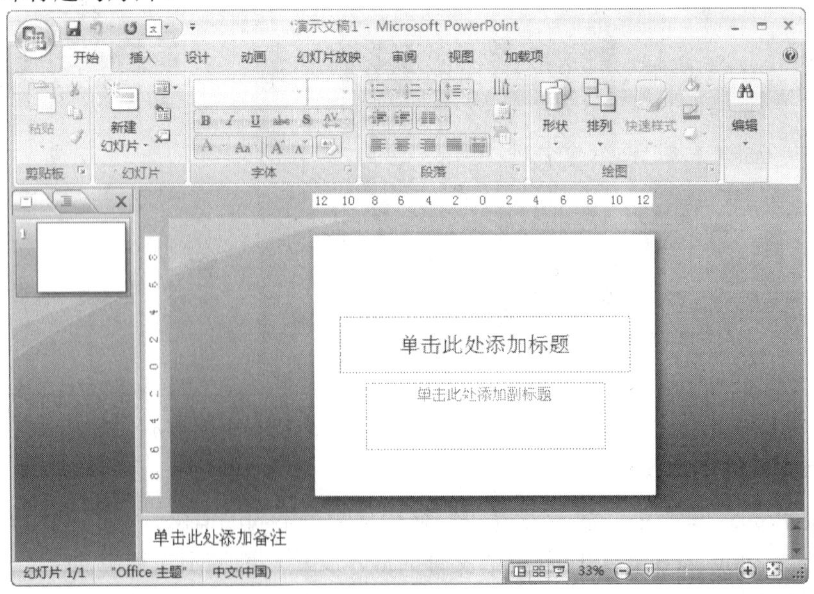

图 4-8　空白演示文稿

小百科

在启动ppt程序时，系统会自动创建一个空白演示文稿，并命名为演示文稿1。另外，还可以用快捷键<Ctrl+N>新建演示文稿。

拓展知识

PowerPoint 2007除了前面所讲的创建演示文稿的方法外，还可以根据已安装的主题、已安装的模板创建演示文稿。

（1）根据已安装的模板创建演示文稿

模板是一种以特殊格式保存的演示文稿，PowerPoint 2007提供了很多美观的模板，这些模板将演示文稿的样式、风格，包括幻灯片的背景、装饰图案、文字布局及颜色、大小等均已预先设计。

在对PowerPoint 2007操作不太熟悉，但又想在短时间内创建出比较有专业性的演示文稿时，用模板创建是一个不错的选择。操作步骤为：

1）单击“Office”按钮，打开“Office开始”菜单→单击“新建”按钮，打开“新建演示文稿”对话框。

2）单击“新建演示文稿”对话框左侧列表中的“已安装的模板”选项→在右侧“已安装的模板”区域中选取一个所需的模板（古典型相册模板）→单击“新建演示文稿”对话框右下角的 创建 按钮，如图4-9所示。

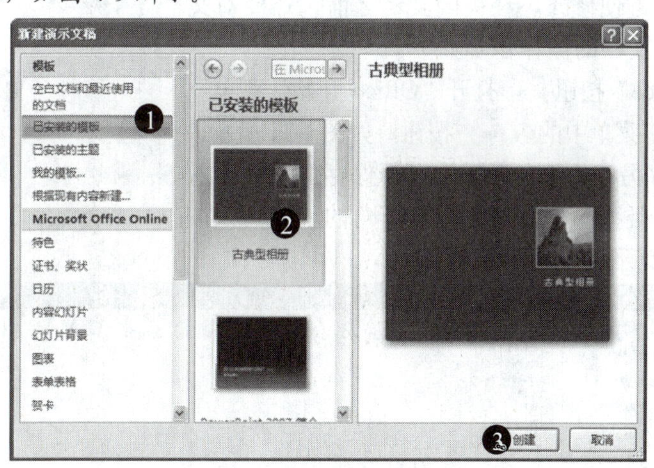

图4-9 根据模板创建演示文稿

通过以上步骤，就完成了创建“古典型相册”模板的任务。然后按照需要进行修改，就会快速创建一个属于自己的相册。

（2）根据已安装的主题创建演示文稿

文档主题是一组格式选项，包括一组主题颜色、一组主题字体（包括标题字体和正文字体）和一组主题效果（包括线条和填充效果）。主题是PowerPoint 2007预先为用户设计好的版式。通过应用文档主题，可以快速而轻松地设置整个文档的格式。根据已安装的主题创建演示文稿要完成以下步骤：

1）单击“Office”按钮，打开“Office 开始”菜单→单击“新建”按钮，打开“新建演示文稿”对话框。

2）单击“新建演示文稿”对话框左侧列表中的“已安装的主题”选项→在右侧“已安装的主题”区域中选取一个所需的主题→单击“新建演示文稿”对话框右下角的创建按钮，如图 4-10 所示。

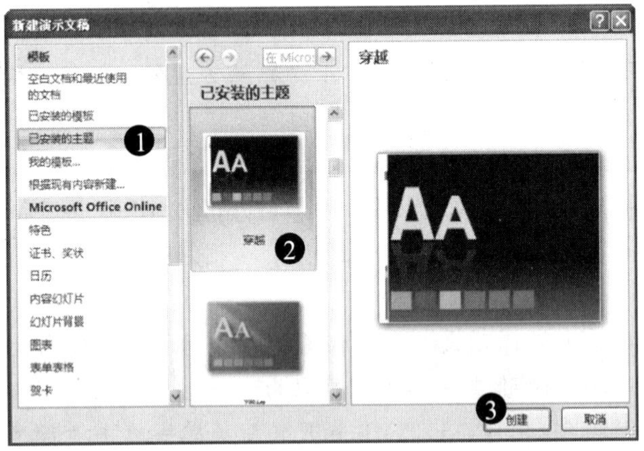

图 4-10　根据主题创建演示文稿

（2）保存演示文稿

在完成演示文稿的制作之后，为了防止文档的丢失，也为了以后使用和方便修改，在关闭文档之前，还要对文档进行保存，保存文档的操作步骤如下。

1）单击“Office”按钮，打开“Office 开始”菜单→单击“Office 开始”菜单中的保存(S)按钮，如图 4-11 所示。

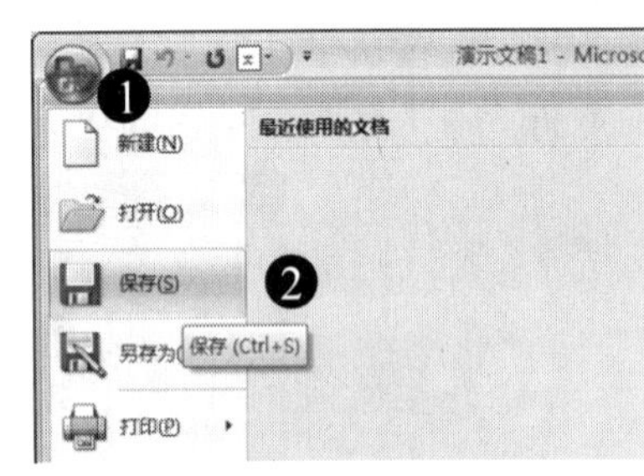

图 4-11　保存演示文稿

2）在弹出的“另存为”对话框中选择保存位置→输入文件名→选择保存类型→单击对话框右下角的保存(S)按钮即可，如图 4-12 所示。

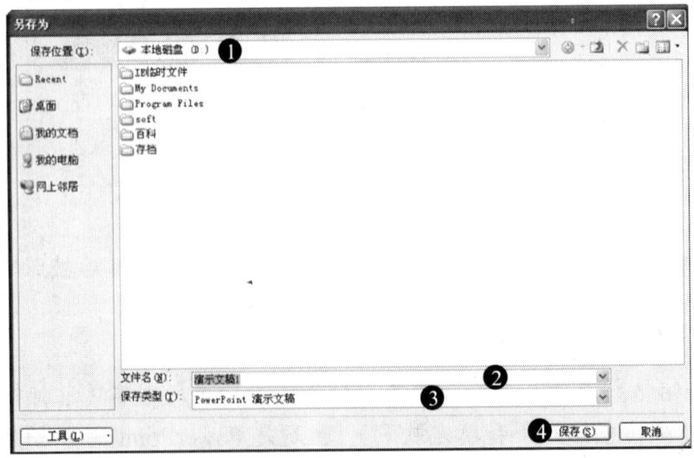

图 4-12　另存为对话框

按照上述步骤，文件就被保存在了指定的文件夹里，保存后的文件扩展名为“.pptx”。

试一试

保存演示文稿除了用上述方法外，还可以单击“快速访问工具栏”上的“保存”按钮保存。

按快捷键<Ctrl+S>也可以保存。

拓展知识

在 Office 开始菜单上与保存有关的按钮有两个，其中一个是“保存按钮”，另一个是“另存为”按钮。若要把文档换名保存为一个副本，则使用“另存为”按钮进行保存。

小百科

新创建的演示文稿在第一次保存时，系统会自动打开“另存为”对话框进行保存。如果不是第一次保存，保存时不打开“另存为”对话框，而是自动在后台保存。

（3）关闭演示文稿

在演示文稿保存后，按照下面提供的几种方法都可以关闭演示文稿。

1）单击标题栏最右端的按钮。

2）单击“Office”开始菜单左侧列表下部的按钮。

3）使用键盘快捷键<Alt+F4>。

关闭演示文稿之前如果没有保存而直接关闭，系统会出现提示保存对话框，如图 4-13 所示。

图 4-13　提示保存对话框

在提示框中，如果单击是(Y)，保存演示文稿，此时打开“另存为对话框”，保存步骤同前所述；如果单击否(N)，则放弃保存，关闭文档；单击取消，重新回到工作界面。

4. 给幻灯片添加文本和格式化文本

文字是幻灯片中最基本的构成元素，新建的空白幻灯片就像一张白纸，只有添加上文字、图片等元素才能表达其丰富的内容，添加文本和格式化文本是幻灯片最基本的操作。

（1）在幻灯片中添加文字

空白幻灯片中的虚线框叫做占位符，虚线框内部有“单击此处添加标题”提示语，鼠标单击之后提示语自动消失。给幻灯片添加文本的具体步骤为：单击空白幻灯片中占位符内部提示语→在输入提示符处输入文字即可。

（2）格式化文本

为了使幻灯片文字清晰美观，还需要格式化文本。格式化文本就是设置文字的字体、字号、颜色等格式。对文本格式化的操作步骤为：

1）选中要格式化的文字→单击工作界面功能区的“开始”选项卡→单击“字体”命令组右下角的“对话框启动器”，如图 4-14 所示。

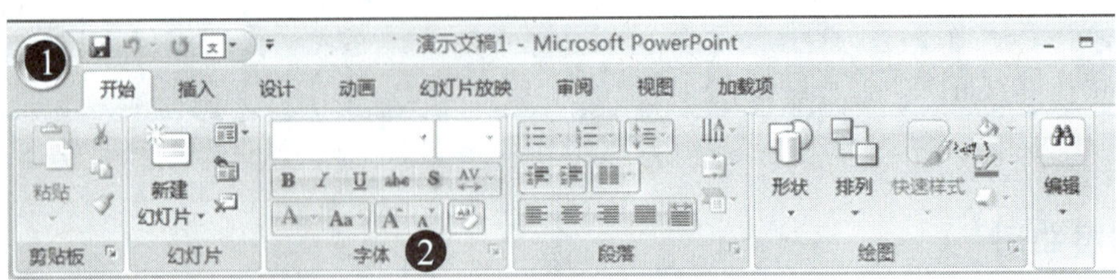

图 4-14 准备打开字体对话框

2）单击“字体”对话框中的“字体“选项卡→设置字体、字形、字号、颜色等需要的格式→单击“字体”对话框中的 确定 按钮，如图 4-15 所示。

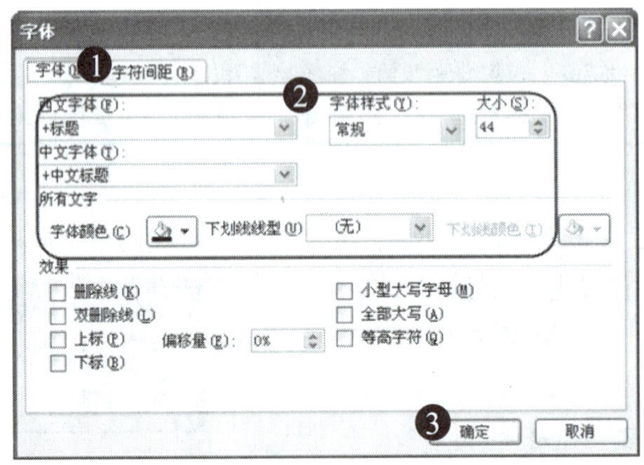

图 4-15 字体对话框

试一试

利用“开始”选项卡中的命令也可以格式化文本，步骤是：选中文本→单击“开始”选项卡→在字体选项区选择字体、字号、颜色、字形等。

另外，PowerPoint 2007 还提供了一个浮出工具栏，浮出工具栏上包含了最常用的按钮。通过这些按钮也可以设置文本格式。

（3）给幻灯片添加背景

幻灯片的背景对幻灯片的美观起着非常重要的作用。在 PowerPoint 2007 中，可以使用本身提供的背景样式，也可以按照需要用纯色、渐变色、纹理或来自文件的图案作为背景。

用图片作为幻灯片背景是一种比较常用的背景方式，设置图片背景的步骤如下：

1）打开需要设置背景的演示文稿，单击工作界面功能区中的“设计”选项卡→单击背景命令组右下角的“对话框启动器”，打开“设置背景格式”对话框，如图 4-16 所示。

图 4-16 设置背景

2）在“设置背景格式”对话框中，单击“设置背景格式”对话框左侧列表中的“填充”按钮→选中右侧“填充”区域的“图片或纹理填充”→单击“文件”按钮，如图 4-17 所示。

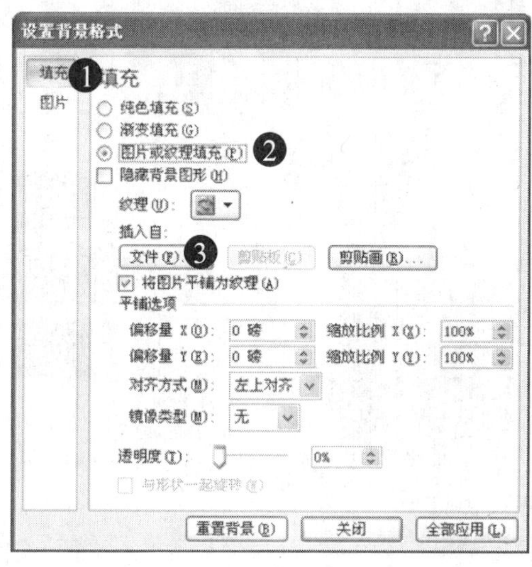

图 4-17 “设置背景格式”对话框

3）在打开的“插入图片”对话框中的“查找范围”下拉列表中选择图片所在的位置→选中图片→单击“插入图片”对话框右下角的 插入(S) 按钮即可，如图 4-18 所示。

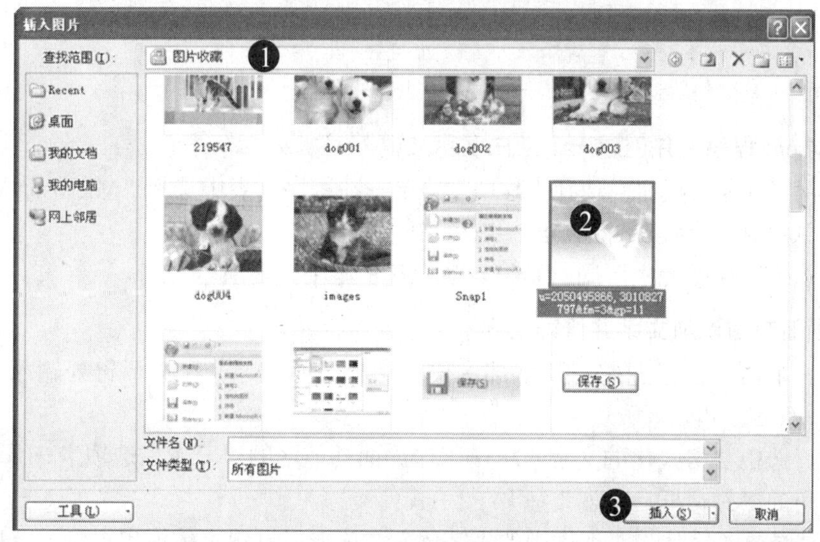

图 4-18 插入背景图片

通过以上步骤，就完成了把图片设置为背景的目的。

拓展知识

在 PowerPoint 2007 中还提供预设的背景色，使用背景色为背景的方法如下。

打开需要设置背景的演示文稿，单击“设计”选项卡→单击“背景”命令组中的“背景样式”按钮→在弹出的样式列表中选择一种“填充样式”单击，如图 4-19 所示。

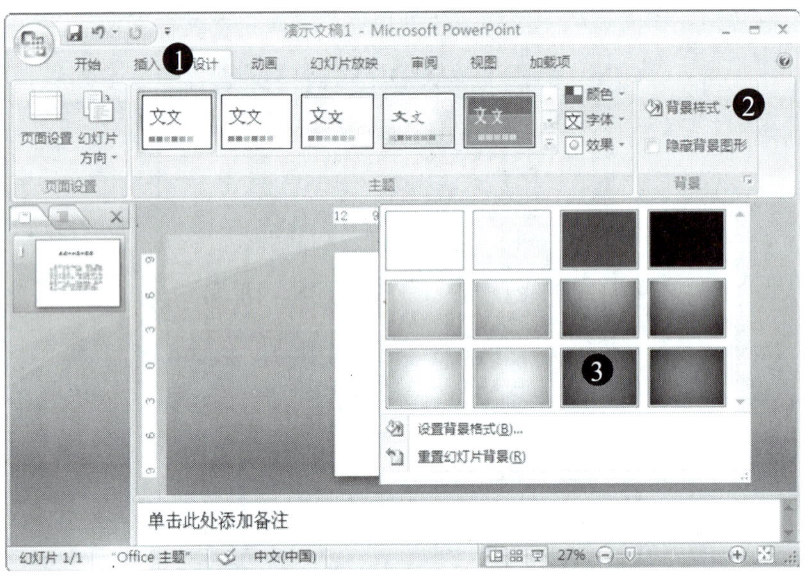

图 4-19　设置填充背景

学习了有关 ppt 的基本知识、演示文稿的基本操作以及给幻灯片中添加文本和背景等知识后，我们就可以完成创建“宠物连连看”演示文稿画册封面了。

任务实施

1．启动 ppt 程序，并创建一个空白演示文稿

单击桌面“开始”按钮→选择“程序”菜单→在程序列表中选择“Microsoft Office” →在弹出的菜单中单击“Microsoft Office PowerPoint 2007”。

通过以上步骤启动程序，同时系统自动创建了一个空白演示文稿。

2．给画册封面添加文字并修饰文字

第一步：单击空白标题幻灯片上部占位符中的提示文字，在提示符处输入文字“宠物连连看”。

第二步：选中要格式化的文字→单击工作界面功能区的“开始”选项卡→单击“字体”命令组右下角的“对话框启动器”。

第三步：单击“字体”对话框中的“字体”选项卡→设置字体为华文彩云、44 号字、居中，字体红色→单击“字体”对话框中的 确定 按钮。

按照以上步骤即可完成对画册封面标题的设置，用同样的方法完成对副标题的设置，副标题为“狗狗系列”，字体为幼圆、32 号字、右对齐、字体紫色。

3．完成画册封面背景的设置

画册封面标题设置好之后，接下来就添加背景，要求使用一张图片作为背景，设置过程为：

第一步：单击“设计”选项卡→单击“背景”命令组的“对话框启动器”，打开“设置背景格式”对话框。

第二步：单击“设置背景格式”对话框左侧列表中的“填充”按钮→选中右侧“填充”区域的“图片或纹理填充”→单击“文件”按钮。

第三步：在打开的“插入图片”对话框中的查找范围下拉列表中选择图片所在的位置→选中图片→单击“插入图片”对话框右下角的 插入(S) 按钮即可，如图 4-20 所示。

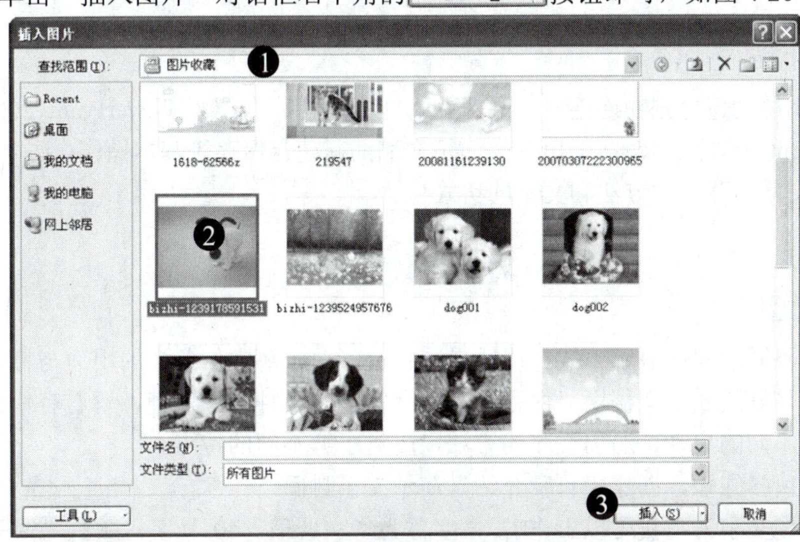

图 4-20　设置画册封面背景

完成后的画册封面效果如图 4-21 所示。

图 4-21　画册封面效果

4．保存画册

画册封面制作完成后还需要保存，以便下一次继续完善内容。把刚才新建的画册保存在“我的文档”文件夹里，命名为“宠物连连看”，保存步骤如下。

第一步：单击“Office”按钮，打开“Office 开始”菜单→单击“Office 开始”菜单中的保存按钮。

第二步：在打开的“另存为”对话框中选择保存位置为“我的文档”文件夹→输入文件名“宠物连连看”→选择保存类型为“PowerPoint 2007 演示文稿”→单击“另存为”对话框右下角的保存(S)按钮。

5．关闭“宠物连连看”画册，退出 PowerPoint 2007 程序

画册保存后关闭文档并退出程序。退出程序的方法较多，这里用下面所述的方法。

单击“Office”按钮，打开“Office 开始”菜单，再单击“Office 开始”菜单右下角的退出 PowerPoint(X)按钮，即可关闭文档退出程序。

通过上述 5 个环节完成了画册封面的制作，为下一次丰富演示文稿的内容打下了基础。

任务小结

本任务围绕创建“宠物连连看”画册的封面为目的，介绍了 PowerPoint 2007 的工作界面，PowerPoint 2007 的启动、退出以及演示文稿的新建、保存等基本操作，同时介绍了在幻灯片中添加文字、背景的方法和文本的格式化。

任务巩固

1．打开不同的视图显示方式，比较异同特征，并了解它们各自的用途与特点。

2．将制作好的演示文稿用“保存”和“另存为”两种方法保存，看看有什么不同。

3．练习不同的启动、退出程序的方法，注意了解不同的特点。

4．运用所学知识，创建“自我介绍”演示文稿封面。

1）主标题文字为“我可以工作啦”，字体为华文琥珀，40 号字，颜色“深蓝色”，段落居中；副标题为“×××的自我介绍”，字体黑体，32 号字，颜色“深红色”，段落右对齐；自选一张图片设置为背景。

2）运用已安装的模板创建“美丽的家乡”风光相册。风格与素材可自定。

任务 2　完善和美化“宠物连连看”画册——幻灯片的编辑和外观设置

任务目标

通过完善和美化“宠物连连看”画册内容，使我们掌握幻灯片的新建、复制、移动和删除等基本操作，同时熟悉在幻灯片中插入图片和艺术字的方法。在美化画册的过程中将对幻灯片版式与主题进行学习，同时学会母版的编辑方法。

任务分析

本任务是在完成任务1的基础上进行的。首先打开“宠物连连看”画册演示文稿；其次在完善内容的过程中需要学习幻灯片的新建、复制等基本知识和掌握插入图片和艺术字的方法；另外，幻灯片版式、幻灯片主题及母版是美化演示文稿、规划幻灯片版面布局所必须掌握的知识。完成本任务要掌握的知识点主要有

1）打开演示文稿。

2）插入新幻灯片，复制、移动、删除幻灯片。

3）在幻灯片中插入图片和艺术字。

4）应用幻灯片版式、幻灯片主题。

5）编辑幻灯片母版。

相关知识

1. 演示文稿的打开

要修改或编辑已经保存过的演示文稿，首先要打开这个演示文稿，演示文稿的打开操作也是演示文稿的基本操作之一，在程序启动的情况下，常用的打开演示文稿方法有下面两种。

图 4-22　Office 开始菜单

（1）通过“Office 开始”菜单打开文档

1）单击“Office”按钮，打开“Office 开始”菜单→在左侧列表中单击 打开(O) 图标，如图 4-22 所示。

2）在“打开”对话框中查找要打开的演示文稿的位置→选择文件→单击 打开(O) 按钮，如图 4-23 所示。

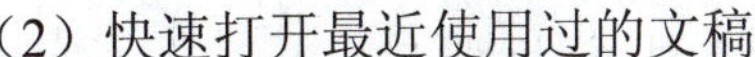

（2）快速打开最近使用过的文稿

如果要打开最近使用过的演示文稿，则可以单击“Office”按钮，打开“Office 开始”菜单→选中右侧“最近使用过的文档”列表中要打开的文档名称并单击即可，如图 4-24 所示。

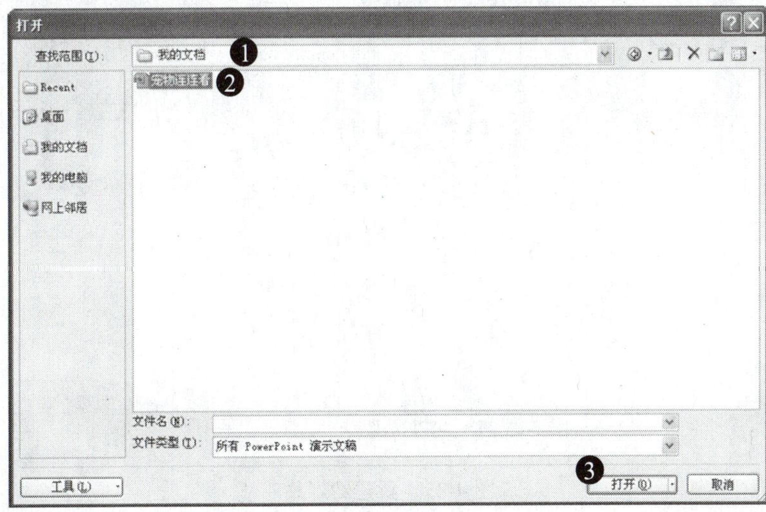

图 4-23　“打开”对话框

图 4-24　快速打开演示文稿

试一试

下面的方法也可以打开演示文稿文档：

1. 启动 ppt 程序，用快捷键<Ctrl+O>打开“打开”对话框，根据对话框的提示打开演示文稿文档。

2. 打开演示文稿所在的文件夹，直接双击演示文稿图标。

2．幻灯片基本操作

（1）新建幻灯片

演示文稿是由若干张幻灯片组成的，它的数量可以根据需要添加或删除，如果要在一个演示文稿中添加新的幻灯片，可以打开要添加幻灯片的演示文稿，单击“开始”选项卡→在“幻灯片”组中单击新建幻灯片按钮→在弹出的列表框中选择所需要的幻灯片版式，单击“确定”按钮即可，如图 4-25 所示。

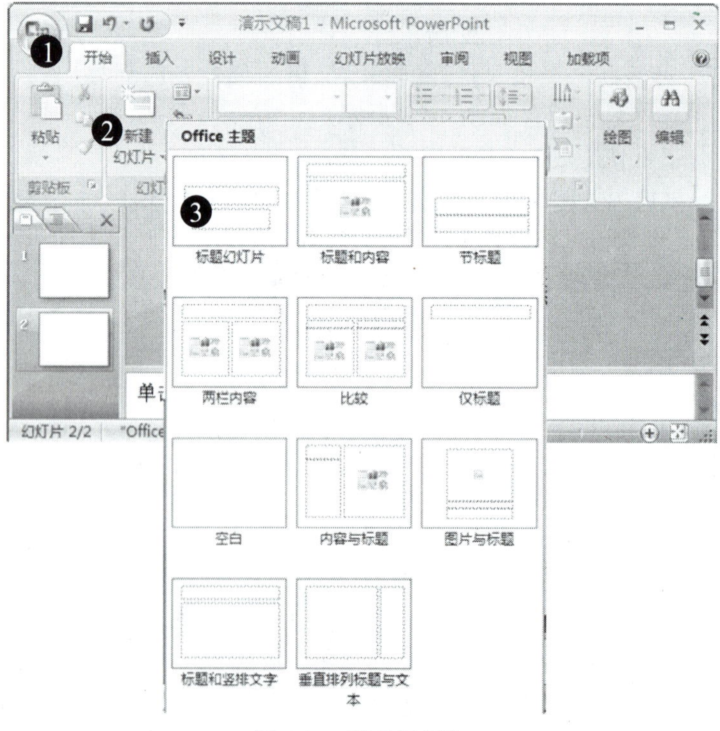

图 4-25　新建幻灯片

（2）移动和复制幻灯片

在编辑演示文稿的过程中，如果要对幻灯片的顺序进行调整或复制，就要用到幻灯片的移动和复制操作。

1）幻灯片的移动。幻灯片的移动比较简单，可以用鼠标直接拖动，也可以用快捷键操作。

① 直接拖动法：在浏览视图以及普通视图的幻灯片视图和大纲视图中，用鼠标直接把要移动的幻灯片拖到目标位置，然后释放鼠标即可。

② 快捷键移动。操作方法是，先选中要移动的幻灯片→按<Ctrl+X>→把光标定位到目标位置→按<Ctrl+V>键即可完成操作。

试一试

使用下面的方法可以快速新建幻灯片：

1. 单击“幻灯片”组中的新建幻灯片图标上部的快速新建幻灯片。
2. 利用快捷键<Ctrl+M>快速新建幻灯片。

2）幻灯片的复制。幻灯片的复制方法类似移动方法，用鼠标拖动复制的方法是按住<Ctrl>键，然后按照幻灯片移动的方法进行操作即可完成复制。

快捷键复制的操作方法是选中要复制的幻灯片→按<Ctrl+C>键→把光标定位到目标位置→按<Ctrl+V>键即可完成操作。

（3）删除幻灯片

删除幻灯片的操作方法是选中要删除的幻灯片→单击“开始”选项卡→单击“幻灯片”组中的删除按钮即可。

除上述操作方法外，也可以在选中要删除的幻灯片后，使用键盘上的<Delete>键进行删除。

试一试

对幻灯片的基本操作还可以使用右键菜单进行，方法如下：

在幻灯片视图中，选中要操作的幻灯片→单击鼠标右键打开右键快捷菜单→在菜单列表上选择相应的命令，即可进行幻灯片的新建、复制、删除、移动等操作。

3. 插入图片和艺术字

图片和艺术字可以使幻灯片更加生动活泼，更好地表达主题思想，是幻灯片中不可缺少的元素。

（1）插入图片

图片的插入在PowerPoint 2007中根据不同的需要，主要有两种方法。

1）在空白幻灯片中插入图片。在空白幻灯片中插入的图片位于幻灯片的中心，图片尺寸不超过幻灯片大小时与原始图片相同，大于幻灯片尺寸时自动缩小至幻灯片尺寸适应幻灯片。

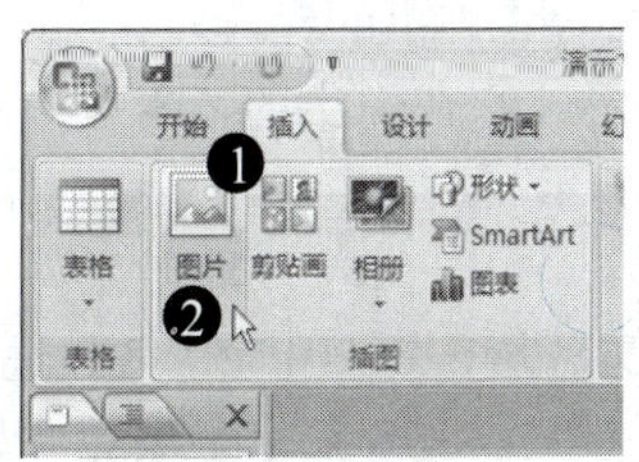

图4-26 插入图片

① 选中要插入图片的幻灯片→单击“插入”选项卡→选择“插图”组中的“图片”按钮，打开“插入图片”对话框，如图4-26所示。

第4章 PowerPoint 2007演示文稿

② 在打开的“插入图片”对话框中，查找图片所在的位置→选中图片→单击右下角的 插入(S) 按钮，如图 4-27 所示。

2）在图片占位符中插入图片。在图片占位符中插入的图片，图片尺寸不超过占位符大小时与原图相同，大于占位符大小时自动适应占位符尺寸。

图 4-27 “插入图片”对话框

① 在“标题和内容”版式幻灯片中→选择占位符中的图标并单击，如图 4-28 所示。

② 在打开的“插入图片”对话框中，查找图片所在的位置→选中图片→单击右下角的 插入(S) 按钮。

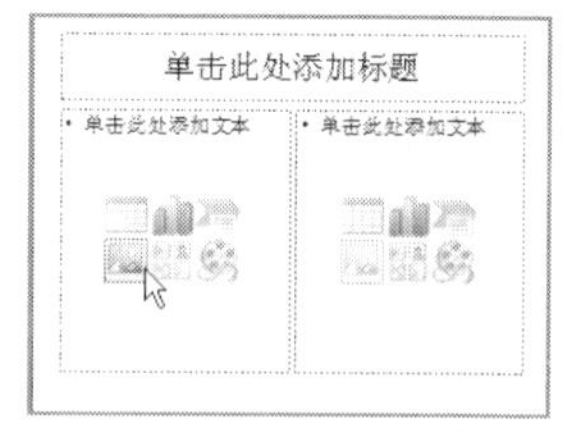

图 4-28 在占位符中插入图片

（2）插入艺术字

艺术字是一种特殊的图形文字，在幻灯片中常作为标题。它具有文字和图形的双重特征，既可以按文字设置格式，也可以像图像一样设置大小、边框、填充等属性。

1）插入艺术字的步骤。

① 选中要插入艺术字的幻灯片，单击“插入”选项卡→单击“文本”组中的 艺术字 图标→在弹出的样式列表中选择需要的样式单击，如图 4-29 所示。

② 在弹出的艺术字文本占位符中键入文字，并将其拖到合适的位置即可，如图 4-30 所示。

2）艺术字文本效果、填充效果和轮廓效果。另外，艺术字插入后，还可对它的文本效果、填充效果和轮廓效果进一步进行修饰。

① 改变艺术字填充和轮廓效果。单击艺术字边框线选中艺术字→单击“格式”选项卡“艺术字样式”组的 文本填充 按钮→在弹出的“主体颜色”中选择所需要的颜色即可，如图 4-31 所示。

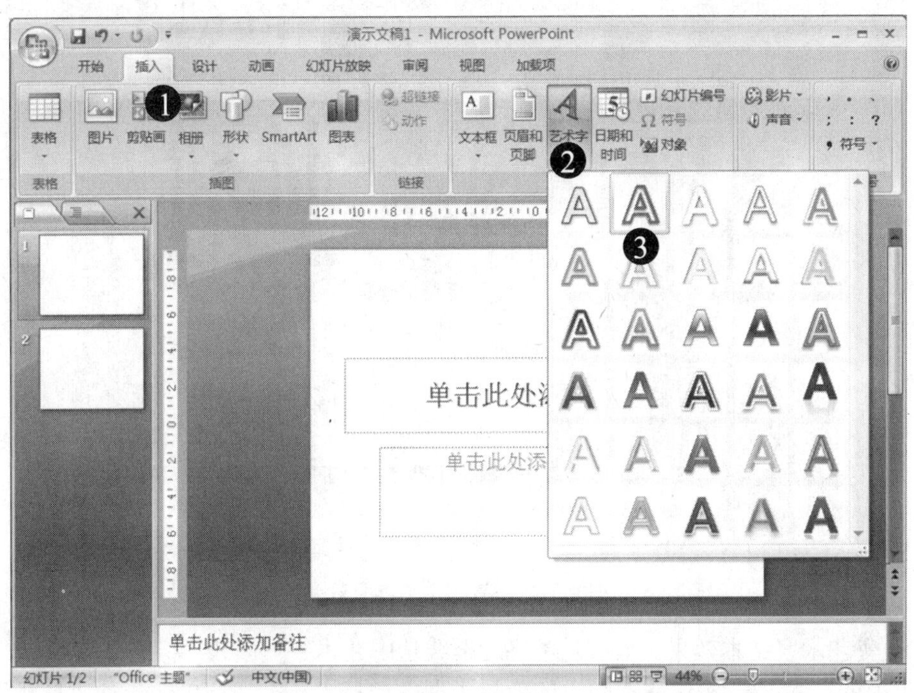
图 4-29 插入艺术字

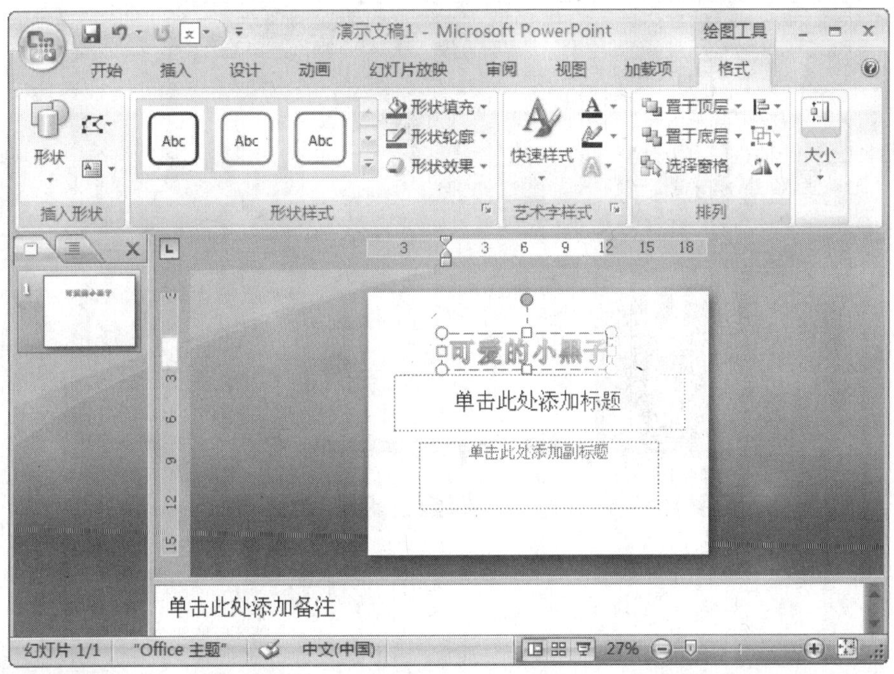
图 4-30 键入艺术字

用同样的方法在“格式”选项卡中单击“艺术字样式”组中的文本轮廓按钮→在弹出的“主体颜色”中选择“颜色”、轮廓颜色等即可改变艺术字的轮廓颜色和轮廓线线形。

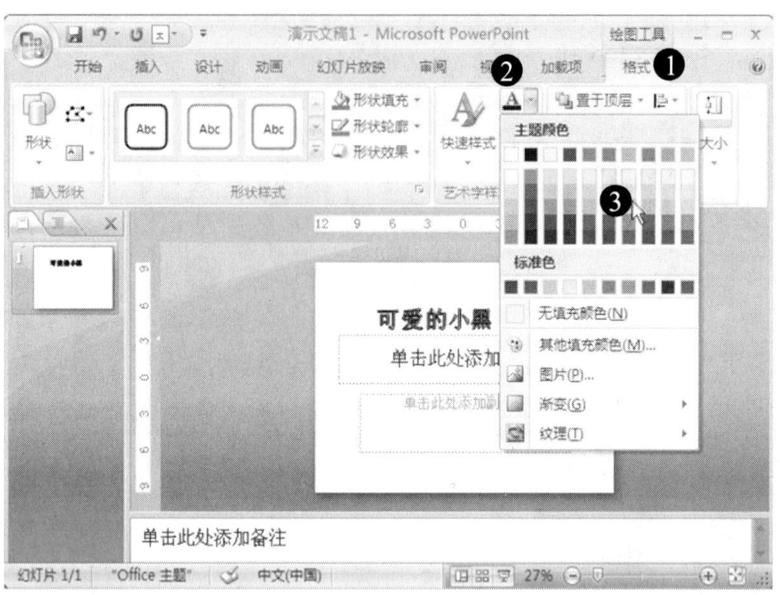

图 4-31　设置艺术字填充效果

② 改变艺术字文本效果。单击艺术字边框线选中艺术字→单击“格式”选项卡“艺术字样式”组中的 文本效果 按钮→在弹出的效果类型中选择“转换”→单击一种“形状”应用，如图 4-32 所示。

图 4-32　设置艺术字文本效果

拓展知识

1．插入形状

PowerPoint 2007 中具有强大的绘图工具，可以绘制各种线条、连接符、几何图案等复杂图形。插入形状的操作步骤为：

① 选中要插入形状的幻灯片，单击“插入”选项卡→单击 形状 按钮→在弹出的形状样式列表中选择需要的形状样式并单击，如图 4-33 所示。

② 把光标移动到幻灯片中，此时光标变为“+”形状，在需要插入的位置按住鼠标左键不放，将其拖到合适的位置并释放鼠标，选中的形状样式就被绘制好了，如图 4-34 所示。

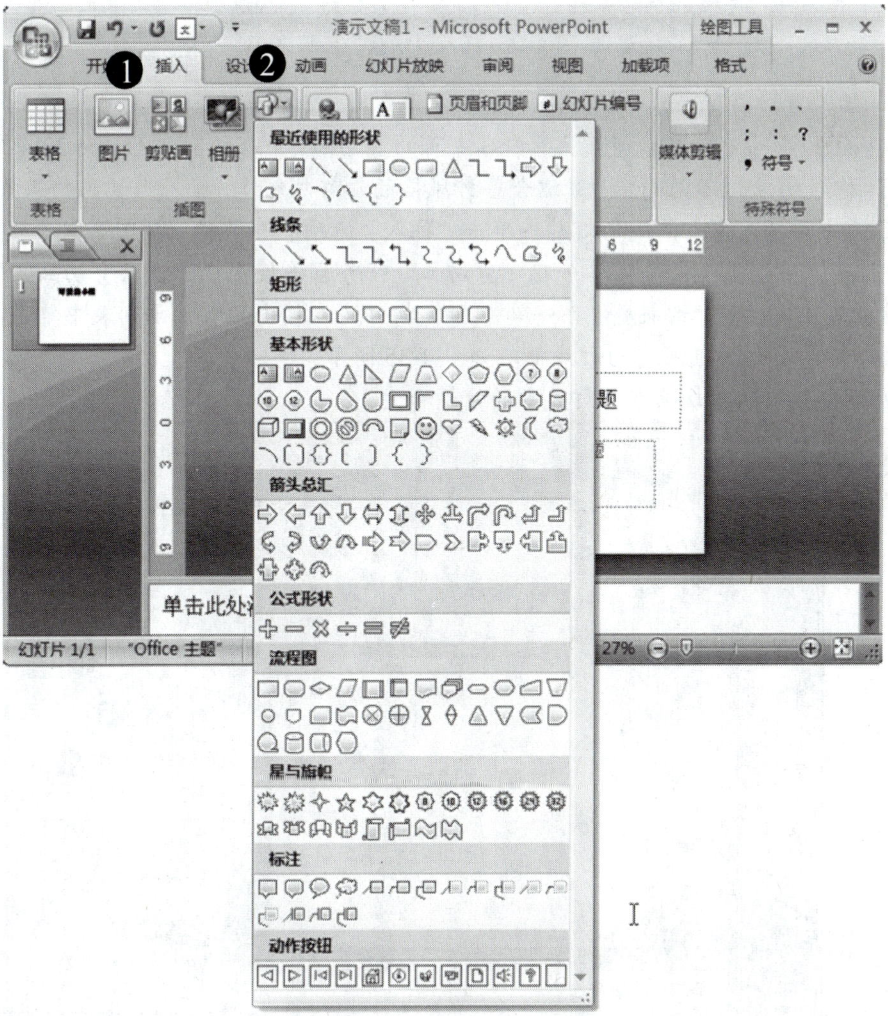

图 4-33　插入“形状”步骤之 1

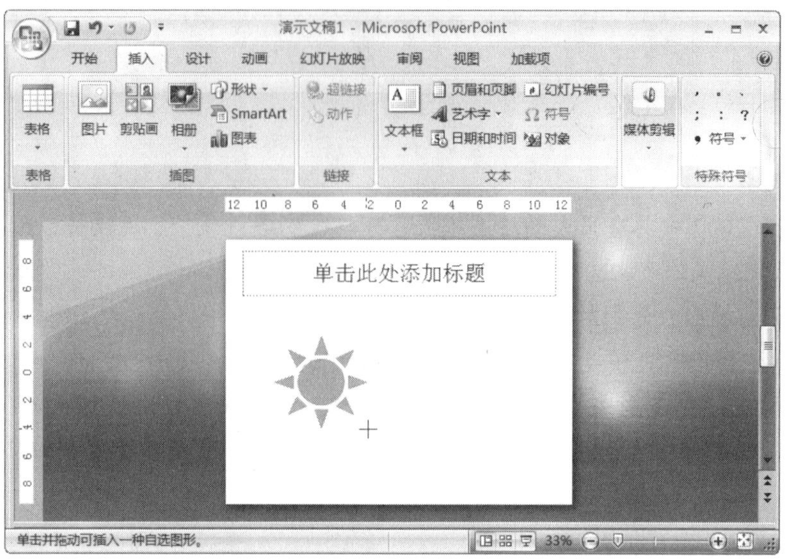

图 4-34　插入“形状”步骤之 2

2．插入剪切画

Office 2007 带有一个数量庞大、内容丰富的剪切画库，在所有的 Office 2007 组件中都可以使用，它能够表达不同的主题，适合各种风格的幻灯片制作。插入剪切画的操作步骤如下：

① 选中要插入剪切画的幻灯片→单击“插入”选项卡→选择“插图”组的“剪切画”按钮，打开“剪切画”任务窗格→在“剪切画”任务窗格搜索栏中键入剪切画主题关键字→选择搜索范围→设置“结果类型”→单击 搜索 按钮→在搜出的剪切画列表中单击要插入的剪切画，即可将剪切画插入到幻灯片中，如图 4-35 所示。

② 调整插入的剪切画在幻灯片中的位置和大小。

图 4-35　插入剪切画

4．应用幻灯片版式

版式是定义幻灯片上待显示内容的位置信息的幻灯片母版的组成部分。版式包含占位符，占位符可以容纳文字（如标题和项目符号列表）和幻灯片内容。（如图片、形状和剪贴画。）

在创建新的空白演示文稿时，系统默认的版式是“标题幻灯片”，如果对当前版式不满意，可以重新应用其他版式，具体步骤如下：

1）在普通视图中选中要应用版式的幻灯片→单击“开始”选项卡→单击“幻灯片”组的 版式 按钮，如图 4-36 所示。

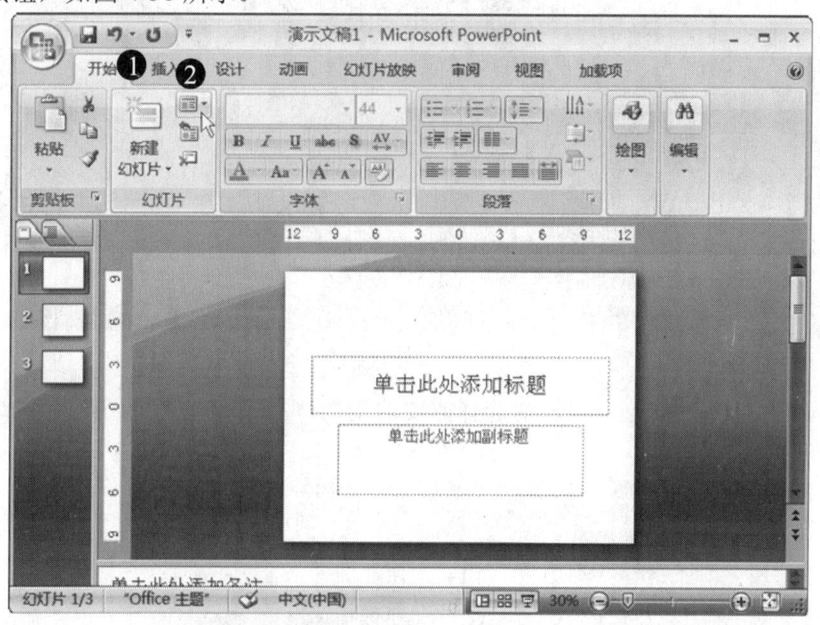

图 4-36　应用版式

2）打开“Office 主题”版式列表框，单击需要的版式即可将选择的版式应用到当前幻灯片中，如图 4-37 所示。

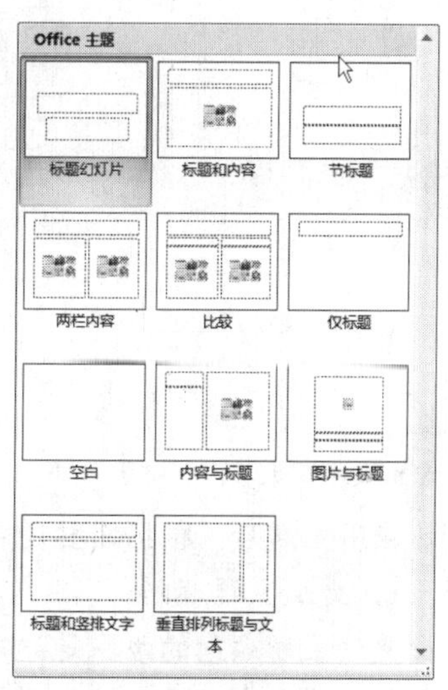

图 4-37　版式列表框

5．应用幻灯片主题

文档主题是一组格式选项，包括一组主题颜色、一组主题字体（包括标题字体和正文字体）和一组主题效果（包括线条和填充效果）。通过应用文档主题，可以快速而轻松地设置整个文档的格式。

PowerPoint 2007 有许多主题样式，应用样式可以将演示文稿的背景、标题文本、正文文本等设置一步到位。应用幻灯片主题的步骤如下：

1）选中要应用主题的幻灯片→单击“设计”选项卡，在“设计”选项卡上的“主题”组中，单击按钮，如图 4-38 所示。

第4章 PowerPoint 2007 演示文稿

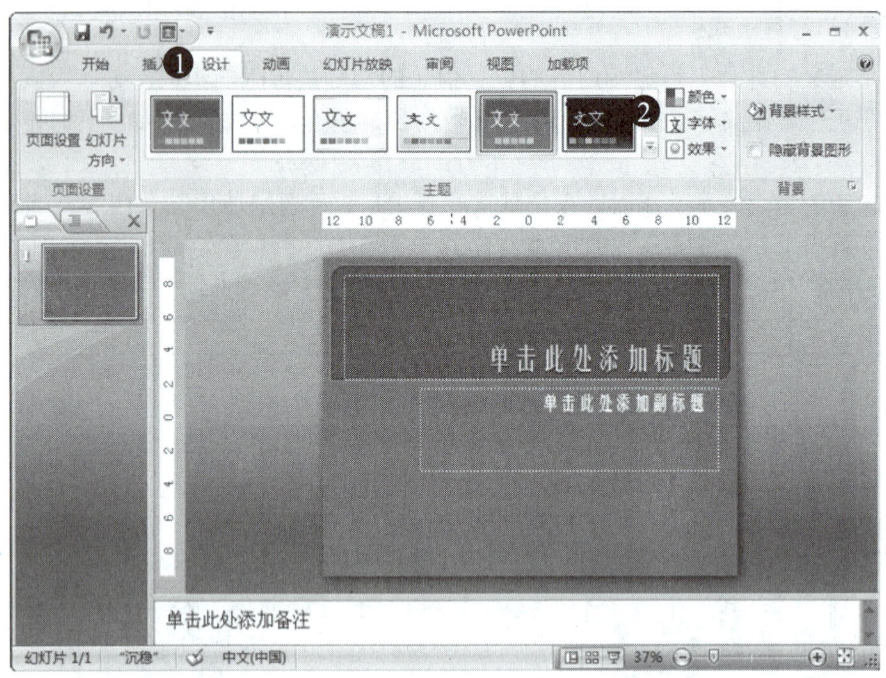

图 4-38 应用主题

2）在弹出的“所有主题”列表中选择需要的主题，单击该主题即可应用到幻灯片中，如图 4-39 所示。

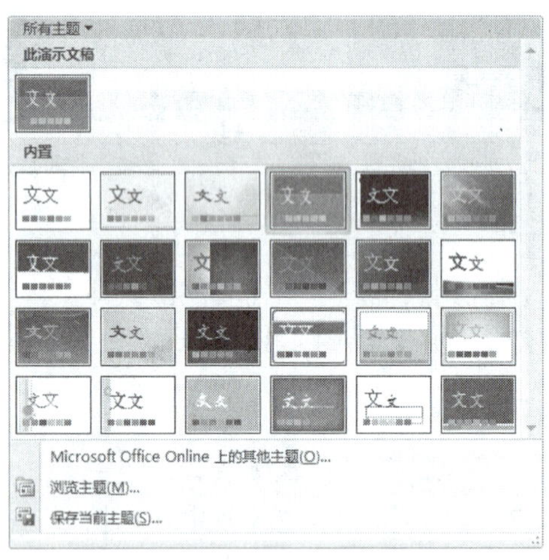

图 4-39 所有主题列表

拓展知识

应用主题后，根据需要还可以更改主题效果，包含颜色、字体和效果。

1．更改主题颜色

更改主题颜色的步骤是：单击“设计”选项卡→单击“主题”组中的 颜色 按钮→在弹出的颜色列表中选择一种颜色样式，如图 4-40 所示。

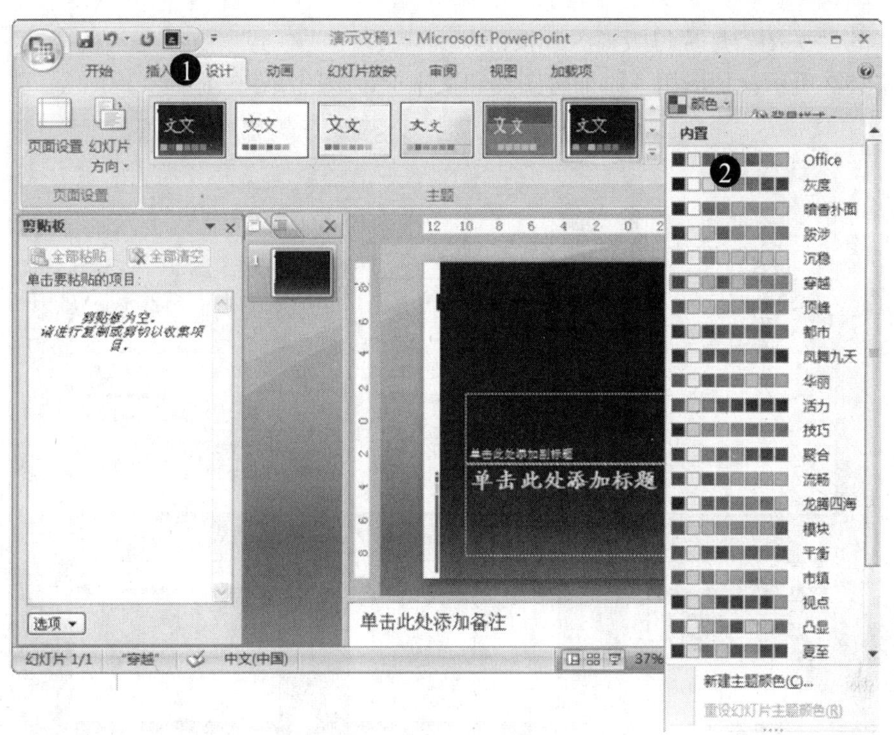

图 4-40　更改主题颜色

2. **更改主题字体和效果**

更改主题字体和效果的方法和更改主题颜色的方法类似，在“主题”组中单击相应的 字体 按钮或 效果 按钮即可更改主题的字体和效果。

6. 幻灯片母版

幻灯片母版中会存储有关演示文稿的主题和幻灯片版式的所有信息，修改和使用幻灯片母版可以对演示文稿中的每张幻灯片进行统一的样式更改，包括对以后添加到演示文稿中的幻灯片的样式更改。使用幻灯片母版可以在多张幻灯片上键入相同信息。编辑使用幻灯片母版的操作步骤如下：

1）打开要使用母版的演示文稿，单击“视图”选项卡→单击“视图”选项卡中“演示文稿视图”组中的 幻灯片母版 按钮，如图 4-41 所示。

图 4-41　编辑母版

2）打开“幻灯片母版”选项卡，在母版上根据需要删除占位符或添加文本、图片、艺术字、文本框等，操作方法和给幻灯片添加内容的方法相同。

3）单击“关闭幻灯片母版视图”按钮。

如图 4-42 所示就是应用了添加有图片和文本框母版的演示文稿。

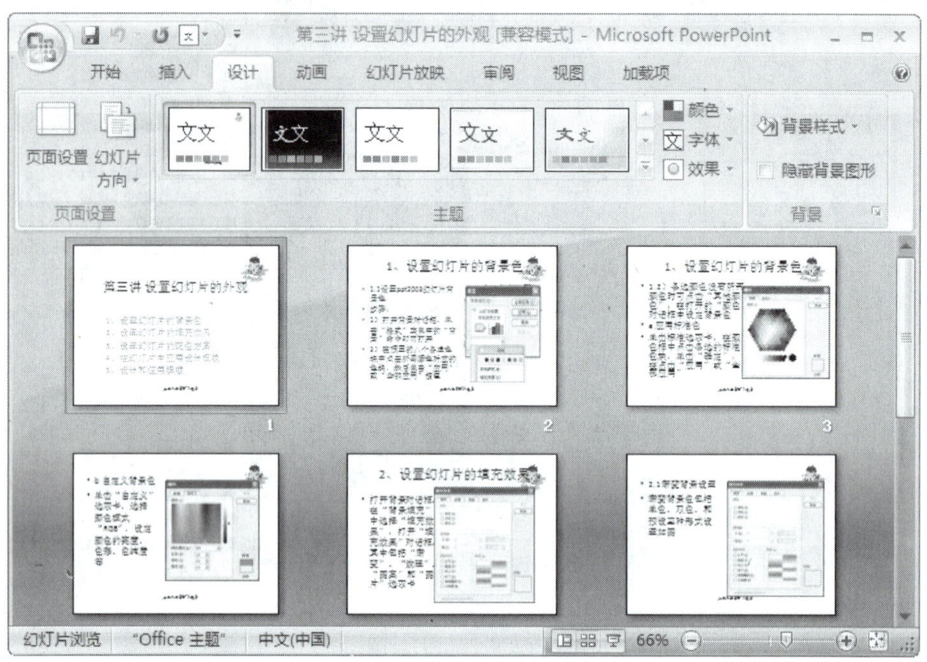

图 4-42　应用母版效果

> **小百科**
>
> 在幻灯片母版中除了可添加图片、文本框外，还可以给母版应用主题，编辑背景，插入艺术字、页码、页眉和页脚等。

任务实施

1．打开“宠物连连看”画册演示文稿

本任务是在原有“宠物连连看”画册演示文稿的基础上，来继续完善画册。首先打开“宠物连连看”画册演示文稿，操作方法如下。

第一步： 启动 PowerPoint 2007，单击“Office 开始”菜单列表中的 打开(O) 按钮，打开“打开”对话框。

第二步： 在“打开”对话框中查找“宠物连连看”画册演示文稿所在文件夹→选择“宠物连连看”画册演示文稿→单击 打开(O) 按钮。

通过上面的步骤，就打开了“宠物连连看”画册演示文稿，如图 4-43 所示。

2．给画册添加新的幻灯片

在“开始”选项卡中单击“幻灯片”组中的新建幻灯片按钮→在弹出的列表框中选择“标题和内容”版式，添加三张新幻灯片。

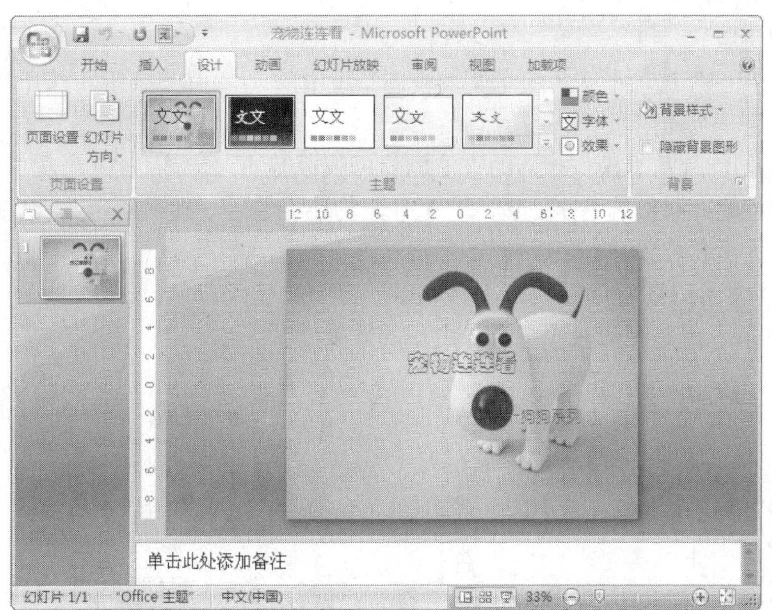

图 4-43 “宠物连连看”画册演示文稿

3．美化画册视觉效果

为了使画册风格统一、协调，使画面更加美观，增强视觉效果，还要给画册应用主题和母版。

（1）应用主题

单击“设计”选项卡→在“设计”选项卡上的“主题”组中，选择“流畅”主题并单击应用到幻灯片中，如图 4-44 所示。

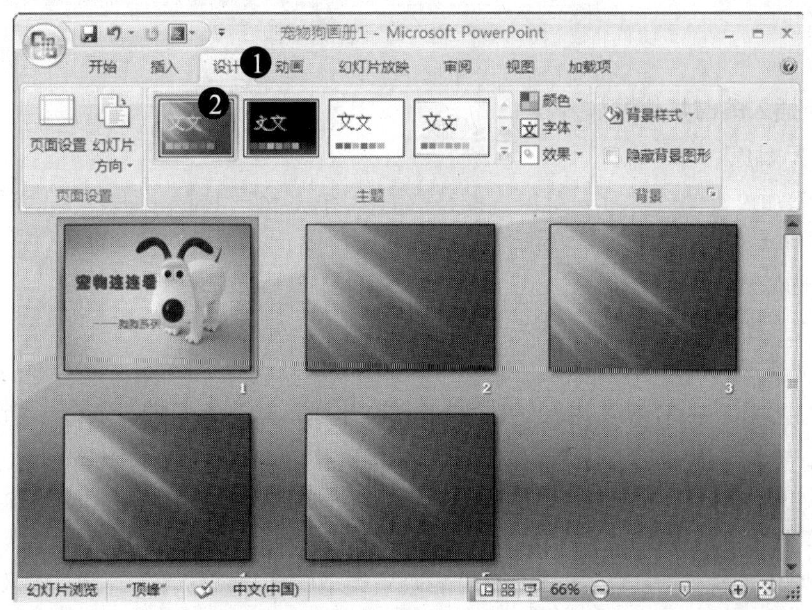

图 4-44 应用主题

（2）应用母版

① 单击“视图”选项卡中“演示文稿视图”组中的幻灯片母版按钮，打开“幻灯片母版”选项卡，选择第一个通用母版。

② 按照与幻灯片基本操作相同的方法删除母版原有的占位符，插入一幅“小狗”剪切画，并调整大小和位置；添加艺术字，键入文字“宠物连连看——狗狗系列”，设置艺术字格式，调整艺术字的大小和位置。

③ 单击“关闭幻灯片母版视图”按钮。

如图 4-45 所示就是画册应用了母版之后的效果。

图 4-45　应用母版后的画册

4．给新插入的幻灯片添加内容

（1）插入图片

选择要添加内容的幻灯片→单击占位符中的图标打开“插入图片”对话框。在打开的“插入图片”对话框中，查找图片所在的位置→选中图片→单击右下角的插入(S)按钮，按照需要调整位置和大小。

按照同样的方法给其他空白幻灯片插入图片。

（2）添加艺术字

1）插入艺术字：单击“插入”选项卡→单击“文本”组中的艺术字按钮→在弹出的样式列表中选择需要的样式单击→在弹出的艺术字文本占位符中键入文字“想打架吗？我们不怕！”，设置字体为幼圆，字号 50，字形加粗，完成后将其拖到合适的位置。

2）改变艺术字文本效果。单击艺术字边框线选中艺术字→单击“格式”选项卡中“艺术字样式”组中的文本效果按钮→在弹出的效果类型中选择“转换”→单击“双波形 1”。

3）改变艺术字填充和轮廓效果：单击艺术字边框线选中艺术字→单击“格式”选项卡

中“艺术字样式”组中的A文本填充·或文本轮廓·按钮→在弹出的类型中选择“轮廓颜色”、“轮廓线型”、“填充色”等。

插入图片和艺术字后的效果如图 4-46 所示。

按照同样的方法给其他空白幻灯片插入图片和艺术字。

图 4-46　插入图片和艺术字标题后的画册

任务小结

围绕完善和美化“宠物连连看”画册，本任务介绍了幻灯片的基本操作、给幻灯片添加图片、艺术字；为了使演示文稿风格统一、协调，还介绍了幻灯片版式、主题和母版的编辑。

任务巩固

1．创建一个演示文稿，试应用不同的版式，了解不同版式的特点。

2．在第 1 题的基础上对演示文稿使用一种主题，对主题的颜色、文字和效果进行设置，看有什么变化。

3．运用所学知识，继续完善“自我介绍”演示文稿。

1）打开“自我介绍”演示文稿。

2）添加三张新的幻灯片，选用适当的版式和主题，编辑一个母版，母版右下角添加文本框，文字为“***的自我介绍”。

3）新建的第一张幻灯片主标题文字为“***的基本情况”，使用艺术字的方法制作；内容为个人基本情况，包括籍贯、学历等；第二张幻灯片的主标题为“个人专长”，内容包括学习、文体及奖励等；第三张幻灯片的主题是“自荐书”，写一份自荐书。

任务3　给“宠物连连看”画册添加动画和音效——幻灯片动画和音效设置

任务目标

PowerPoint 2007 演示文稿的动画包括幻灯片上各种对象的动画效果和幻灯片切换动画效果两部分；音效主要有背景音乐和旁白。动画和音效设置使演示文稿更加清晰、更有层次、更加生动有趣。通过完成对“宠物连连看”画册动画和背景音乐的设置，使我们掌握了幻灯片动画设置和添加背景音乐的方法。

任务分析

本任务是在完成任务 2 的基础上进行的。完成了对画册的制作任务后，就要设置画册放映时的视听效果。首先打开“宠物连连看”画册，先设置幻灯片的切换动画和幻灯片上各种对象的动画，最后添加背景音乐。完成本任务要掌握的知识点主要有：

1）设置幻灯片切换动画、插入切换按钮。

2）自定义幻灯片动画。

3）插入背景音乐。

相关知识

1．设置幻灯片切换效果

幻灯片切换效果是在“幻灯片放映”视图中从一个幻灯片移到下一个幻灯片时出现的类似动画的效果。可以控制每个幻灯片切换效果的速度，还可以添加声音。可以使多张幻灯片使用同一种切换方式，也可以为每张幻灯片设置不同的切换方式。

（1）给幻灯片添加切换动画

为幻灯片添加切换动画的步骤如下：

选中准备设置切换动画的幻灯片→单击“动画”选项卡→在“切换到此幻灯片”组中，单击一个幻灯片切换效果，幻灯片将直接应用该效果，如图 4-47 所示。

如果要查看应用更多切换效果，则单击“快速样式”列表中的“其他”按钮。

（2）给幻灯片添加切换音效在幻灯片切换的同时，有时候还需要特殊的声音效果，添加切换音效的步骤如下：

单击“动画”选项卡中“切换到此幻灯片”组中的 切换声音: [无声音] 下拉列表框，在打开的声音列表中选择一个声音效果即可，如图 4-48 所示就是打开的声音列表。

（3）设置幻灯片切换速度

选中要设置切换速度的幻灯片，在“切换到此幻灯片”组中，单击“切换速度”下拉列表框，打开下拉列表，然后选择所需的速度，如图 4-49 所示。

（4）换片方式的设置

幻灯片在放映过程中，换片方式可以选择单击鼠标换片，也可设置时间自动换片。通过单击“切换到此幻灯片”组中换片方式复选框选择换片方式，一个是“单击鼠标时”复选框，一个是“在此之后自动设置动画效果”复选框。如图 4-50 所示。

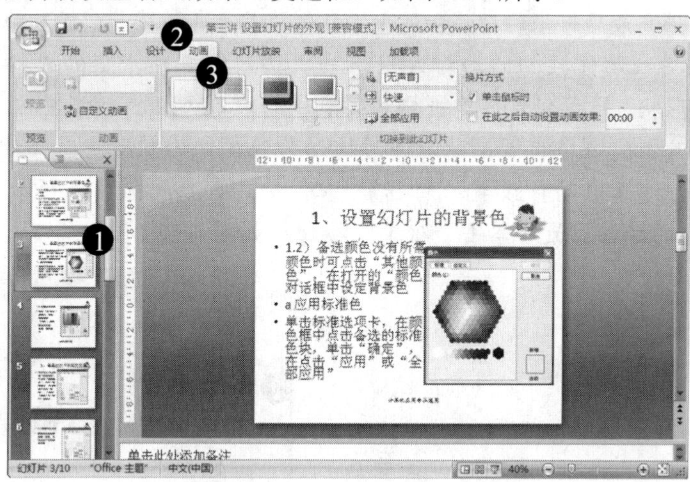

图 4-47　给幻灯片添加切换动画

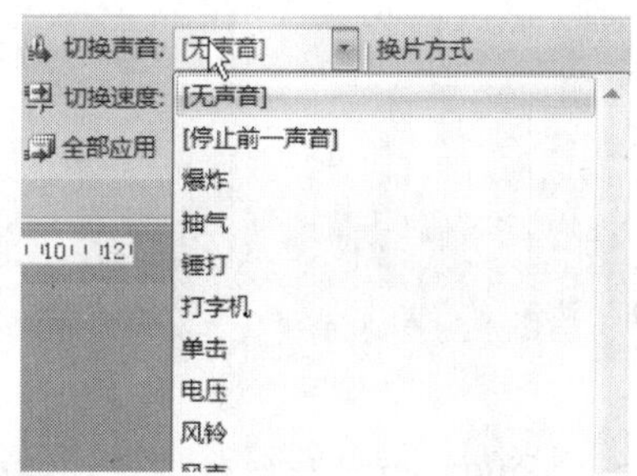

图 4-48　切换声音列表

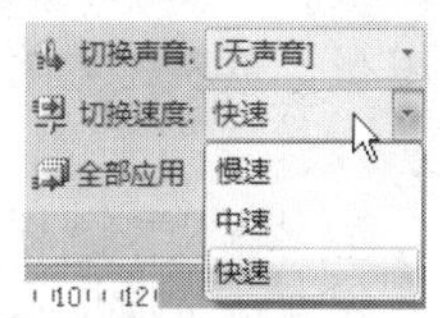

图 4-49　设置幻灯片切换速度

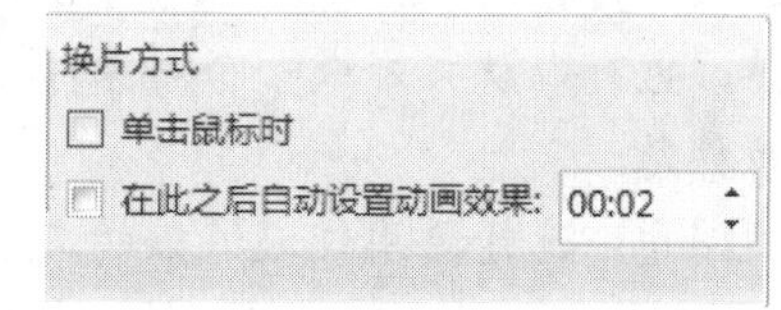

图 4-50　设置幻灯片换片方式

设置换片方式的具体步骤如下：

选中要设置切换方式的幻灯片，单击选择其中一个或两个复选框即可。选中“单击鼠标时”复选框，则在幻灯片放映过程中可以通过单击鼠标将演示文稿画面切换到下一张幻灯片；选中“在此之后自动设置动画效果”复选框时，可以在其右侧的文本中输入时间。当一张幻灯片在放映时已经显示了规定的时间后，演示画面将自动切换到下一张幻灯片。

通过以上步骤，就设置好了幻灯片的切换动画、声音和速度效果。

如果要向演示文稿中的所有幻灯片添加相同的幻灯片切换效果，则在“切换到此幻灯片”组中，单击“全部应用”按钮全部应用即可。

拓展知识

（1）插入切换动作按钮

动作按钮是一个现成的按钮，可将其插入到演示文稿中。动作按钮是通常用于转到下一张、上一张、第一张和最后一张幻灯片和用于播放影片或声音的符号。插入动作按钮的方法是：

1）先选择要插入动作按钮的幻灯片→单击“插入”选项卡上的“插图”组中的“形状”按钮，打开“形状”样式列表→单击样式列表中的准备添加的动作按钮，如图 4-51 所示。

2）单击幻灯片上的一个位置，然后通过拖动为该按钮绘制形状。释放鼠标，完成绘制动作按钮的同时会打开“动作设置”对话框→单击“单击鼠标”选项卡→单击“超链接到”→选择超链接的目标，最后单击“确定”按钮，如图 4-52 所示。

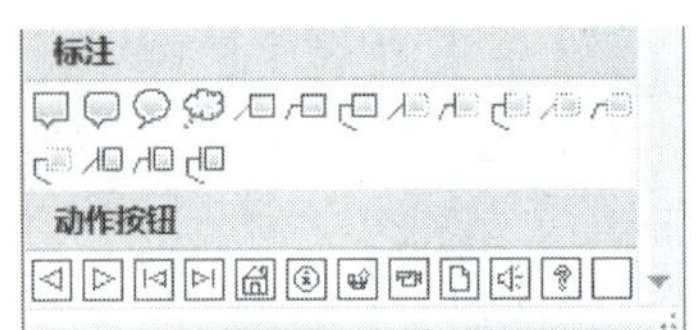

图 4-51　形状样式列表中的动作按钮

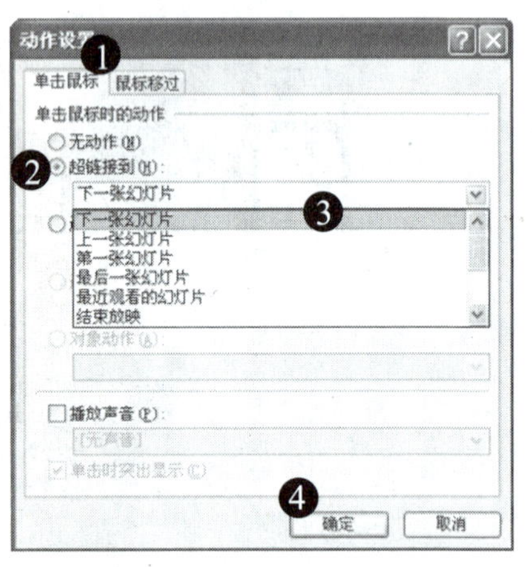

图 4-52　动作按钮的动作设置

（2）插入超级链接

在 Microsoft Office PowerPoint 2007 中，超级链接是从一张幻灯片到同一演示文稿中的另一张幻灯片的连接，或是从一张幻灯片到不同演示文稿中的另一张幻灯片、电子邮件地址、网页或文件的连接，也可以从文本或一个对象（如图片、图形、形状或艺术字）创建连接。插入超级链接的步骤是：

在“普通”视图中，选择要用作超链接的文本或对象，在“插入”选项卡上的“链接”组中，单击“超链接”按钮超链接，选择“插入超链接”对话框左侧“链接到”列表中的“本文档中的位置”并单击，选择文档中要链接的幻灯片，然后单击对话框右下角的“确定”按钮，如图 4-53 所示。

小百科

除了创建链接到同一个演示文稿中幻灯片的超链接外，还可以在“插入超链接”对话框”的“链接到”中选择“原有文件或网页”或“电子邮件地址”来创建链接到不同演示文稿中的幻灯片或者链接到电子邮件地址的超链接。

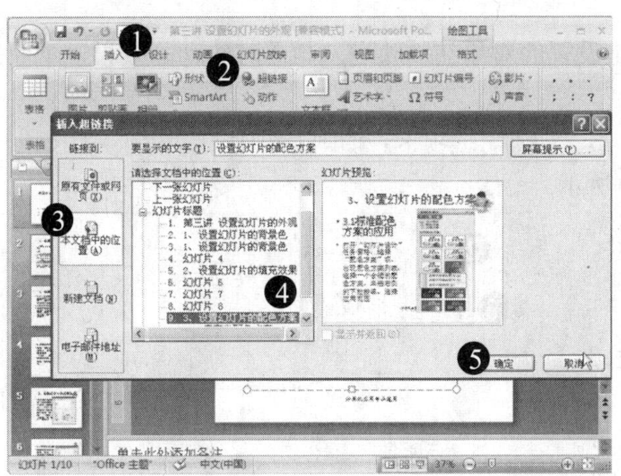

图 4-53 插入超链接

2. 设置幻灯片动画

为了使幻灯片在播放时更具观赏性，可以将幻灯片中的标题、文本、图表和图片等对象设置为动态的方式播放，这就是动画。设置动画可以按照动画方案或自定义动画两种方式设置。

（1）动画方案

通过动画方案设置动画的操作方法如下：

在幻灯片中选择准备设置动画的对象→单击“动画”选项卡“动画”组中的“动画”按钮 动画: 旁的下拉列表框→从弹出的动画样式列表中选择应用动画方案，如图 4-54 所示。

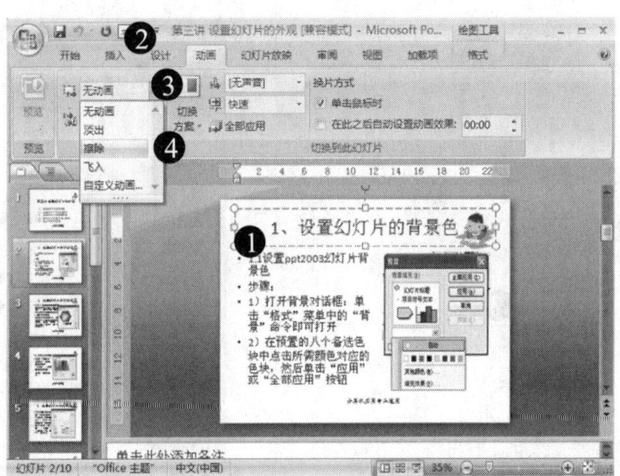

图 4-54 根据动画方案设置动画

（2）自定义动画

自定义动画可以完成动画方案不能完成的一些动画效果。通过自定义动画可以对幻灯片中的文本、图形和表格等对象设置不同的动画效果，如进入动画、强调动画以及退出动画等。

1）添加动画效果。自定义动画中的动画效果有三种，分别是进入动画、强调动画和退出动画。

进入动画效果就是设置的对象在放映进入画面时的动画效果，下面是添加进入动画效果的具体步骤：

① 选中对象→单击“动画”选项卡“动画”组中的“自定义动画”按钮→打开“自定义动画”任务窗格，如图 4-55 所示。

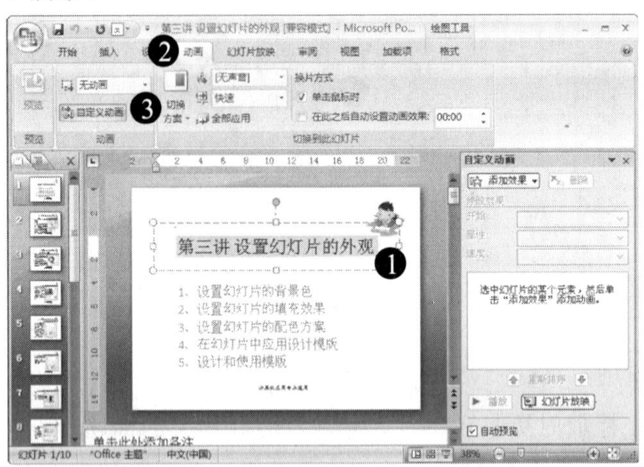

图 4-55　打开“自定义动画”任务窗格

② 在“自定义动画”任务窗格中单击“添加效果”按钮→在打开的列表框中选择“进入”→在子菜单中选择具体的动画效果，如图 4-56 所示。

③ 如果在选择进入动画类型后打开的子菜单中选择单击“其他效果”命令，可打开“添加进入效果”对话框，在对话框中可以选择更多形式的动画效果，最后单击“确定”按钮应用，如图 4-57 所示。

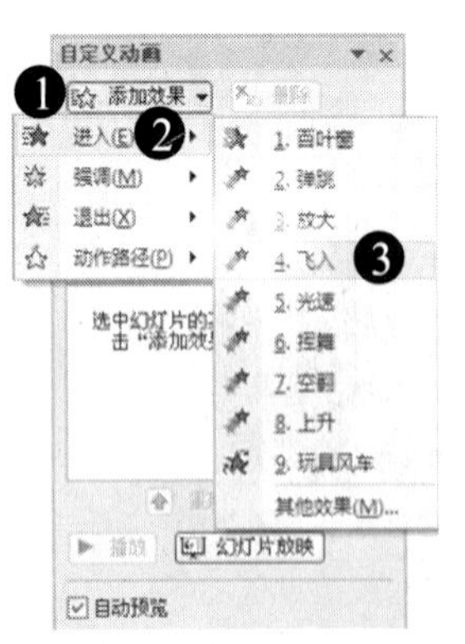

图 4-56　添加动画效果

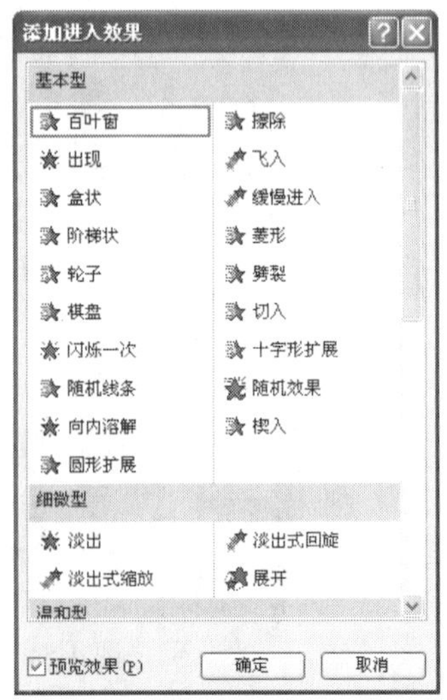

图 4-57　其他动画效果

如果要添加强调动画和退出动画，只要在“自定义动画”任务窗格中单击“添加效果”旁的下拉按钮，在打开的列表框中选择“强调”或“退出”动画类型即可，其他步骤和添加进入动画的方法一样。

2）设置动画效果选项。在添加动画效果后，“自定义动画”任务窗格中的“开始”、“方向”和“速度”选项被激活，在相应的三个下拉列表框中，通过选择需要的动画参数来设置动画选项。

“开始”列表框：用于设置动画开始的方式。选择“单击时”表示在放映幻灯片时，只有单击鼠标后，动画才开始播放；选择“之前”，表示在上一个动画播放的同时播放该动画；选择“之后”，则在上一个动画播放之后才开始播放该动画。

“方向”下拉列表框：用于设置动画运行的方向。

“速度”下拉列表框：用于设置动画播放的速度。

3）修改动画效果。添加动画后，如果要修改已设置的动画效果，可以在“自定义动画”任务窗格中修改。具体步骤是：

在“自定义动画”任务窗格中选中已设置的动画效果→单击 更改 按钮，重新选择动画效果，设置动画效果选项。

拓展知识

还可使用快捷菜单来设置动画效果选项，具体步骤为：

① 在“自定义动画”任务窗格中选中已设置的动画列表→右键单击打开快捷菜单→单击“效果选项”，如图 4-58 所示。

② 在如图 4-59 所示的对话框中按照需要打开相关的选项并设置相应的效果。此对话框中有“效果”、“计时”、“正文文本动画”三个选项卡，均可设置比较复杂的动画效果。

图 4-58　快捷设置动画效果

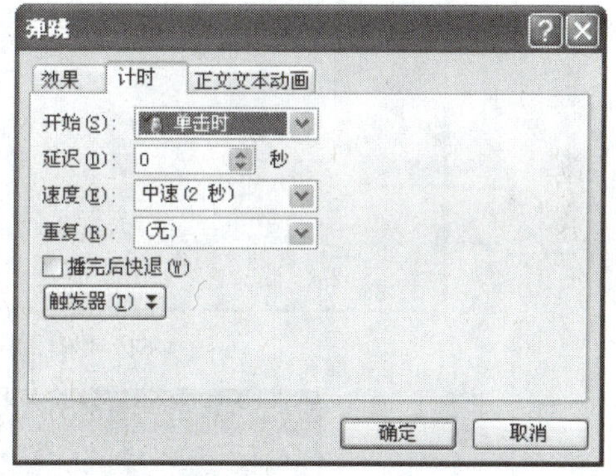

图 4-59　动画效果选项对话框

3．添加声音效果

为了增强演示文稿的效果，以达到强调或实现特殊效果的目的，还可以给演示文稿添加声音效果。

（1）添加声音

添加声音的步骤为：

1）在普通视图的幻灯片视图中，选中要添加声音的幻灯片→然后单击“插入选项卡”中的“媒体剪辑”组中的 声音 按钮→在打开的声音类型列表中选择“文件中的声音”，如图 4-60 所示。

2）在弹出的“插入声音”对话框中，找到包含所需文件的文件夹并选中文件→单击对话框中的 确定 按钮→在弹出的“声音开始选项选择框”中选择一个选项单击即可，如图 4-61、图 4-62 所示。

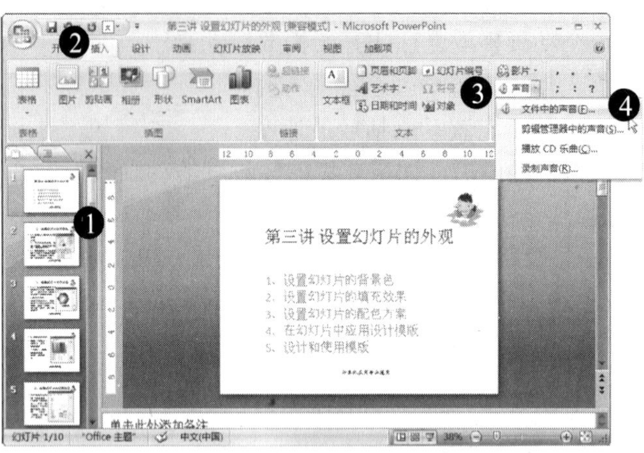

图 4-60　添加声音效果

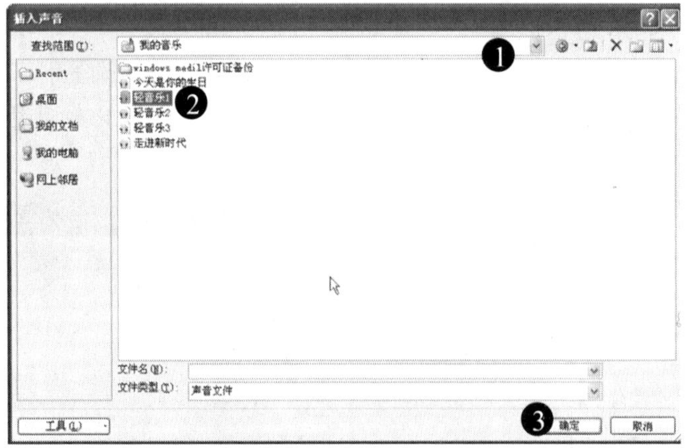

图 4-61　“插入声音”对话框

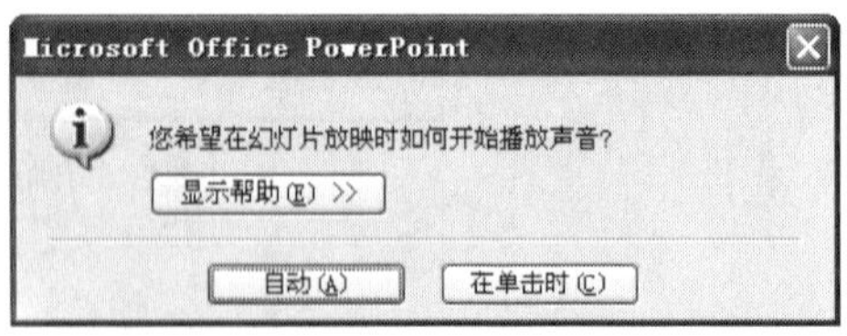

图 4-62　声音播放选项

这时会看到一个声音图标添加到了幻灯片界面上。按照需要把“声音”图标拖动到合适的位置即可。

（2）设置声音播放选项

添加完声音后，有时候还需要对声音播放选项进行设置，设置声音选项的方法是：

选中声音图标→在“选项”选项卡中的“声音选项”功能区上设置声音选项，如图 4-63 所示。

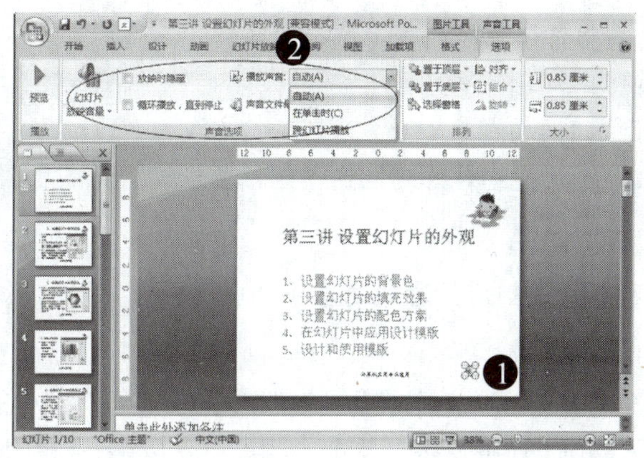

图 4-63 设置声音选项

在声音选项功能区中，如果选取“放映时隐藏”，则在幻灯片放映时声音图标将被隐藏；选取“循环播放，直到停止”，表示在一张幻灯片放映期间连续播放声音；在“播放声音”下拉框中有三个选项，分别是“自动”、“单击时”、“跨幻灯片播放”，单击“自动”，放映幻灯片时，如果没有其他媒体效果，会自动播放此声音。如果还有其他效果（如动画），则将在该效果后播放声音；选择“单击时”则在幻灯片上单击声音图标后播放声音；选择“跨幻灯片播放”表示在演示文稿放映期间，声音在不同的多张幻灯片中连续播放。

以上内容就是与本任务有关的一些知识，下面我们开始给“宠物连连看”画册设置幻灯片切换效果、幻灯片动画和插入背景音乐。

任务实施

1．给“宠物连连看”画册设置切换动画效果

（1）设置封面幻灯片切换动画

第一步：在“宠物连连看”画册演示文稿普通视图的幻灯片视图下，选中封面幻灯片→单击“动画”选项卡→单击“切换到此幻灯片”组中的切换效果样式列表中的“从内到外垂直分割”效果，如图 4-64 所示。

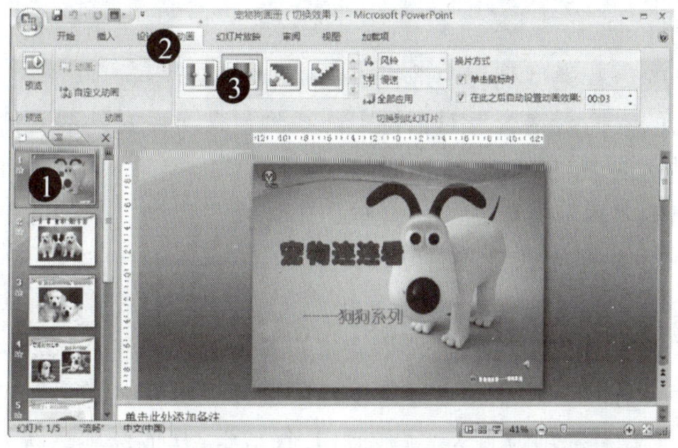

图 4-64 给画册设置切换动画

第二步：打开“切换声音”下拉列表，选择“风铃“声音，在“切换速度”列表中选择“慢速”，换片方式设置为“单击鼠标”。

（2）设置其他幻灯片切换动画

按照同样的方法，设置其他幻灯片的切换动画，要求切换方式为“新闻快报”，“风铃”声音，“慢速”速度，“单击鼠标”换片。

2. 给“宠物连连看”画册幻灯片添加动画

（1）设置封面幻灯片的动画

第一步：选中封面幻灯片标题→单击“动画”选项卡 “动画”组中的 自定义动画 按钮。

第二步：在“自定义动画”任务窗格中单击 添加效果 按钮→在打开的列表框中选择“进入”动画类型→在子菜单中选择“其他效果”→在效果样式列表中选择“挥舞”效果并单击。

第三步：在任务窗格中，打开“开始”下拉列表选择“之前”选项，打开“速度”下拉列表选择“中速”选项。

第四步：设置副标题动画，操作方法同设置标题动画一样，动画效果设置“弹跳”效果，开始方式为“之后”，速度为“慢速”。

（2）设置第二张幻灯片动画

第一步：设置幻灯片标题动画，动画效果为“光速”，开始方式为“之前”，速度为“快速”。

第二步：设置幻灯片图片动画，动画效果为“空翻”，开始方式为“之后”，速度为“中速”。

（3）设置第三张幻灯片动画

第一步：设置幻灯片标题动画，动画效果为“放大”，开始方式为“之后”，速度为“慢速”。

第二步：设置幻灯片图片动画，动画效果为“玩具风车”，开始方式为“之后”，速度为“中速”。

按照同样的步骤，设置其余的幻灯片动画。

3. 给“宠物连连看”画册添加背景音乐

（1）添加音乐

第一步：选中画册的第一张幻灯片，然后单击“插入”选项卡中“媒体剪辑”组中的 声音 按钮。

第二步：在打开的声音类型列表中选择“文件中的声音”选项。

第三步：在弹出的“插入声音”对话框中，找到包含所需文件的文件夹并选中文件。

第四步：单击对话框中的 确定 按钮。

第五步：在弹出的“声音开始选项选择框”中选择“自动”选项并单击。同时把幻灯片上出现的“声音”图标拖放到合适的位置。

（2）设置声音选项

第一步：单击选择“声音”图标，打开“声音”选项卡。

第二步：在“声音选项”功能区上进行设置，选择“放映时隐藏”、“循环播放，直到停止”复选框，“播放声音”选项设置为“跨幻灯片播放”，其他选项默认为系统设置。

任务小结

通过完成对画册添加动画和背景音乐的任务，我们学习了给演示文稿中添加幻灯片切换效果，设置幻灯片动画和添加背景声音的方法。

任务巩固

1．新建一个演示文稿，包含三张幻灯片，幻灯片上包含文字、图片、声音等，试将不同的幻灯片设置为不同的切换效果，注意切换速度和换片方式的设置。声音选项要求设置为“放映时隐藏”、“循环播放，直到停止”且要求“跨幻灯片播放”。

2．给“自我介绍”演示文稿设置切换效果、幻灯片动画及添加背景音乐。

1）设置切换效果，要求每张幻灯片单独设置切换样式，换片方式为“单击鼠标时”，其他效果选项自定。

2）设置幻灯片动画，要求给幻灯片上的每个组成部分都设置动画效果，运用“自定义动画”的方法设置，动画样式、动画选项自定。

3）添加背景音乐，给演示文稿添加你喜欢的背景音乐，要求打开演示文稿的同时自动播放音乐，直到放映结束。

任务4　设置“宠物连连看”画册的放映效果并发布——放映及输出演示文稿

任务目标

在本任务中，将要学习 PowerPoint 2007 演示文稿放映效果的设置和输出设置，完成本任务后，我们将掌握放映选项设置、排练计时的方法，还将掌握打包演示文稿和打印演示文稿的方法。

任务分析

完成了对画册动画、音效设置后，接下去就要对放映和输出进行设置，主要从放映选项、排练计时和页面设置这 3 个方面进行设置。完成本任务要掌握的知识点主要有：

1）幻灯片放映、排练计时。

2）打包演示文稿。

3）打印演示文稿。

相关知识

1．放映演示文稿

演示文稿制作完成以后就可以播放了，在不同的情况下，可以按照实际情况来选择播放的方式。演示文稿有三种播放方法，常用的是“从头开始放映”和“从当前幻灯片放映”两种方式。

（1）从头开始放映

从头放映就是从演示文稿的第一张幻灯片开始播放，方法如下。

单击“幻灯片放映”选项卡→在“开始放映幻灯片”组中，单击“从头开始”按钮，如图 4-65 所示。

图 4-65　从头开始放映

（2）从当前幻灯片放映

如果希望从当前选择的幻灯片开始播放，则按照以下方法进行。

单击“幻灯片放映”选项卡→在“开始放映幻灯片”组中，单击“从当前幻灯片开始”按钮，如图 4-66 所示。

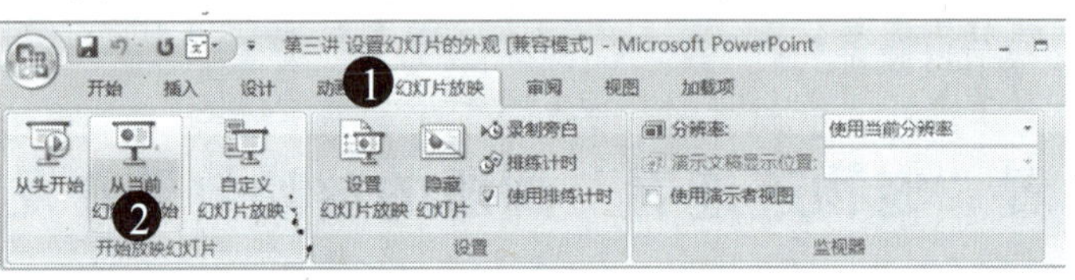

图 4-66　从当前幻灯片放映

拓展知识

（1）自定义放映

通过自定义放映，在放映时可以有选择地选择幻灯片，而不用按顺序放映每张幻灯片。

1）设置自定义放映的步骤如下：

① 单击“幻灯片放映”选项卡→在“开始放映幻灯片”组中，单击“自定义幻灯片放映”按钮→单击下拉列表中的“自定义放映”，如图 4-67 所示。

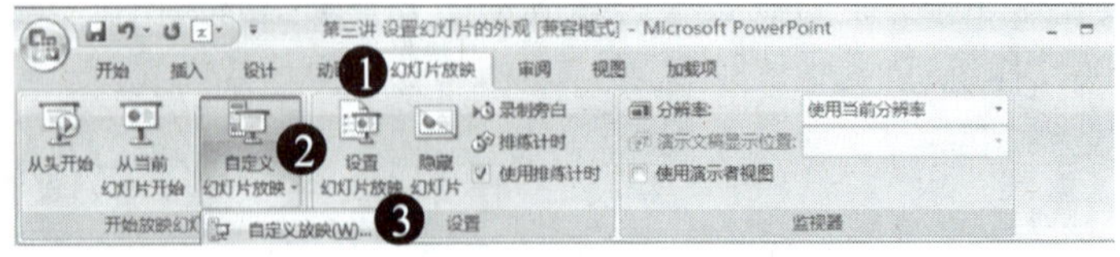

图 4-67　设置自定义放映

② 在弹出的“自定义放映”对话框中单击“新建”按钮［新建(N)...］，打开“定义自定义放映”对话框→在此对话框中的“幻灯片放映名称”栏中输入自定义放映名称→在“演示文稿中的幻灯片”列表中，选择要播放的幻灯片→单击“添加”按钮［添加(A) >>］，此时被添加的幻

灯片就出现在了“在自定义放映中的幻灯片”列表中。用同样的方法，添加其他要放映的幻灯片，最后单击“确定”按钮，关闭“自定义放映”对话框，如图 4-68、图 4-69 所示。

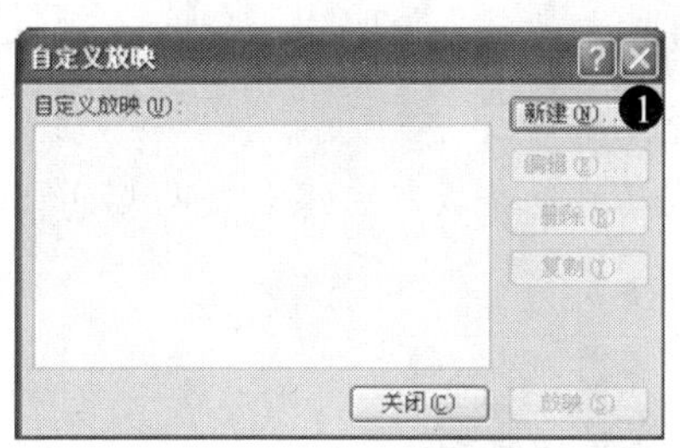

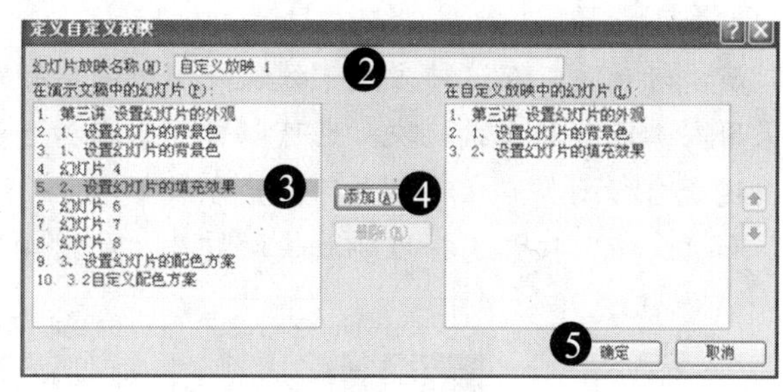

图 4-68 “自定义放映”对话框　　　　图 4-69 定义自定义放映

2）按自定义放映方式播放步骤如下

在“幻灯片放映”选项卡的“开始放映幻灯片”组中，单击“自定义幻灯片放映”按钮，单击下拉列表中的自定义名称即可开始放映，如图 4-70 所示。

图 4-70 按自定义方式播放

（2）设置幻灯片放映

在 PowerPoint 2007 中，幻灯片放映有多种方式可以选择，设置幻灯片放映方式就是设置幻灯片放映类型、放映选项、换片方式等，具体方法步骤如下:

单击幻灯片放映选项卡中“设置”组中的“设置幻灯片放映”按钮→在弹出的“设置放映方式”对话框中按照需要分别进行设置→最后单击 确定 按钮，如图 4-71 所示。

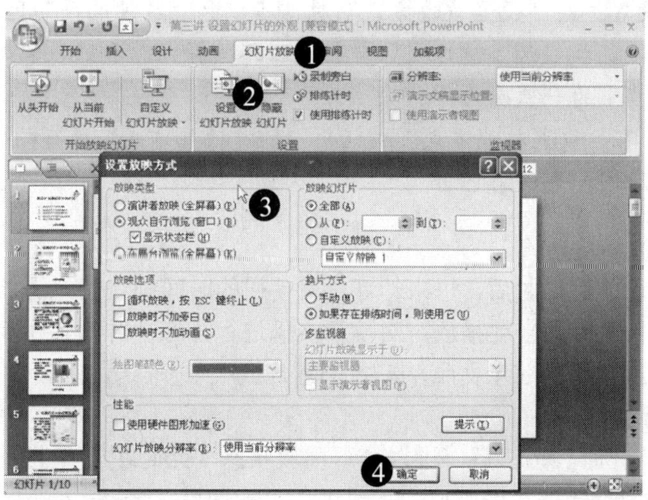

图 4-71 设置放映方式

1）放映类型的设置。在“设置放映方式”对话框中的“放映类型”区，有三个单选框，分别是“演讲者放映”、“观众自行浏览”和“在展台浏览”，选择不同的选项，在播放时显示的效果不一样。

演讲者反映：在这种方式下放映，演讲者具有完整的幻灯片放映控制权，全屏显示，可以采用人工或自动方式放映，也可以暂停或添加一些其他细节等。

观众自行浏览：在观众自行浏览方式下，可以通过拖动滚动条或单击滚动条两端的“向上”和“向下”按钮选择性地放映幻灯片，如图 4-72 所示。

图 4-72　幻灯片放映

在展台浏览：在这种方式下将自动运行全屏幻灯片放映，并且循环放映演示文稿，终止放映只能使用<Esc>键。

2）放映指定的幻灯片。在“设置放映方式”对话框中的“放映幻灯片”区可以选择播放幻灯片范围，选项有“全部放映”、“指定范围放映”和“自定义放映”。若选择“全部放映”，那么在放映时从头至尾进行放映；选择设定范围放映，则放映指定的连续幻灯片范围；选择“自定义放映”，就会按照自定义放映的方式播放。

3）放映选项设置。在“设置放映方式”对话框中的“放映选项”区有三个复选框，它们分别是“循环放映，按<ESC>键终止”、“放映时不加旁白”和“放映时不加动画”，这三项可以全选或任选其中的一项或两项。

4）换片方式。在“设置放映方式”对话框中的“换片方式”区有两个选项，即“手动”和“如果存在排练时间，则使用它”。

2．排练计时

对演示文稿进行排练计时后，每张幻灯片所使用的时间都将被记录下来，在以后自动播放时，就可以按照排练时间自动播放。对演示文稿进行排练计时的具体步骤如下：

1）打开准备排练计时的演示文稿，单击“幻灯片放映”选项卡，在“设置”组中单击 排练计时 按钮，如图 4-73 所示。

2）单击“排练计时”按钮后，进入全屏播放状态，此时在屏幕上出现一个“预演”对话框，通过“预演”对话框，可以根据需要进行手动切换，“预演”工具栏将对每张幻灯片的播放时间进行计时并记录，如图 4-74 所示。

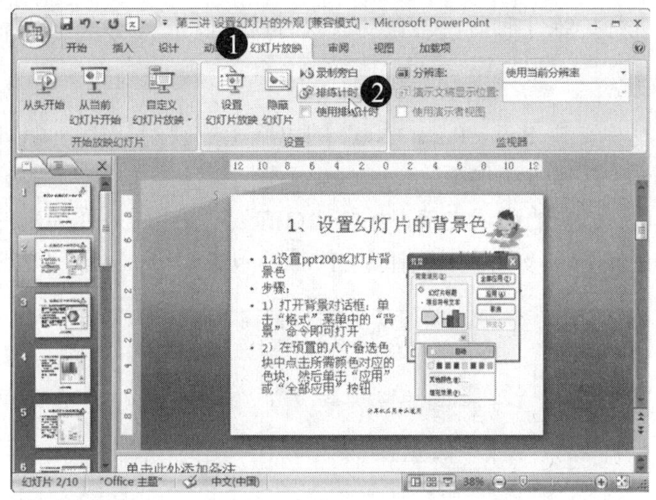

图 4-73　排练计时

3）演示文稿放映结束后，将打开消息对话框，询问用户是否保留该排练时间，单击“是”保留排练时间，单击“否”则不保留，如图 4-75 所示。

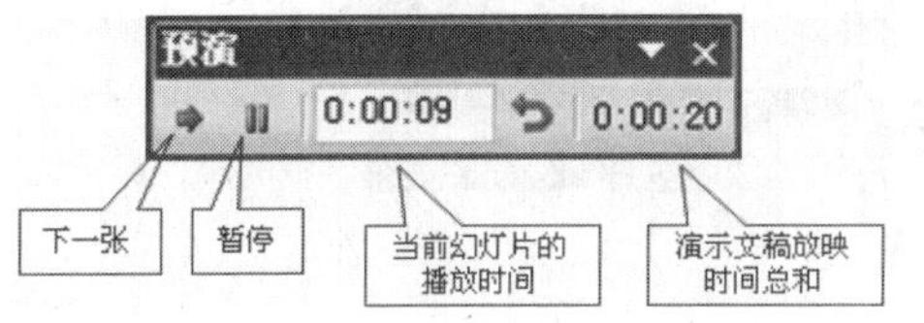

图 4-74　排练计时预演框

图 4-75　消息框

4）此时演示文稿将切换到幻灯片浏览视图，可以看到在每张幻灯片下方均显示各自的排练时间，如图 4-76 所示。

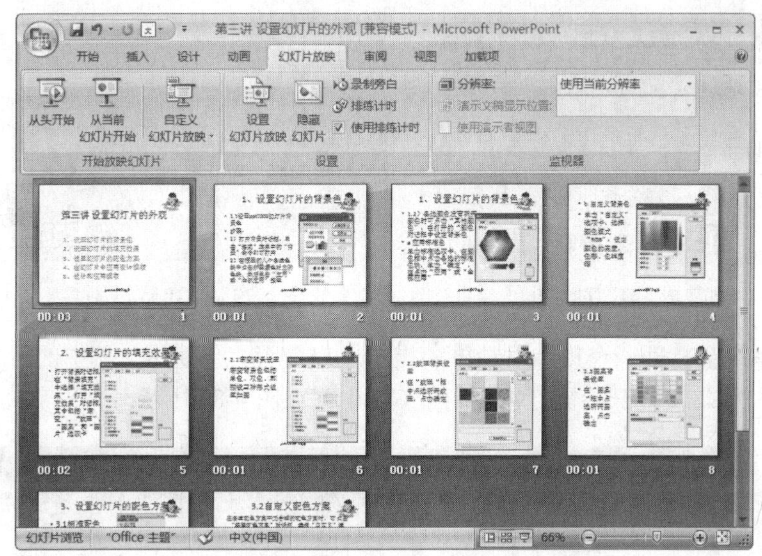

图 4-76　完成排练计时后的浏览视图

通过以上方法进行排练计时后，再自动放映时就可以按照排练时间自动放映了。

3．打包演示文稿

如果要在一台没有安装 PowerPoint 2007 的电脑上放映幻灯片，可以将要放映的演示文稿打包成 CD 来实现。具体方法如下：

1）打开要打包为 CD 的演示文稿，单击“Office”按钮→在弹出的“Office”菜单中选择“发布”命令→在下一级菜单中选择“CD 数据包”命令，如图 4-77 所示。

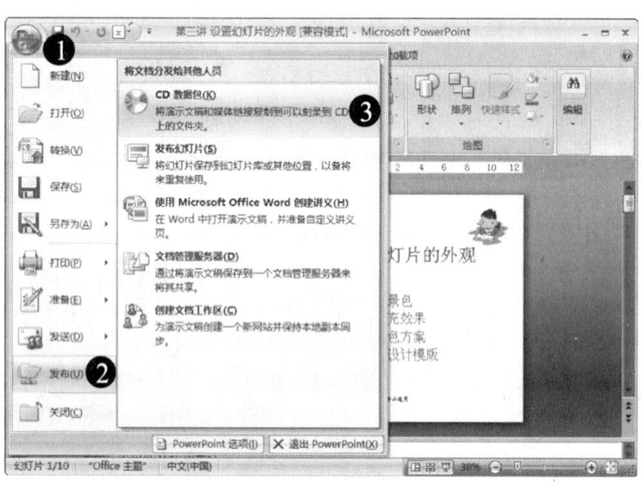

图 4-77 打包演示文稿

2）在打开的“打包成 CD”对话框中单击 复制到文件夹(F)... 按钮→弹出“复制到文件夹”对话框，键入文件夹名称→选择好要保存的位置→单击 确定 按钮，如图 4-78 和图 4-79 所示。

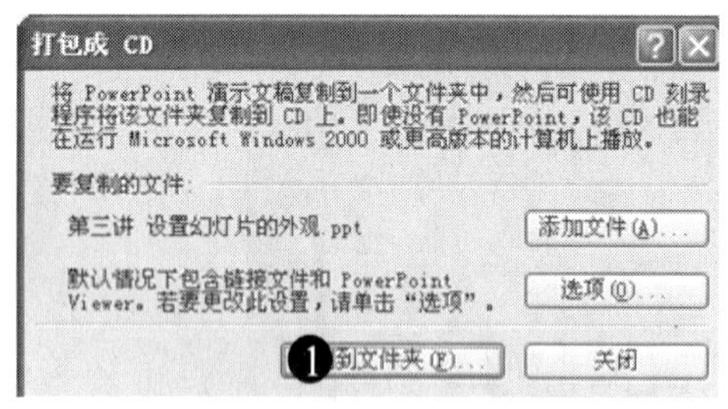

图 4-78 “打包成 CD”对话框

图 4-79 “复制到文件”对话框

3）这时系统会打开一个提示对话框，提示用户是否打包演示文稿中的所有链接文件，单击 是(Y) 按钮，文件开始被打包复制到 CD 中，如图 4-80 所示。

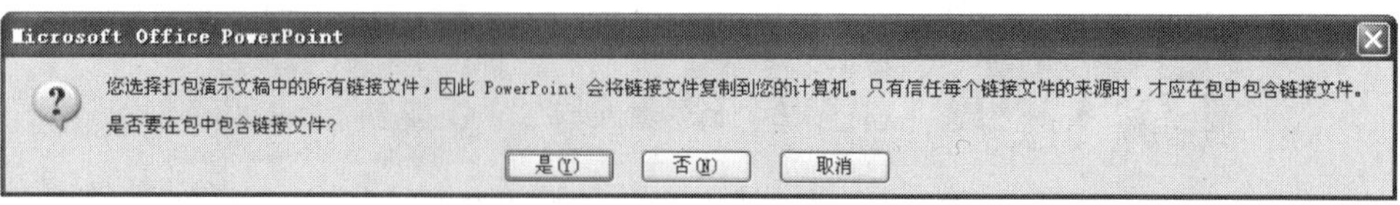

图 4-80 提示框

4）复制完成后系统再一次弹出“打包成 CD”对话框，单击“关闭”按钮，完成演示文稿的打包操作。

拓展知识

要在另外一台电脑上播放打包后的演示文稿，首先要将打包的演示文稿复制到另外一台电脑上，然后才能播放，具体方法是：

打开打包文件夹→双击“play”批处理文件，即可自动放映，如图 4-81 所示。

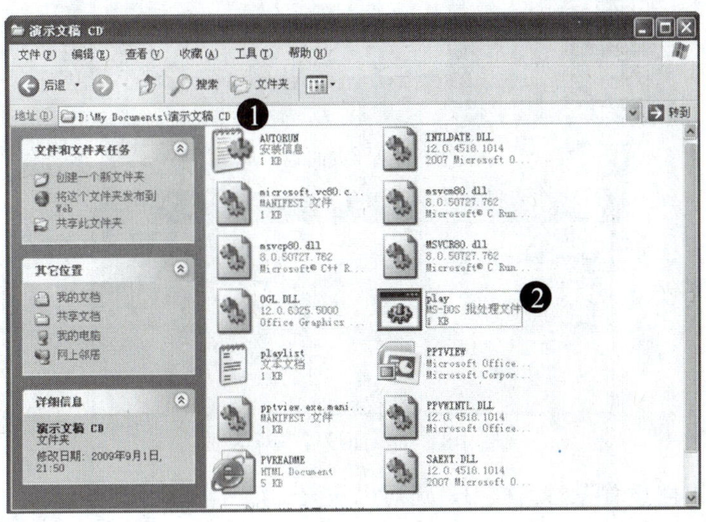

图 4-81　放映打包演示文稿

> **试一试**
>
> 下面的方法也可以播放打包后的演示文稿。

在打包文件夹中首先打开名称为“PPTVIEW”的可执行文件→在打开的“Microsoft Office PowerPoint Viewer”对话框中选择要放映的演示文稿→单击 打开(O) 按钮即可开始放映。

4. 演示文稿的打印

制作好的演示文稿还可以根据需要以不同的形式进行打印，常用的打印形式有幻灯片、讲义、备注和大纲视图形式。

（1）页面设置

在打印之前，通常要先进行页面设置，设置的方法如下。

1）打开需要进行页面设置的演示文稿，单击“设计选项卡”→单击“页面设置”组中的“页面设置”按钮，如图 4-82 所示。

2）在打开的“页面设置”对话框中通过“幻灯片大小”下拉列表设置幻灯片大小，也可以通过输入高度和宽度的数值，自定义幻灯片大小。

3）在“页面设置”对话框中的“方向”区，设置幻灯片、备注、讲义和大纲的方向，最后单击 确定 按钮即可，如图 4-83 所示。

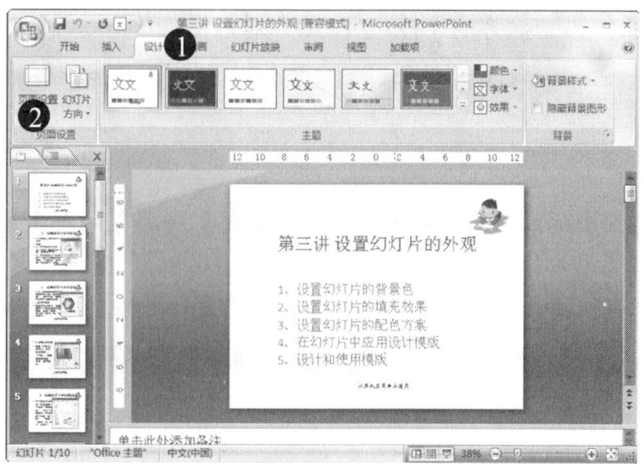

图 4-82　页面设置

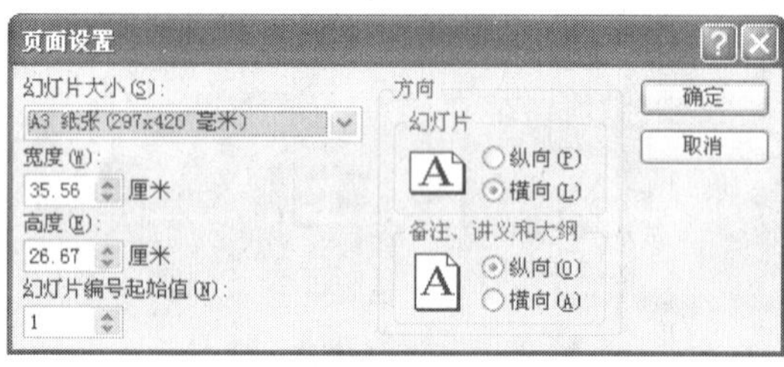

图 4-83　“页面设置”对话框

另外，在“页面设置”对话框中，还可以设置幻灯片的编号起始值。

（2）打印演示文稿

页面设置完成后，就可以打印了，操作步骤如下。

1）打开要打印的演示文稿，单击“Office”按钮→在弹出的 Office 菜单中选择“打印”命令→在下一级菜单中选择“打印”命令，如图 4-84 所示。

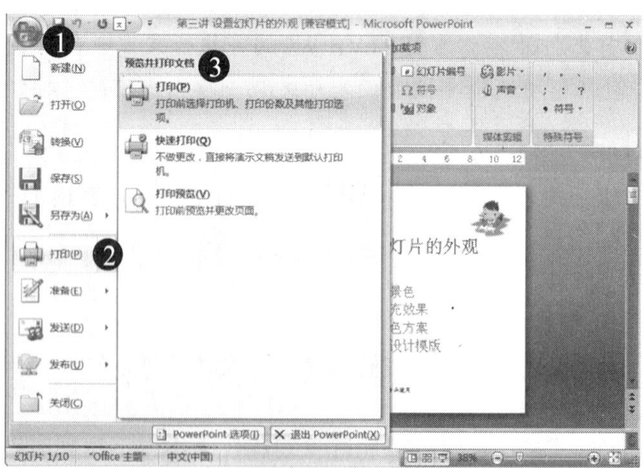

图 4-84　打印演示文稿

2）在打开的“打印”对话框中的“打印范围”选项区中设置打印范围。在“份数”选项区设置打印份数，在“打印内容”区设置打印内容，打印内容有“幻灯片”、“讲义”、“备注页”和“大纲视图”四个选项，设置好以上选项后单击“打印对话框”右下角的[确定]按钮，开始打印，如图 4-85 所示。

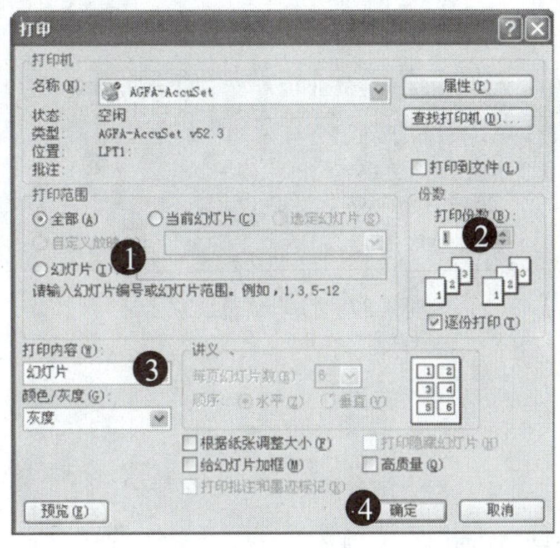
图 4-85　设置“打印”对话框

在“打印”对话框中还有不常用的一些其他选项，如“打印机”、“颜色”等，这些选项可以在需要的时候进行设置。

拓展知识

实际上，我们在真正打印之前，可以利用“打印预览”功能先预览打印效果，预览效果和实际打印效果非常接近，在打印之前通过预览可以极大地减少打印错误，提高工作效率。打印预览的操作步骤如下：

单击“Office”按钮→在弹出的 Office 菜单中选择“打印”命令→在下一级菜单中选择“打印预览”命令，此时即可进入预览模式，如图 4-86 所示。

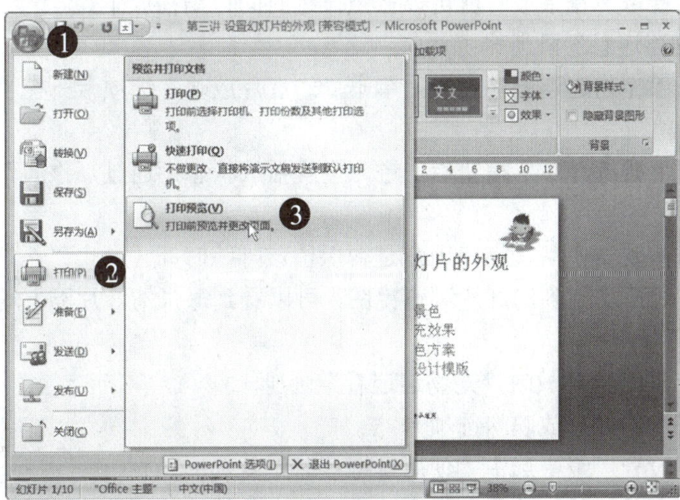
图 4-86　打印预览

在“打印预览”模式下，可以在“打印预览”选项卡上进行页面、显示比例、打印选项等的设置，预览完毕后，单击“预览”组的“关闭打印预览”按钮，可以返回到普通视图模式，如图 4-87 所示。

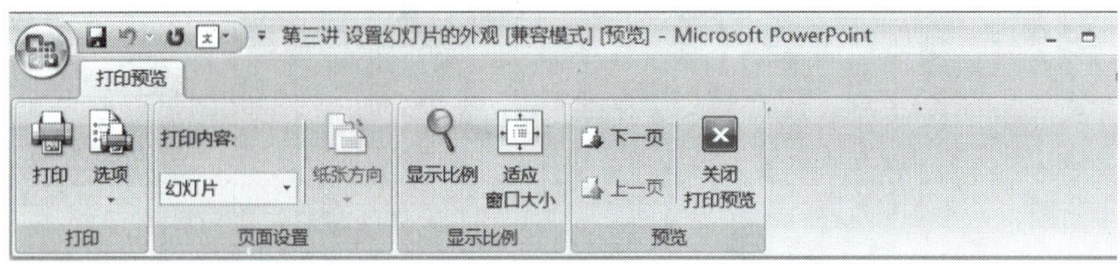

图 4-87　打印预览选项卡

任务实施

1. 放映“宠物连连看”画册

画册制作完成之后就可以放映了，通过以下方法都可以快速播放。

1）单击“幻灯片放映”选项卡→在“开始放映幻灯片”组中，单击“从头开始”按钮。演示文稿将从第一张幻灯片开始放映。

2）单击“幻灯片放映”选项卡→在“开始放映幻灯片”组中，单击“从当前幻灯片开始”按钮，演示文稿将从当前幻灯片开始放映。

3）单击状态栏右端的“幻灯片放映”视图切换按钮，演示文稿将从当前幻灯片开始放映。

2. 对“宠物连连看”画册进行排练计时并放映

为了便于提高工作效率，能够使画册按照预定的时间自动放映，只要对演示文稿进行排练计时并保存，这样以后在播放时就可以按照排练时间自动播放了。

（1）对“宠物连连看”画册排练计时

第一步：打开“宠物连连看”画册，单击“幻灯片放映”选项卡→在“设置”组中，单击 排练计时 按钮。

第二步：单击“排练计时”按钮后，进入全屏播放状态，通过“预演”对话框，根据需要进行手动切换。

第三步：画册放映结束后，询问用户是否保留该排练时间，单击“是”按钮。

第四步：此时画册切换到幻灯片浏览视图，可以看到每张幻灯片下方均显示各自的排练时间，如图 4-88 所示。

（2）按照排练计时自动放映“宠物连连看”画册

第一步：打开“幻灯片放映”选项卡。

第二步：在“设置”组中选中“使用排练计时”复选框。

第三步：在“开始放映幻灯片”组中单击“从头开始”按钮即可放映。

图 4-88　幻灯片排练时间

3．打包“宠物连连看”画册

要让“宠物连连看”画册能在没有安装 PowerPoint 2007 的电脑上也能播放，只需要进行打包就可以达到这个目的，具体步骤如下：

第一步：打开画册，单击“Office”按钮→在弹出的 Office 菜单中选择“发布”命令→在下一级菜单中选择“CD 数据包”命令并单击。

第二步：在打开的“打包成 CD”对话框中，单击 复制到文件夹(F)... 按钮→弹出“复制到文件夹”对话框，键入文件夹名称，选择好要保存的位置后单击 确定 按钮，如图 4-89 所示。

图 4-89　“复制到文件”对话框

第三步：系统打开一个对话框，提示用户是否打包演示文稿中的所有链接文件，单击 是(Y) 按钮，文件开始被打包复制到 CD 中。

第四步：复制完成后系统再一次打开“打包成 CD”对话框，如果有多个演示文稿需要进行打包，单击“添加文件”按钮，重复前边的步骤即可，否则单击“关闭”按钮，完成演示文稿的打包操作。

4．打印“宠物连连看”画册

（1）页面设置

为了使打印出的演示文稿页面美观大方，便于阅读，还需要对画册进行页面设置，方法是：

第一步：单击“设计选项卡”中“页面设置”组中的“页面设置”按钮。

第二步：在打开的“页面设置”对话框中通过“幻灯片大小”下拉列表设置幻灯片为“A4”纸，幻灯片编号起始值为 1，幻灯片方向“横向”，设置好以后单击 确定 按钮，如图 4-90 所示。

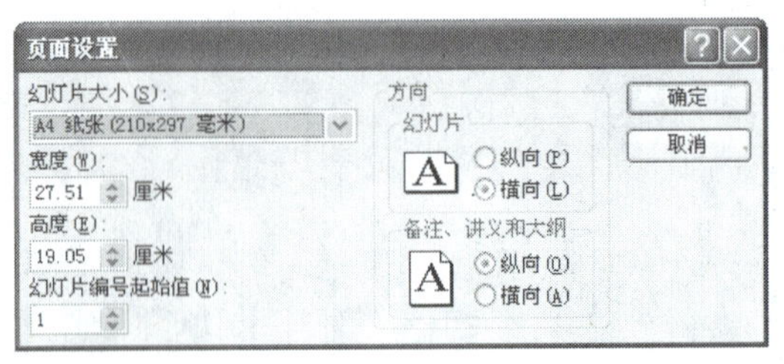

图 4-90 “页面设置”对话框

（2）打印画册

页面设置完成后，就可以打印了。

第一步：单击“Office”按钮→在弹出的 Office 菜单中选择“打印”命令→在下一级菜单中选择“打印”命令。

第二步：在打开的“打印”对话框中的“打印范围”选项区中，设置打印范围为“全部”，打印份数为“1 份”，打印内容为“幻灯片”。

第三步：设置好以上选项后，单击“打印”对话框右下角的 确定 按钮，即可开始打印。

任务小结

本任务完成了对画册的放映、排练计时及自动放映的设置，同时还学习了演示文稿的页面设置和打印输出的方法。

任务巩固

1. 简述演示文稿的放映方法及各自的特点。
2. 将演示文稿打包输出有什么作用？
3. 在任务 3 的练习基础上，打包输出并放映，给幻灯片进行页面设置。

1）对幻灯片进行排练计时设置，并练习使用排练计时自动放映。

2）练习“从头开始放映”、“从当前幻灯片放映”等几种手动放映演示文稿的方法。

3）将“自我介绍”演示文稿打包输出到“我的文档”，并试放映打包后的演示文稿。

4）对“自我介绍”演示文稿进行页面设置，“幻灯片”大小自定义，“宽度 30，高度 20，幻灯片编号起始值为 1”，幻灯片方向为“横向”。